통계학 도감

쿠리하라 신이치 · 마루야마 아츠시 지음
지그레이프 제작 | 정석오 감역 | 김선숙 옮김

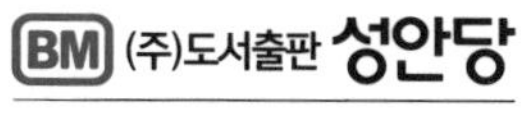

日本 옴사 · 성안당 공동 출간

머리말

얼마 전 뉴욕 타임즈에 대학을 졸업하는 학생들을 향한 다음과 같은 제목의 기사가 실렸습니다.[1)]

"오늘 대학을 졸업하는 여러분들에게 하고 싶은 말이 있다. 바로 '통계'에 대한 얘기다." 이 기사에서 Google의 수석 이코노미스트는 "앞으로 10년 동안 가장 매력적인 직업은 통계전문가(Statistician)가 될 것이다"고 말합니다. 구글뿐만 아니라 마이크로소프트나 IBM 등 세계적인 기업들이 통계 관련 인재를 뺏고 빼앗기는 싸움을 하고 있는 것은 이미 알려진 사실입니다.

일본의 사정도 이와 다르지 않습니다. 저는 최근 직장인을 대상으로 한 통계 세미나에서 강의를 하는 일이 많은데, 세미나에 참석한 직장인들이 모두 "대학에서 통계학을 더 열심히 공부했더라면 좋았을 텐데."하고 후회하는 모습을 봤습니다. 이들은 통계 분석의 필요성을 역설하며 전문 인재가 부족하다고 말합니다.

"학교나 회사에서 통계 분석을 해야 하는데, 무엇을 어떻게 해야 할지 모르겠다"고 말하는 사람들이 있습니다. "기본 입문서는 읽었지만 실제로 사용하려고 하면 어떤 방법을 선택해야 할지 모르겠다."고 말하는 사람들도 있습니다. 이 책은 주로 이런 분들을 위해 기초적인 부분부터 응용편까지 골고루 다뤘습니다.

옴사에서 2011년에 출간한 『입문 통계학– 검정에서 다변량 분석 · 실험 계획법까지』는 대단한 호평을 받았습니다. 이 책이 두 마리 토끼를 노린 것은 아니지만, 그와 같은 책의 내용과 구성을 바탕으로 하고 있습니다. 말하자면, 도표와 일러스트를 많이 사용함으로써 도감처럼 어디서나 손쉽게 넘겨볼 수 있게 만들었습니다. 표 계산 소프트웨어로 할 수 없는 분석 방법에 대해서는 무료 소프트웨어 'R'(알)을 이용하는 방법을 설명했습니다. 이 책에서 사용하는 데이터는 옴사 사이트에서 구할 수 있습니다.[2)]

특히 대학 동료인 마루야마 아츠시 선생님이 도와주셔서(자화자찬하는 것 같아 쑥스럽지만) 훨씬 이해하기 쉽게 획기적으로 만들었다고 자부합니다.

자, 함께 통계학의 문을 열고 과학적인 데이터 분석을 시작해 봅시다!

2017년 8월

저자 대표 쿠리하라 신이치

1) 이 기사는 현재(2017년 8월), 아래의 URL에서 읽을 수 있다.
http://www.nytimes.com/2009/08/06/technology/06stats.html

2) 도서 연동 / 다운로드 서비스
http://www.ohmsha.co.jp/data/link/bs01.htm

차 례

서장 통계학이란?

제 1 장 기술통계학

제 2 장 확률분포

제 3 장 추측통계학

제 4 장 신뢰구간의 추정

제 5 장 가설검정

제 6 장 분산분석과 다중비교

제 7 장 비모수 통계

제 8 장 실험계획법

제 9 장 회귀분석

제 10 장 다변량 분석

제 11 장 베이즈 통계학과 빅데이터

칼럼

위인전

자, 시작해 볼까?

서장

통계학이란?

01

통계학이란?

통계학은 자연과학 분야뿐만 아니라 심리학 등 사회과학 분야에서도 없어서는 안 되는 학문으로 자리 잡았다.

통계학

● 통계학은 데이터를 통계량(평균 등)이나 그림 · 표로 정리하여 그 특징을 파악하는 학문이다.

통계학의 종류

● 수집된 데이터의 특징을 파악하는 기술통계학, 그 배경에 있는 모집단의 특징을 표본으로부터 파악하는 추측통계학, 마케팅 등에서 주목받고 있는 베이즈 통계학이 등이 있다.

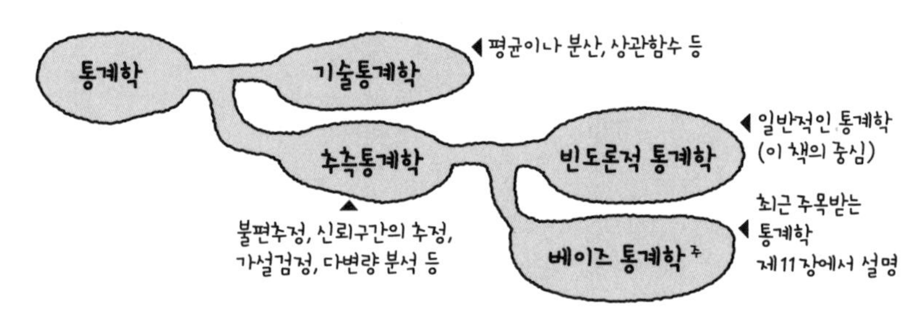

주 : 베이즈 통계학을 추측통계학에 포함시키지 않는 사람도 있다.

통계(statistics) ••• 분석 대상이 되는 집단의 특징을 측정한 데이터의 집합. 통계학의 의미로도 사용된다.
통계학(statistics) ••• 대상 집단의 특징을 파악하는 방법을 체계화한 것으로 기술통계학과 추측통계학이 있다.

통계학은 학문의 한 분야이므로, 어느 날 어떤 한 사람이 돌연 떠올린 개념은 아니다. 이 칼럼에서는 현대 통계학을 구축한 위대한 통계학자들 중에서 특히 중요한 몇 사람을 소개한다. 그 전에 통계학의 발전 역사를 간단하게 정리해 두려고 한다.

① 통계의 유래 : 인구 조사

'통계학'이라고 하면 하나의 학문이지만, 단지 '통계'라고 하면, 데이터의 집합이라는 의미가 강하다. 통계(학)은 영어로 statistics라고 하는데, 그 어원이 국가의 상태를 의미하는 status라는 데서 알 수 있는 것처럼, 국가가 세금을 징수하고 인력을 동원하기 위해 실시한 인구조사가 통계(학)의 기원이다. 고대 이집트에서 피라미드를 만들기 위해 인구조사를 실시했다는 기록이 있고, 일본에서는 아스카 시대에 논 면적과 연결시켜 인구조사를 실시했다.

② 통계 분석의 시작 : 역학(疫學)으로 시작된 기술통계학

전염병이 런던에서 맹위를 떨친 17세기 중반 존 그랜트가 처음으로 통계 분석을 실시했다. 존 그랜트는 교회가 보존하고 있던 통계(사망 기록)를 사용하여 유아기에 사망률이 높다는 점과, 지방보다 도시의 사망률이 높다는 점을 밝혔다. 이로 인해 우연히 발생한 것이라고 생각했던 사회 현상도 대량으로 관찰하면 일정한 법칙을 찾을 수 있음을 보여 주었다. 이런 기술통계학은 그 후 칼 피어슨에 의해 집대성되었다.

③ 확률로 전체를 점친다 : 추측통계학

20세기에 들어 피셔와 고셋이 마침내 작은 샘플(적은 데이터)에서 모집단의 특성(모수)을 추측하기에 이르렀다. 또한 최근에는 모수 자체가 확률분포하는 베이즈 통계학이 주목을 받고 있다. 현대 생활과 연구에 불가결한 추측통계학이 탄생한 지 100년도 지나지 않았다는 것을 생각하면 놀라운 변화라 할 수 있다.

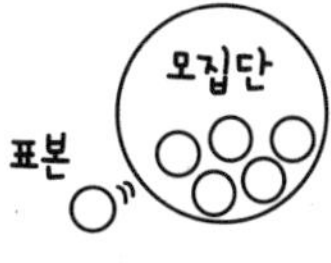

02

통계학으로 할 수 있는 것

통계학은 이미 우리 생활에 없어서는 안 되는 존재가 되었다. 통계학으로 어떤 것을 할 수 있는지 구체적인 사례를 들어 보겠다.

▶▶▶ 기술통계학

- 데이터의 특징(평균과 분산)과 경향을 파악한다.
- 많은(표본 크기가 큰) 데이터를 대상으로 한 통계학이다.

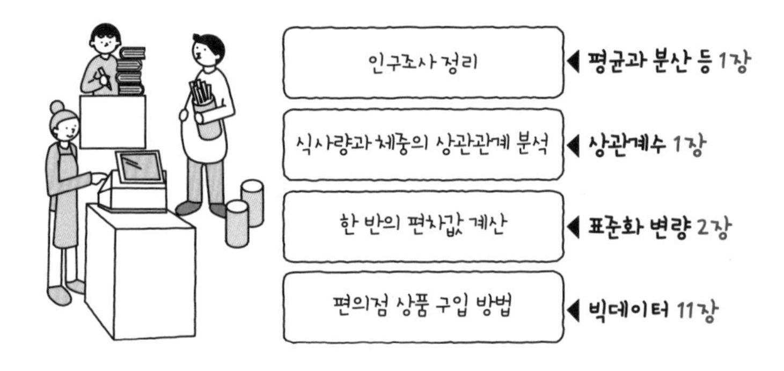

▶▶▶ 추측통계학

- 표본의 정보를 사용하여 모집단의 특성을 추측한다.
- 불편추정, 신뢰구간 추정, 가설검정이 주요 내용이다.

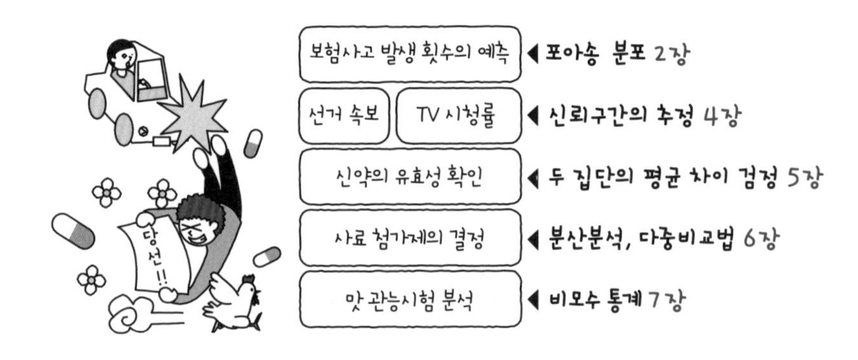

기술통계학(descriptive statistics) ••• 관측한 데이터의 특징을 평균이나 분산 등의 통계량이나 도표로 파악하는 학문.
추측통계학(inferentia lstatistics) ••• 관측한 데이터로부터 배경에 있는 모집단의 특징을 추정 · 검정하는 학문.

실험계획법

- 실험을 성공시키기 위한 방법이다.
- 시간과 공간을 절약하는 방법도 있다.

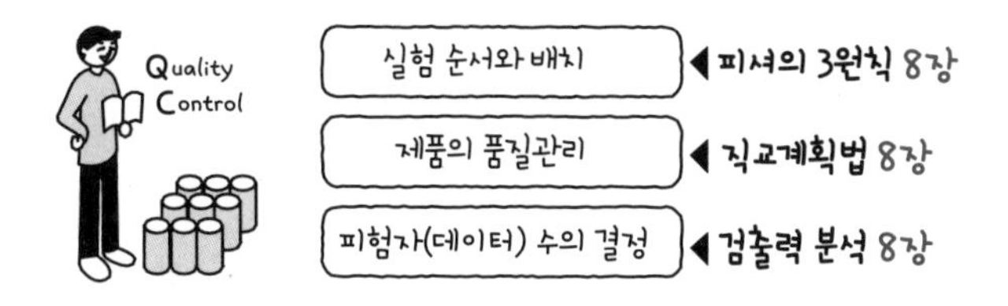

중회귀분석 · 다변량 분석

- 많은 변량(변수)을 한 번에 처리하는 방법을 통틀어 이르는 말이다.
- 복잡한 문제를 단순한 모델로 받아들여, 예측하고 평가한다.

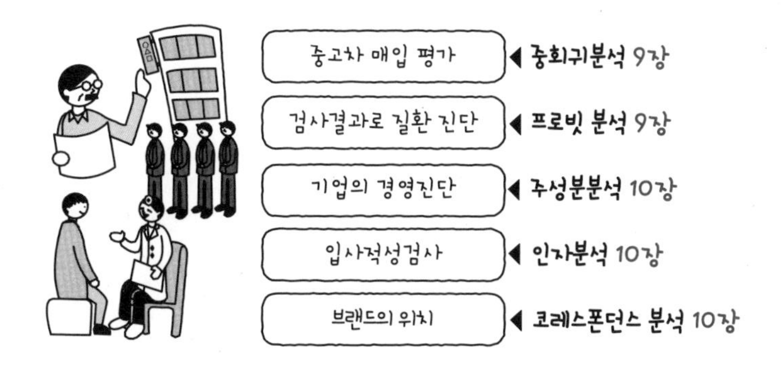

베이즈 통계학

- 지식과 경험, 새로운 데이터를 유연하게 통합할 수 있다.
- 서서히 학습시켜 정밀도를 향상시킬 수 있다.

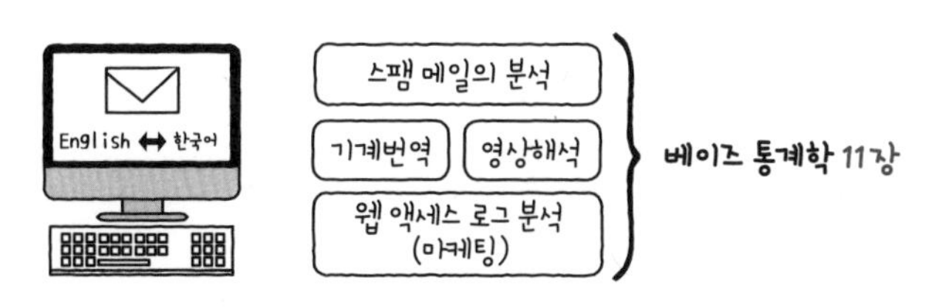

실험계획법(experimental design) ••• 공간이나 시간의 배치법, 표본 크기 결정, 실험의 효율화에 대한 방법론.
베이즈 통계학(Bayesian statistics) ••• 지식이나 경험, 새로운 데이터를 유연하게 받아들이는 통계학으로 베이즈 추정이 중심이다.

여기에 데이터가 있어요.

제1장
기술통계학

1 | 1

여러 가지 평균

평균은 데이터의 중심적인 값을 나타내는 것이다.

▶▶▶ 산술평균

- x의 산술평균은 다음과 같이 계산한다. x는 변수, n은 데이터의 개수이다.

산술평균 $\bar{x} = (x_1 + x_2 + x_3 + \cdots\cdots + x_{n-1} + x_n) \div n$ $\bar{x}$는 '엑스바'로 읽는다.

- 여기에 1년분의 월별 전기요금 데이터가 있다. 이 데이터를 통해 한 달 평균 전기요금을 알고 싶다면, 산술평균을 이용하면 된다.

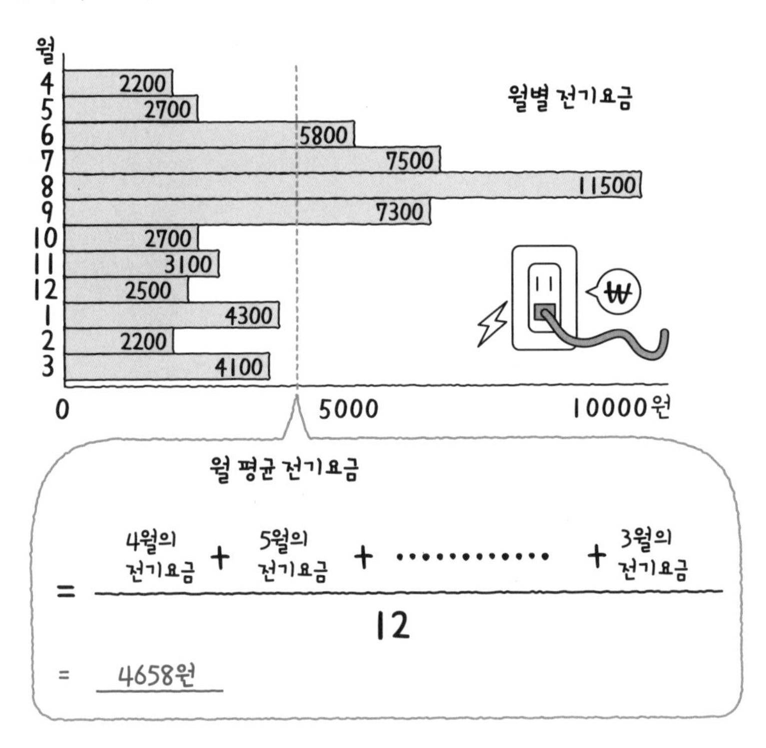

산술평균(arithmetic mean) ••• 흔히 우리가 '평균'이라고 하는 것. 데이터의 총합을 데이터의 개수로 나눈 것으로, 평균에서 벗어난 값의 영향을 강하게 받는다. 상가평균(相加平均)이라고도 한다.

▶▶▶ 기하평균

● x의 기하평균은 다음과 같이 계산한다.

기하평균 $\overline{x_G} = \sqrt[n]{x_1 \cdot x_2 \cdot x_3 \cdot \cdots\cdots \cdot x_{n-1} \cdot x_n}$ G는 "Geometric" $\sqrt[n]{x}$는 x의 n 제곱근

● 기하평균은 연 성장률이나 전년 대비 같은 수치의 평균을 구하는 데 적합하다.

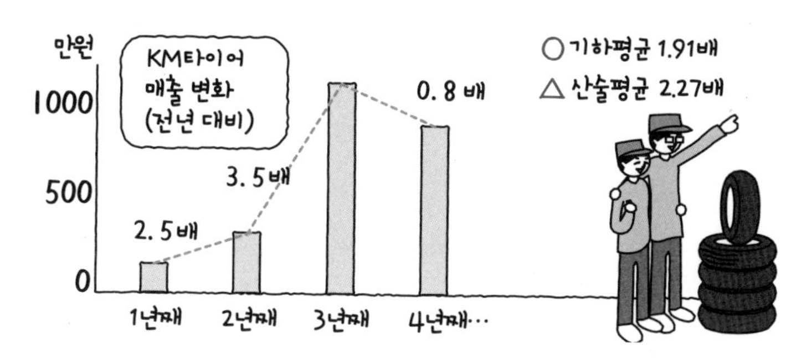

▶▶▶ 조화평균

● x의 조화평균은 다음과 같이 계산한다.

조화평균 $\overline{x_H} = \dfrac{n}{\dfrac{1}{x_1} + \dfrac{1}{x_2} + \dfrac{1}{x_3} + \cdots + \dfrac{1}{x_{n-1}} + \dfrac{1}{x_n}}$ H는 "Harmonic"

● 조화평균은 일정한 거리를 이동할 때, 평균속도를 구하는 데 이용한다.

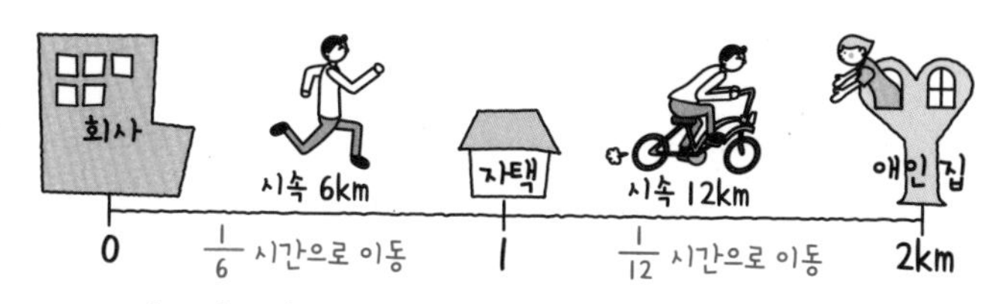

2km 를 $\frac{1}{6} + \frac{1}{12} = \frac{1}{4}$ 시간에 이동하기 때문에 $2 \div \frac{1}{4} = 8$km/h 이 된다. 이것은 자택까지와 애인 집까지의 속도의 조화평균 $\overline{x_H} = \dfrac{2}{\frac{1}{6} + \frac{1}{12}} = 8$km/h와 일치한다.

○ 조화평균 8km/h
△ 산술평균 9km/h

기하평균(geometric mean) ••• 성장률과 이율의 평균값을 계산하고 싶을 때 이용한다. 상승평균이라고도 한다.
조화평균(harmonic mean) ••• 속도나 전기저항의 평균값 계산에 이용한다. 산술평균≧기하평균 ≧조화평균이 된다.

1 2

데이터의 분산 ①

분위수와 분산

평균만으로는 데이터가 어떻게 흩어져 있는지 모른다. 따라서 최댓값, 최솟값, 분위수, 사분위 범위, 분산(표준편차) 등의 지표를 이용하여 데이터의 흩어진 정도를 파악한다.

분위수

- n개의 데이터를 작은 수에서부터 큰 수의 순으로 늘어놓고, 그것을 k 등분했을 때, 그 경계가 된 수치를 분위수라고 한다.
- 자주 사용되는 것은 사분위수(k = 4)이다. 수치가 작은 쪽부터 제1사분위수, 제2사분위수, 제3사분위수라고 한다. 제2사분위수는 전체의 중앙에 위치하기 때문에 중앙값이라고도 한다.

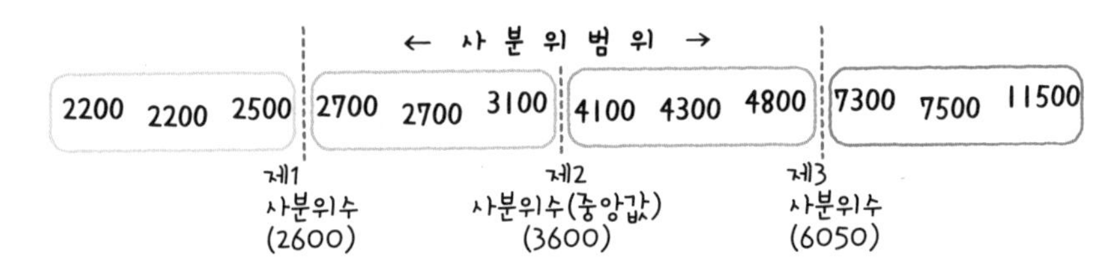

사분위 범위

- 제3사분위수와 제1사분위수의 차를 말한다. 데이터가 중앙값 주위에 집중할수록 사분위 범위는 작아진다.

편차

- 데이터의 값과 평균값의 차를 말한다. 편차(절댓값)가 큰 데이터가 많으면 분산 크기가 큰 데이터 세트라고 할 수 있다.

$$\text{편차 } (d_i) = \text{관측값 } (x_i) - \text{평균값 } (\bar{x})$$

사분위수(quartile) ··· 데이터를 크기 순으로 4등분했을 때 각각의 경계에 오는 수치를 말한다.
중앙값(median) ··· 데이터를 크기 순으로 늘어놓았을 때 중앙에 오는 수치를 말한다. 평균에서 벗어난 값의 영향을 받기 어렵다.

분산

- 편차는 개별 데이터에 대해 계산되지만, 분산은 그것을 하나의 지표로 한 것이다. 다음과 같이 계산한다.

$$\text{분산} \quad s^2 = \{(x_1-\bar{x})^2+(x_2-\bar{x})^2+\cdots\cdots+(x_n-\bar{x})^2\} \div n$$
$$= \frac{1}{n}\sum_{i=1}^{n}(x_i-\bar{x})^2$$

- 우변의 제1항목은 편차제곱합, 분산의 양의 제곱근을 표준편차(s)라고 한다.

이상치

- 데이터의 평균에서 멀리 떨어져 있는 값을 이상치라고 한다.

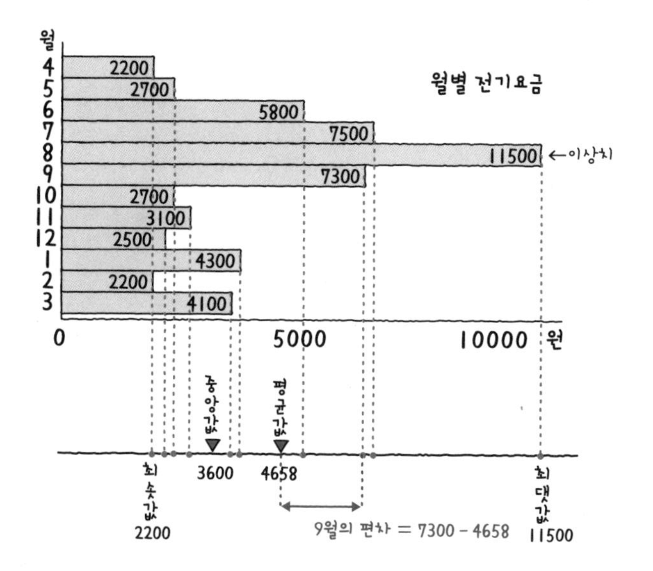

분산(variance) ••• 데이터가 평균값의 주위에 얼마나 흩어져 있는지를 나타내는 지표. 편차 제곱의 평균값.
표준편차(standard deviation) ••• 분산의 양의 제곱근. 단위가 데이터와 같으므로 편리하다.

1 | 3

데이터의 분산 ②

변동계수

변동계수

- 두 개의 데이터가 흩어진 정도를 비교하는 경우에 사용한다.
- 변동계수는 다음과 같이 계산한다.

$$변동계수(CV) = 표준편차(s) \div 평균(\bar{x})$$

- 가격 변동이 큰 것은 어느 쪽일까?

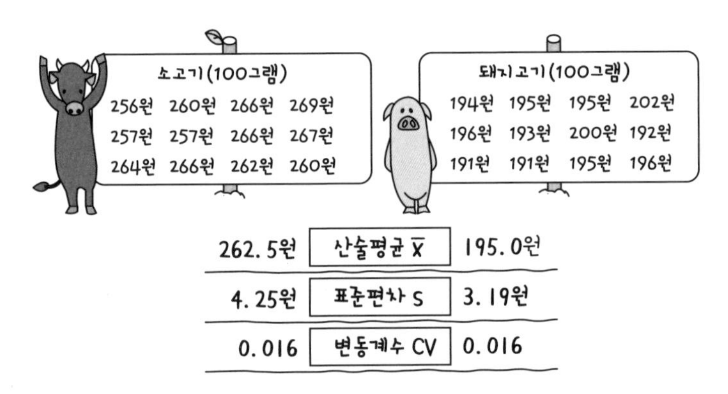

소고기		돼지고기
262.5원	산술평균 $\bar{x}$	195.0원
4.25원	표준편차 s	3.19원
0.016	변동계수 CV	0.016

- 표준편차는 소고기가 더 크지만 변동계수는 동일하다. 따라서 흩어진 정도의 차이가 없다는 것을 알 수 있다.

도수분포표를 이용해 평균값과 분산을 구하는 방법

데이터가 도수분포표(아래)로 주어진 경우는, 계급값(계급의 중앙값)을 이용하여 평균과 분산의 근사값을 구할 수 있다.

계급	계급값	도수
255-259원	257원	3
260-264원	262원	4
265-269원	267원	5

평균 = (계급값 × 도수의 합) ÷ 데이터의 개수
$= (257 \times 3 + 262 \times 4 + 267 \times 5) \div 12 = 262.8$

분산 = (계급값 − 평균)의 제곱의 평균
$= ((257 - 262.8)^2 \times 3 + (262 - 262.8)^2 \times 4 + (267 - 262.8)^2 \times 5) \div 12 = 15.97$

변동계수(coefficient of variation) ••• 표준편차를 평균값으로 나눈 것. 다른 단위를 가진 그룹 간에 흩어진 정도를 비교할 때 사용한다.

표준편차와 상관계수, 히스토그램 등 현재의 기술통계학은 칼 피어슨이 집대성한 것이다. 1857년에 런던에서 변호사의 아들로 태어난 피어슨은 고등학교도 제대로 다닐 수 없을 정도로 병약했다. 그래도 대학 입학 후에는 수학에 몰두했으며, 졸업 후에는 물리학을 공부하기 위해 독일로 유학을 갔다. 그런데 그곳에서는 오히려 문학과 법학, 사회주의에 관심을 보였다. 원래 Carl이였던 이름을 Karl로 바꾼 것도 이 무렵 유명한 경제학자였던 칼 마르크스(Karl Marx)에 영향을 받았기 때문이다. 피어슨은 이듬해인 1880년에 귀국한 후에도 법학 공부를 계속했으나 오래 지나지 않아 수학의 세계로 돌아왔고, 런던의 여러 대학에서 응용수학 교수를 지냈다.

이런 '응용 수학자' 피어슨을 통계학의 세계로 끌어들인 것은 대학의 동료이며 동물학자였던 웰던이다. 웰던은 골턴의 영향을 받아 생물의 진화를 통계적으로 해명하려고 했다. 그래서 수학을 잘하는 피어슨에게 도움을 요청했다. 피어슨은 이렇게 해서 웰던과 함께 유전과 진화의 문제에 대해 통계적 방식을 사용하여 접근하는 과정에서 현대 통계학에 없어서는 안 되는 수많은 개념과 수법을 고안했다. 이러한 활약을 인정받아 피어슨은 1911년에 골턴이 죽자 후계자로 유니버시티 칼리지 런던 우생학부의 초대 교수가 되었고, 세계 최초로 (응용)통계학부를 창설한다.

피어슨의 많은 업적 중에서 가장 중요한 것은 x^2 분포를 이용한 검정 방법의 고안이다. 이 책의 7장에서 설명하는 '독립성 검정'과 거의 같은 내용인 '적합도 검정'에서 관측도수와 기대도수 사이의 일치를 측정하는 척도로 x^2 분포를 따르는 통계량을 독자적으로 생각해냈다(단, x^2 분포 자체는 헤르메르트라는 측지(測地)학자가 이미 발견했다). 또한 처음으로 충실한 수치표를 정리했고, 모멘트법이라는 모수 추정법도 생각해냈다.

만년에는 피셔와 아들 에곤의 추측통계학이 대두되면서 피어슨의 존재감이 희미해졌다. 하지만, 최근 들어 1892년에 출판한 『과학의 문법(The Grammar of Science)』이 다시 주목을 받는 등 세계적으로 재평가 기운이 높아지고 있다. 이 책은 이른바 과학철학서로 "과학을 언어라고 한다면, 통계학은 문법과 같은 것으로, 필요불가결하다"고 그는 역설한다. 아인슈타인과 나쓰메 소세키(夏目漱石, 일본 소설가 겸 영문학자)도 이 책의 영향을 받은 것으로 알려져 있다. 이 책의 영어판은 인터넷에서 무료로 볼 수 있다.

1 | 4

변수의 관련성 ①

상관계수

판매촉진비와 매출, 기온과 수입, 게임 시간과 성적 등 두 변수 사이에 상정되는 '한쪽이 증가하면 다른 쪽도 증가한다', '한쪽이 증가하면 다른 쪽은 감소한다'와 같은 직선적인 관계를 상관이라고 한다.

▶▶▶ 피어슨의 적률상관계수

- 상관의 정도를 나타내는 지표로 −1에서 1 사이의 값을 취한다.
- 변수 x와 y의 상관계수는 다음과 같이 계산한다.

$$\text{상관계수}\quad r = \frac{(x_1-\bar{x})(y_1-\bar{y})+(x_2-\bar{x})(y_2-\bar{y})+\cdots+(x_n-\bar{x})(y_n-\bar{y})}{\sqrt{(x_1-\bar{x})^2+(x_2-\bar{x})^2+\cdots+(x_n-\bar{x})^2}\sqrt{(y_1-\bar{y})^2+(y_2-\bar{y})^2+\cdots+(y_n-\bar{y})^2}}$$

소비자	사과 구입량 (x)	귤 구입량 (y)	$x-\bar{x}$	$y-\bar{y}$
1	1	2	-2.5	-0.5
2	2	1	-1.5	-1.5
3	5	4	1.5	1.5
4	6	3	2.5	0.5
평균	3.5	2.5	0	0

$$r = \frac{(-2.5)(-0.5)+(-1.5)(-1.5)+(1.5)(1.5)+(2.5)(0.5)}{\sqrt{(-2.5)^2+(-1.5)^2+(1.5)^2+(2.5)^2}\sqrt{(-0.5)^2+(-1.5)^2+(1.5)^2+(0.5)^2}} = 0.76$$

- r이 1에 가까우면 양의 상관(한쪽이 증가하면 다른 쪽이 증가한다, 또는 한쪽이 감소하면 다른 쪽도 감소한다)이 강해져, 산포도상의 점은 오른쪽 위에 분포한다.

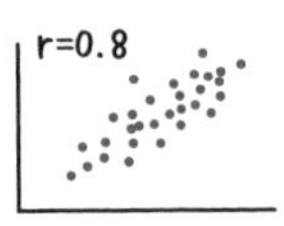

- 반대로 −1에 가까우면 음의 상관(한쪽이 증가하면 다른 쪽은 감소한다, 또는 한쪽이 감소하면 다른 쪽은 증가한다)이 강해져, 산포도상의 점은 오른쪽 아래에 분포한다.

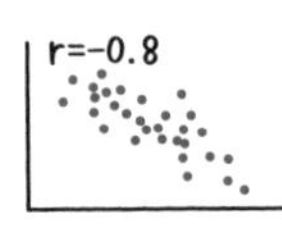

- 0에 가까운 경우는 상관이 없음(무상관)을 나타내고, 산포도상의 점은 원을 그리 듯 분포한다.

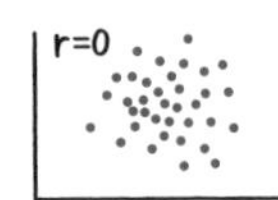

상관계수(coefficient of correlation) ••• 두 변수 간의 관련성(상관)이 얼마나 강한지를 나타내는 지표. 1에 가까울수록 양의 상관관계가 강하고, −1에 가까울수록 음의 상관관계가 강하다. 0일 때는 관계가 없다.

상관계수를 공식화한 것은 칼 피어슨이지만, 이 개념을 처음으로 생각해낸 것은 피어슨의 스승이자 우생학자인 프랜시스 골턴이다.

1822년 버밍엄의 부유한 은행가에서 태어난 골턴은 아버지가 원하는 의대에 마지못해 입학하지만, 결국은 케임브리지대학에서 수학을 공부했다. 대학 졸업과 같은 시기에 아버지가 죽자 골턴은 아프리카 탐험에 나섰고, 거기서 다양한 인종과 만났다. 이것은 골턴이 우생학의 길로 들어선 계기가 되었다.

1875년 골턴은 우생학의 한 근거로 인간의 키가 유전하는 것을 확인하려고 했다. 우선 데이터를 수집하기 쉬운 완두콩을 사용하여 종자의 무게가 친자간에 유전하는지 조사한 결과, 예상대로 무게가 나가는 종자의 완두콩이 무게가 나가는 종자를 맺었다. 그리고, 또 다른 흥미로운 현상이 일어난다는 것도 알게 되었다. 부모의 종자보다 자식 종자의 무게 편차가 더 작아진다는 것이었다. 골턴은, 생물의 모든 형질이 극단으로 흐르지 않고 종자를 유지해 가는 것은 이 현상, 즉 세대간에 조금씩 평균(조상)으로 퇴행하는 힘이 작용하기 때문이라고 생각했다. 그 후, 이 현상을 '회귀'라고 불렀는데, 실제로 영국에서 방대한 양의 부모와 자식의 키를 측정한 결과, 인간에게도 이런 현상이 일어난다는 것을 확인했다(아래 그림 참조). 그리고 부모와 자식 간 키의 관계를 나타내는 척도로서 상관계수를 생각해냈다.

골턴은 평생 동안 340권 이상의 논문과 책을 썼다. 사분위 범위와 중앙값도 골턴이 생각해냈으며, 날씨 예상에 이용되는 중회귀분석의 토대가 되는 개념도 생각해냈다. 또한 골턴은 지문을 이용한 범죄자 찾기 등 수사 방법의 확립에도 기여하는 등 다재다능한 과학자였다. 만년에는 먼 친척에 해당하는 나이팅게일로부터 상담을 받은 것을 계기로 대학에 통계학부를 설립하는 등 근대 통계학에 지대한 공헌을 하고 89세의 나이로 생을 마감했다.

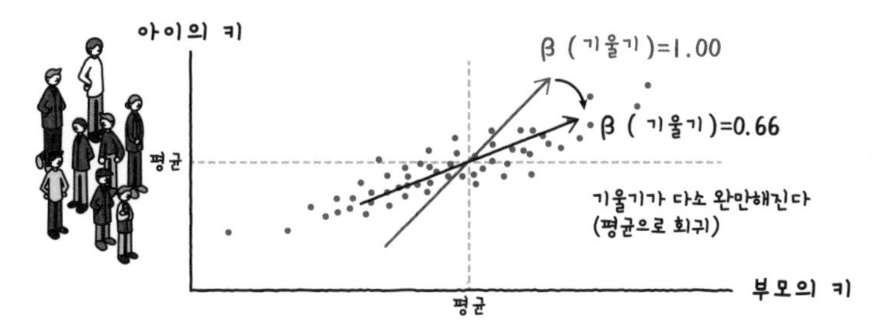

15

변수의 관련성 ②
순위상관

순위 데이터밖에 사용할 수 없는 경우나 두 변수 간에 곡선적인 관계가 상정되는(산포도가 곡선 모양이 되는) 경우는 순위상관계수를 이용한다.

스피어만의 순위상관계수

- 순위 데이터에 대해 계산한 피어슨의 확률상관계수가 스피어만의 순위상관계수이다.
- 연속변수(연속적인 값을 취하는 변수)일 경우는 먼저 순위 데이터로 변환한다.

소비자	x의 순위	y의 순위	$x-\bar{x}$	$y-\bar{y}$
1	1	2	-1.5	-0.5
2	2	1	-0.5	-1.5
3	3	4	0.5	1.5
4	4	3	1.5	0.5
평균	2.5	2.5	0	0

스피어만의 순위상관계수 (로우)

$$\rho = \frac{(-1.5)(-0.5)+(-0.5)(-1.5)+(0.5)(1.5)+(1.5)(0.5)}{\sqrt{(-1.5)^2+(-0.5)^2+(0.5)^2+(1.5)^2}\sqrt{(-0.5)^2+(-1.5)^2+(1.5)^2+(0.5)^2}} = 0.60$$

켄달의 순위상관계수

- x에 대한 순위와 y에 대한 순위가 일치하는지의 여부에 주목해서 상관의 정도를 측정하는 지표이다.
- 소비자 1의 순위 데이터(x_1, y_1)과 소비자 2의 순위 데이터(x_2, y_2)에 대해

  ① $x_1 < x_2$ 이고 $y_1 < y_2$, 또는 $x_1 > x_2$ 이고 $y_1 > y_2$일 때 → 순위의 일치

  ② $x_1 < x_2$ 이고 $y_1 > y_2$, 또는 $x_1 > x_2$ 이고 $y_1 < y_2$일 때 → 순위의 불일치라고 판정한다.

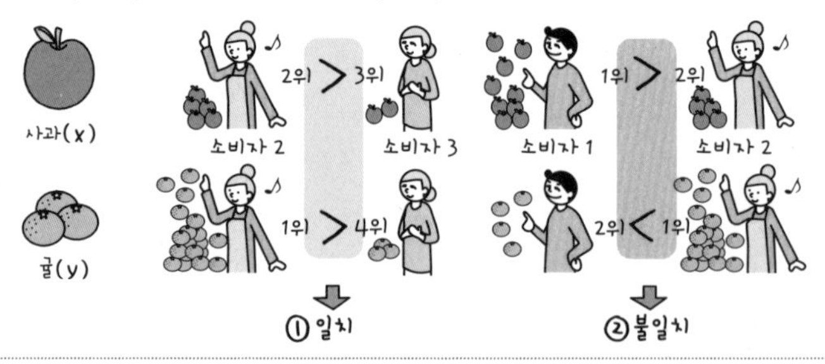

순위상관계수(coefficient of rank correlation) ••• 두 순서변수 간의 상관의 강도를 측정하는 지표. 스피어만의 순위상관계수와 켄달의 순위상관계수가 있다. 어느 방식을 사용할지에 대한 명확한 기준은 없다.

● 세 소비자의 순위 데이터에 대해 '순위가 일치'하는 경우에 ○을, '순위가 불일치'하는 경우에 ×를 할당한다.

소비자	x의 순위	y의 순위	소비자 1	소비자 2	소비자 3
1	1	2			
2	2	1	×		
3	3	4	○	○	
4	4	3	○	○	×

	소비자 1	소비자 2	소비자 3	계
○의 수	2	2	0	4
×의 수	1	0	1	2

● 켄달의 순위상관계수는 A=○의 수, B=x의 수, n=데이터 쌍의 수(예에서는 4)로 했을 때, 다음 식으로 구할 수 있다. 같은 순위가 있는 경우는 계산식이 달라진다.

켄달의 순위상관계수

$$\tau(\text{타우}) = \frac{(A-B)}{(\text{n개에서 2개를 골라내는 조합의 수})}$$

$$= \frac{4-2}{\frac{1}{2}\cdot 4\cdot (4-1)} = 0.33$$

조합의 수에 대해서

● A · B · C · D에서 2개를 골라냈을 때의 조합은 (A · B) (A · C) (A · D) (B · C) (B · D) (C · D) 6가지이다. 이때, (A · B)와 (B · A)는 같은 것으로 간주한다.

● A · B · C · D · E의 경우는 (A · B) (A · C) (A · D) (A · E) (B · C) (B · D) (B · E) (C · D) (C · E) (D · E) 10가지이다.

● 일반적으로 n개에서 2개 골라낸 조합의 수는 $\frac{1}{2}n\cdot(n-1)$로 구할 수 있다.

또한 n개에서 x개 꺼낸 조합의 수는 ${}_{n}C_{x} = \frac{n!}{x!(n-x)!}$ 로 구할 수 있다. (x!는 x의 계승이라 읽고, x!=x × (x-1) × ··· × 2 × 1로 계산한다.)

조합(combination) ••• 다른 n개에서 x개를 골라내는 방법을 말한다.

"어디에서나"는 대체 어디 있다는 걸까?

제2장

확률분포

2 1

확률과 확률분포

주사위나 동전을 던질 때 뭐가 나올지, 그 결과는 실제로 던져 보기 전에는 알 수 없다.
하지만 동전을 던질 때, '앞면이 나올 가능성은 50%다'라고 말하는 것처럼 결과를 예측(기대)할 수는 있다.
결과는 우연히 정해지는 것이지만, 그 결과를 예측할 때는 확률이나 확률분포를 이용한다.
확률분포는 추측통계학의 기초이다.

▶▶▶ 사상

- 실험이나 관측 등의 행위(시행)에 의해 생긴 결과를 말한다. 주사위 던지기의 예에서는 '나온 눈'이 사상에 해당한다.

▶▶▶ 확률

- 어느 사상이 어느 정도 일어나기 쉬운지(우연성의 정도)를 수치화한 것이다. 모든 사상에 대한 확률을 합치면 1(100%)이 된다.

▶▶▶ 확률변수

- 시행해 봐야 비로소 결과를 알 수 있는 변수를 확률변수라고 한다. 그리고 확률변수가 취할 수 있는 값이 1, 2, 3, …과 같이 띄엄띄엄 있어서 값의 수가 유한한 것을 이산확률변수라고 하고, 키나 몸무게, 매출금액처럼 확률변수가 취할 수 있는 값의 수가 무한한 것을 연속확률변수라고 한다.

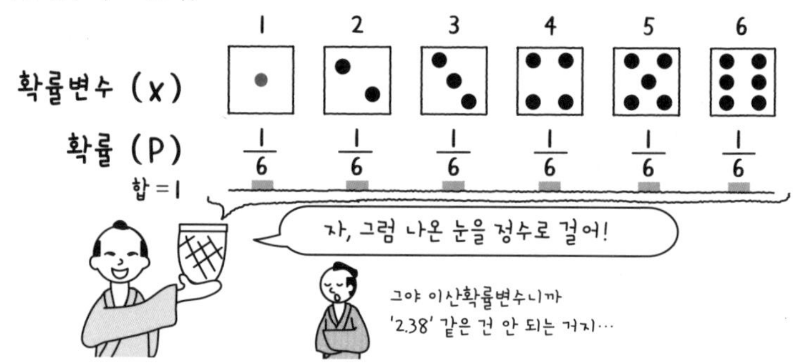

확률변수(random variable) ••• 취할 수 있는 값이 확률에 의해 정의되어 있는 변수를 말한다.

▶▶▶ 확률분포

- 확률변수가 취하는 값과 그 값이 실현하는 확률의 관계를 나타낸 것이다. 다음과 같은 확률분포가 있다.

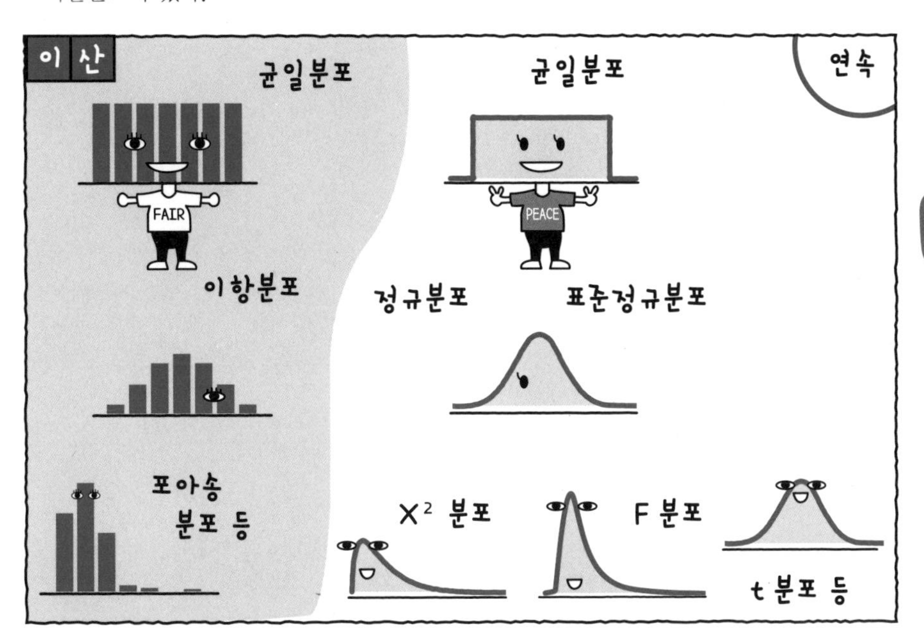

모집단

- 한국인의 키에 대해 알고 싶다면 '모든 한국인의 키'가 연구 대상이 된다. 이 모든 연구대상을 모집단이라고 한다.
- 모집단의 분포(이 예에서는 한국인의 키 분포)를 모집단 분포라고 한다.
- 모집단 분포의 평균이나 분산을 각각 모평균(μ), 모분산(σ^2)이라고 하고 이들을 합쳐 모수(θ)라고 한다.

확률분포(probability distribution) ••• 확률분포를 보면 확률변수의 어떤 값이 실현되기 쉬운지, 실현되기 어려운지 알 수 있다. 사람 수나 개수 등이 대상일 경우에는 이산형을 사용하고, 키나 몸무게 등이 대상일 경우에는 연속형을 사용한다.

2 | 2

확률이 같은 분포

균일분포

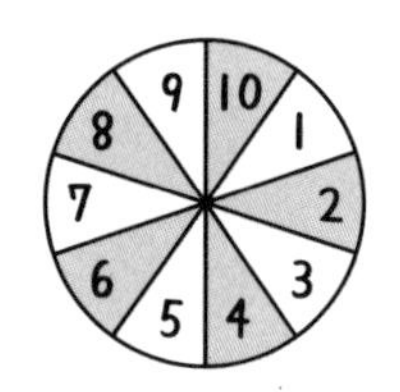

각 사상이 일어나는 확률이 같은 분포를 균일분포라고 한다.

▶▶▶ 이산균일분포

- 주사위를 던져 각 눈이 나올 확률, 다트게임에서 당선번호를 정할 때 각 번호가 적중할 확률 등은 생기확률이 같고 확률변수가 1, 2, 3,…이라는 이산적인 값을 취하므로 균일분포를 따른다.
- x = {1, …, n}의 값을 취할 때 평균은 $\mu = \frac{n+1}{2}$, 분산은 $\sigma^2 = \frac{n^2-1}{12}$이 된다.

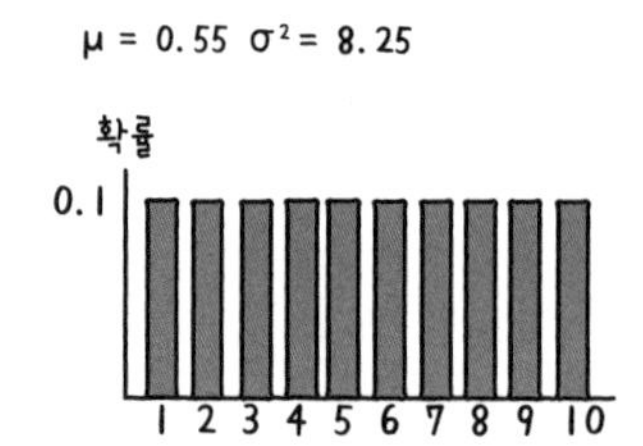

▶▶▶ 연속균일분포

- 다트판의 정해진 위치(아래 그림의 기준 표시)부터 다트가 있던 곳까지의 각도를 잰 값을 확률변수라고 생각한다. 이 확률변수는 0에서 360의 값을 연속적으로 취하므로 이 분포를 따른다.
- x가 [α, β] 사이에 있을 때, $\mu = \frac{\alpha+\beta}{2}$, $\sigma^2 = \frac{(\beta-\alpha)^2}{12}$가 된다.

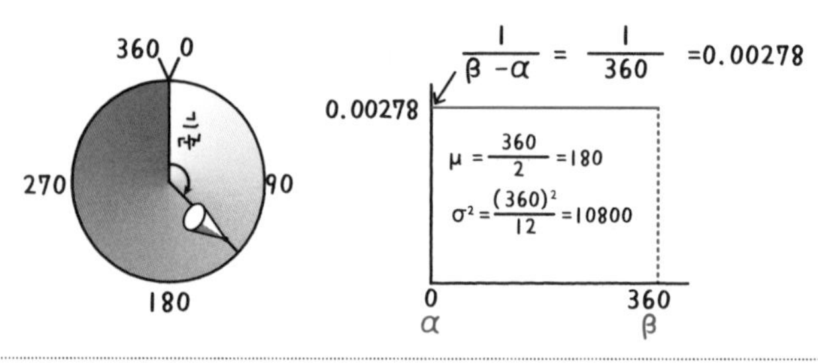

균일분포(uniform distribution) ••• 모든 확률변수 값이 같은 확률을 갖는 분포이다. 이산형과 연속형이 있다. 주사위 한 개를 던졌을 때 나오는 눈, 다트가 맞은 원반 위의 점의 위치(중심각) 등의 확률분포에 이용된다.

2 3

동전 던지기의 분포
이항분포

이항분포란 성공이나 실패 같은 사상에 대한 분포를 말한다. 성공이나 실패처럼 결과가 두 종류밖에 없는 시행(실험이나 관측 등의 행위)을 베르누이 시행이라고 한다.

- 동전 던지기에서 앞면이 나왔을 때를 '성공'($x=1$이라 표기), 뒷면이 나왔을 때를 '실패'($x=0$이라 표기)라고 한다.

- 1회의 시행으로 성공할 확률 $Pr(x=1)=\frac{1}{2}=0.5$ Pr은 "Probability"
- 1회의 시행으로 실패할 확률 $Pr(x=0)=1-Pr(x=1)=\frac{1}{2}=0.5$
- 1회째에 성공하고 2회째와 3회째에 실패할 확률
  $Pr(x=1, x=0, x=0,)=Pr(x=1)\times Pr(x=0)^2=0.5\times 0.5^2=0.125$
- 3회의 시행으로 1회 성공하고 2회 실패할 확률
  〔3회의 시행으로 1회 성공하고 2회 실패하는 조합의 수〕$\times Pr(x=1, x=0, x=0)$
  $=3\times 0.125=0.375$

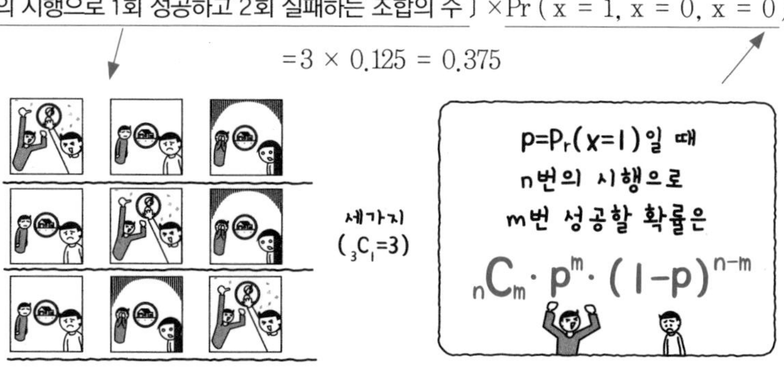

이항분포(binominal distribution) ••• 동전 던지기에서 앞면(뒷면)이 나오는 횟수, 어떤 치료에 의해 증상이 개선된 사람의 수 등의 확률분포에 이용된다. 시행 횟수가 1인 경우 베르누이 분포라고도 한다.

2 | 4

종 모양의 분포
정규분포

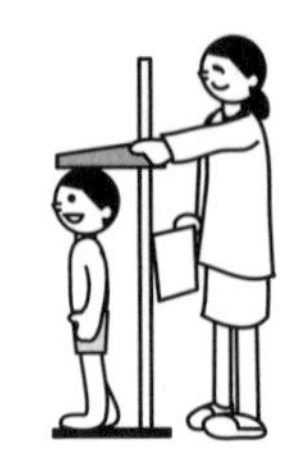

정규분포는 평균값을 중심으로 대칭을 이루는 종 모양의 분포이다.
검정 등에서는 정규분포가 전제되는 일이 많으며, 통계학을 배우는 데 있어서 가장 중요한 분포라고 할 수 있다.

▶▶▶ 이항분포에서 정규분포로

- 이항분포의 시행 횟수를 늘리면 그 분포는 정규분포에 가까워진다.
- 여기서는 동전 던지기를 시행해 시행 횟수에 의해 분포 형태가 변하는 모습을 보겠다.
- 먼저 동전 던지기에서 성공했을 때(앞면이 나올 때) 1점을 획득하고, 실패했을 때(뒷면이 나올 때)는 0점으로 한다. 그런 다음 동전을 10개 던져 그 합계 득점을 기록한다. 그리고 10개를 던지는 시행을 반복한다.

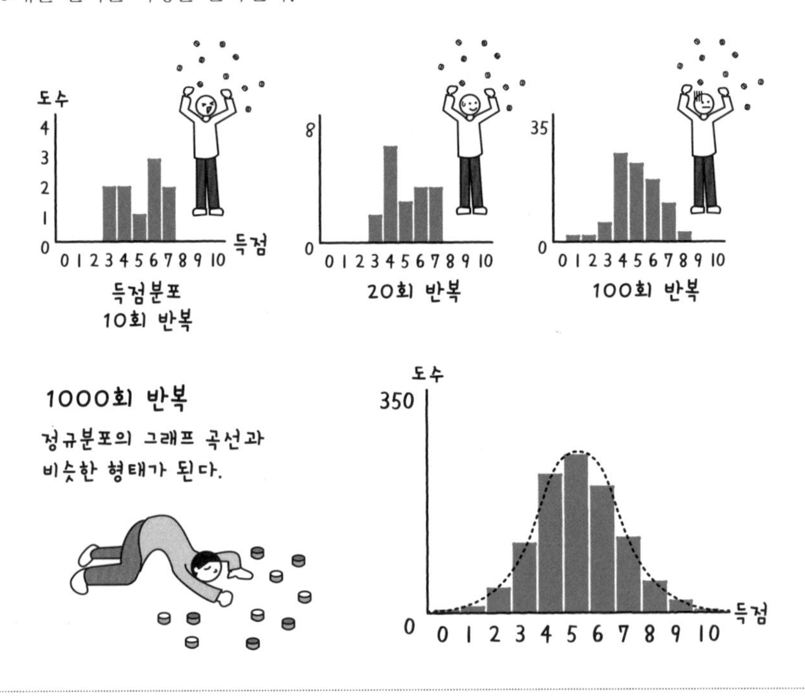

정규분포(normal distribution) ••• 좌우 대칭을 이루는 확률분포로 평균값 부근의 값일수록 관측하기 쉽다(평균값에서 벗어날수록 관측하기 어렵다). 가우스 분포라고도 한다. 이항분포는 시행 횟수가 많아지면 정규분포와 비슷해진다.

▶▶▶ 우리 주변에 있는 정규분포

- 우리 주변에 있는 정규분포의 예로 10세 남자아이의 키에 대한 도수분포도를 작성해 보겠다.
- 세로축이 상대도수(도수를 총수로 나눈 것)로 되어 있으므로 상대도수분포도라고도 한다. 언뜻 보기에 정규분포와 비슷하다는 것을 알 수 있다.
- 정규분포 같은 연속형의 확률분포에서는 x가 일정 구간, 예를 들면 [144, 148]에 들어가는 확률을 생각할 수 있다.

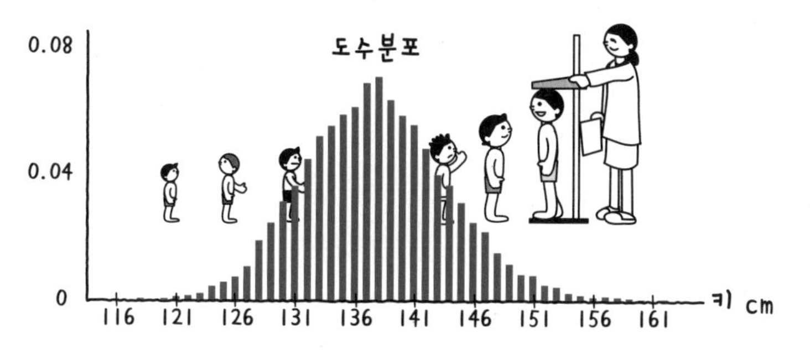

↓정규분포에서 근사확률의 계산

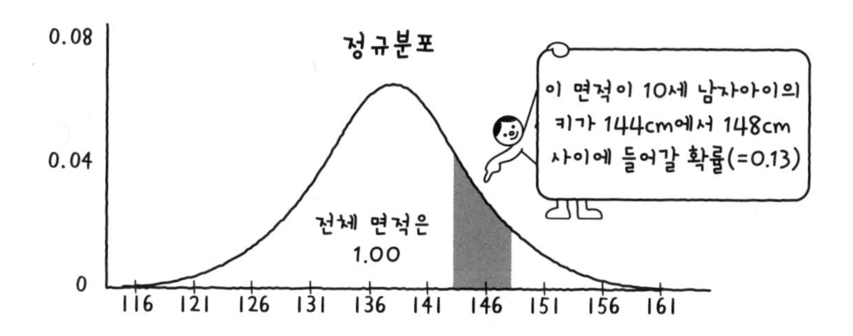

정규분포의 식(확률밀도함수)

정규분포 함수의 식은 다음과 같다.

$$f(x) = \frac{1}{\sqrt{2\pi}\sigma} e^{-\frac{(x-\mu)^2}{2\sigma^2}}$$

μ는 확률변수 x의 평균, σ는 x의 표준편차, e는 네이피어 수(2.718...)이다. 이 함수를 적분하면 확률을 계산할 수 있다.

확률밀도함수(probability density function) ••• 확률변수의 값(x)과 확률(p) 사이의 함수관계. 연속형의 경우는 극히 작은 구간(dx)에 대한 확률을 생각할 수 있다. 확률밀도함수와 가로축으로 둘러싸인 면적은 1이 된다.

25

척도가 없는 분포

표준정규분포

표준화란 데이터의 평균값을 0으로, 표준편차(분산)를 1로 변환하는 것이다. 변환한 데이터를 표준화변량이라고 한다. 척도(단위)를 의식하지 않고 사용할 수 있다. 표준화한 정규분포는 표준정규분포(z 분포)라고 한다.

▶▶▶ 표준화

- 표준화는 오른쪽 식으로 구한다.
  여기서 μ는 평균, σ는 표준편차다.

$$\text{표준화변량} \quad z_i = \frac{x_i - \mu}{\sigma}$$

NO	원래 데이터(x_i)	편차($x_i - \bar{x}$)	표준화변량(z_i)
1	-10	-5.2	-1.05
2	-8	-3.2	-0.65
3	-7	-2.2	-0.44
4	-3	1.8	0.36
5	4	8.8	1.78
평균(μ)	-4.8	0.0	0.00
표준편차(σ)	4.96	4.96	1.00

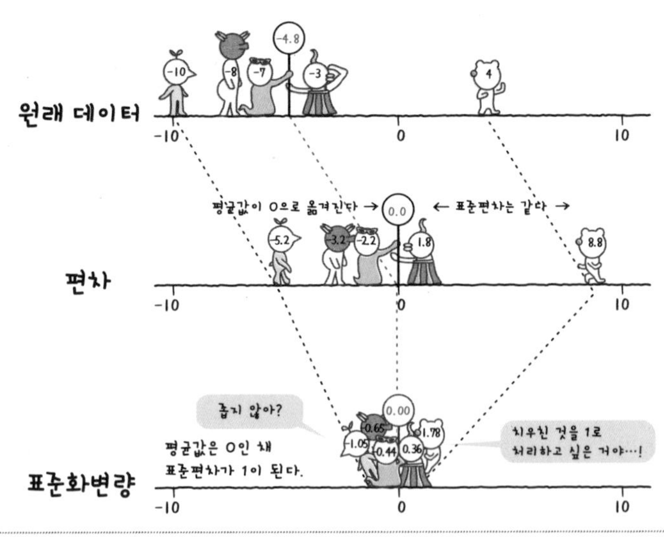

표준정규분포(standardized normal distribution, z-distribution) ••• 평균을 0, 분산을 1로 표준화한 데이터(표준화변량 z)의 정규분포를 말한다. z 분포라고도 한다.

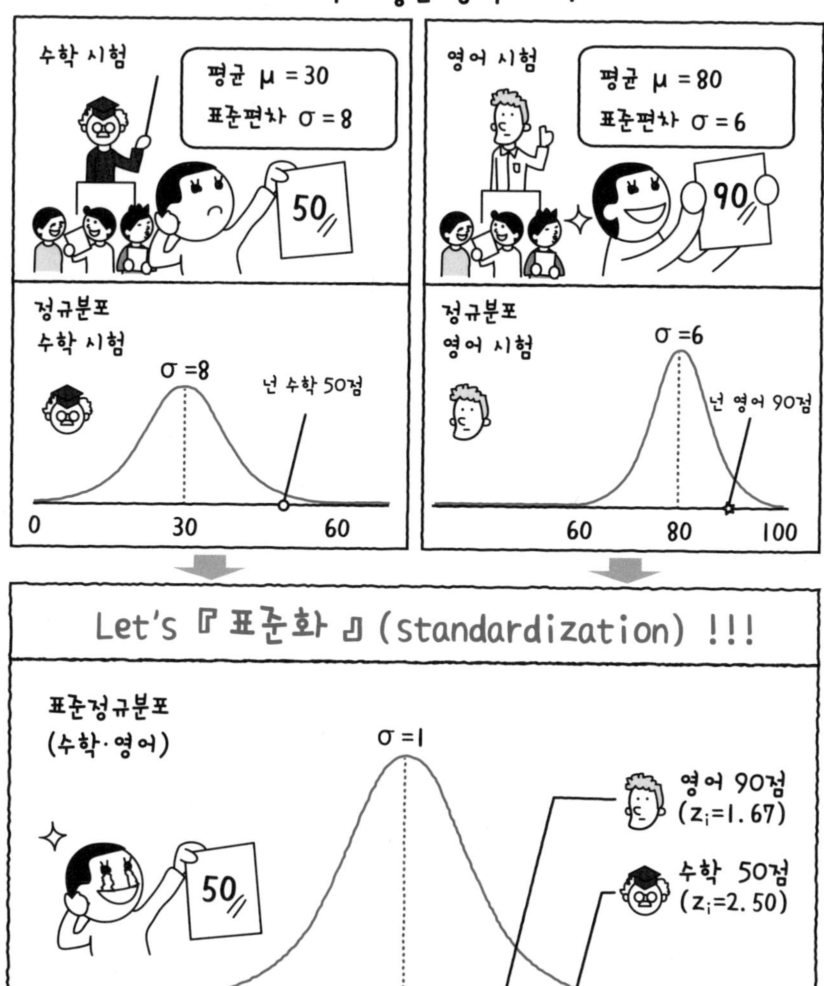

● 수학 50점과 영어 90점을 비교하면 영어 성적이 더 좋은 것 같다. 그러나 표준화변량으로 변환하면 수학이 오히려 학급의 상위에 있다는 것을 알 수 있다(다음 페이지의 칼럼 참조).

표준화변량(standardized variate) ••• '(변수값−평균값)/표준편차'로 변환한 확률변수로, z로 나타낸다. 표준화변량의 평균은 0, 분산은 1이 된다. 단위에 영향을 받지 않고 변수 간의 비교를 할 수 있다.

고등학교나 대학교 시험을 치를 때 표준점수라는 말을 들어본 적이 있을 것이다. 당신은 표준점수에 대해 얼마나 알고 있는가?

시험의 난이도는 매번 달라지기 때문에 단순히 점수만 비교해서는 실력이 향상되었는지 어떤지 알 수 없다. 어려운 시험에서 80점을 받은 것인지, 쉬운 시험에서 80점을 받은 것인지 아는 데는 편차(80점−평균점수)가 도움이 된다. 평균점수가 낮을수록 편차는 커진다. 따라서 어려운 시험에서 고득점을 받았다는 것을 알 수 있다.

평균점수가 30점인 시험에서 대부분의 수험생이 30점 전후의 점수를 받은 경우와, 만점이 있는가 하면 0점도 있는 경우의 80점의 의미가 다르다.

이와 같이 차이를 고려해서 실력을 보다 정확하게 측정하기 위한 지표가 표준점수다.

$$\text{표준점수} \qquad T_i = 50 + 10 \times \left(\frac{x_i - \mu}{\sigma}\right)$$

위 식의 (　) 안의 식은 x의 표준화변량으로, 여기에 10을 곱하고 50을 더하면 표준점수의 평균값이 50, 표준편차가 10으로 변환된다.

앞 페이지의 수학과 영어 점수를 예로 들면,

$$T_{수학} = 50 + 10 \times \left(\frac{50-30}{8}\right) = 50 + 10 \times 2.50 = 75.0$$

$$T_{영어} = 50 + 10 \times \left(\frac{90-80}{6}\right) = 50 + 10 \times 1.67 = 66.7$$

이 된다. 이로써 실력 차이가 있는지 어떤지 알 수 있다.

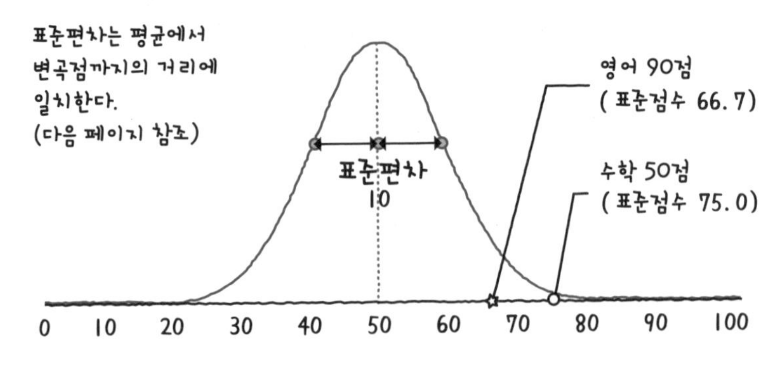

2 6

데이터의 위치를 알 수 있다

시그마 구간

표준화하면 데이터가 표준정규분포의 어디에 있는지 대략적인 위치를 알 수 있다.

● z의 값이 3σ 구간 밖(−3보다 작거나 3보다 크다)에 있을 때, 그 데이터는 정규분포에서는 잘 일어나지 않는 수이다. 따라서 이상치일 가능성이 있다는 것을 보여준다.

칼럼

6시그마 활동

0.0000034

6σ 구간의 밖, 즉 100만분의 3.4 수준으로 실수 또는 불량품의 발생 확률을 줄이려는 활동을 말한다. 6시그마 활동은 1980년대 후반부터 미국 모토롤라 연구진이 경영과 품질개선의 일환으로 시작했다.

2 | 7

분포의 형태

왜도와 첨도

정규분포는 좌우가 대칭을 이루는 예쁜 종 모양으로 나타난다. 그러나 그렇지 않은 분포도 많이 있다. 왜도(歪度)와 첨도(尖度)는 표준분포 모양이 정규분포에서 어느 정도 벗어나 있는지를 측정하기 위한 지표이다.

왜도

- 분포가 좌우대칭인지, 오른쪽 꼬리가 긴지(왼쪽으로 치우쳐 있는지), 왼쪽 꼬리가 긴지(오른쪽으로 치우쳐 있는지), 분포가 좌우로 치우친 정도(비대칭도)를 나타내는 지표가 왜도이다.
- 표본 데이터에서 왜도를 계산할 때 다음 식을 사용한다. 여기서 n은 데이터의 수, $\bar{x}$는 x의 평균, s는 표준편차이다.

$$\text{왜도} \quad S_w = \frac{1}{n}\left\{\left(\frac{x_1-\bar{x}}{s}\right)^3 + \left(\frac{x_2-\bar{x}}{s}\right)^3 + \cdots + \left(\frac{x_n-\bar{x}}{s}\right)^3\right\} = \frac{1}{n}\sum_{i=1}^{n}\left(\frac{x_i-\bar{x}}{s}\right)^3$$

왜도가 양인 경우

정규분포보다 분포의 뾰족한 곳이 왼쪽에 치우쳐 있고 꼬리는 오른쪽으로 길어진다.

왜도가 음인 경우

분포의 뾰족한 곳이 오른쪽에 치우쳐 있고 꼬리는 왼쪽으로 길어진다.

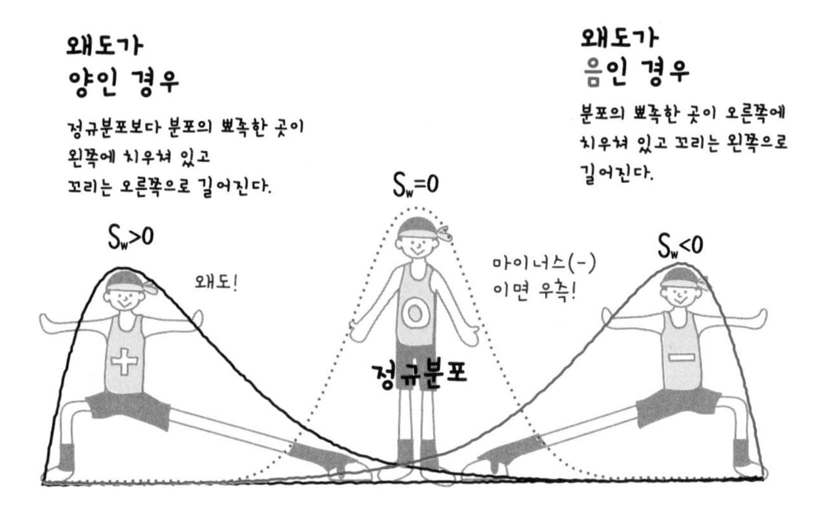

왜도(skewness) ••• 비대칭성을 나타내는 지표로, 정규분포와 비교했을 때 상하(좌우)에 대한 치우침 정도를 측정한다. 확률변수가 작은 값(아래쪽)의 꼬리가 긴 경우에는 음의 값에, 큰 값(위쪽)의 꼬리가 긴 경우에는 양의 값이 된다.

▶▶▶ 첨도

- 첨도란 분포의 산(山)의 뾰족한 정도를 나타내는 지표이다.
- 표본 데이터에서 첨도를 계산할 때, 다음 식을 사용한다.

첨도 $$S_k = \frac{1}{n}\left\{\left(\frac{x_1-\bar{x}}{s}\right)^4+\left(\frac{x_2-\bar{x}}{s}\right)^4+\cdots+\left(\frac{x_n-\bar{x}}{s}\right)^4\right\}-3=\frac{1}{n}\sum_{i=1}^{n}\left(\frac{x_i-\bar{x}}{s}\right)^4-3$$

앞의 왜도 식을 4제곱으로 바꾸고 3을 빼기만 해면 된다.

첨도가 양인 경우

정규분포보다 급격히 분산이 작아지는 경향이 있다.

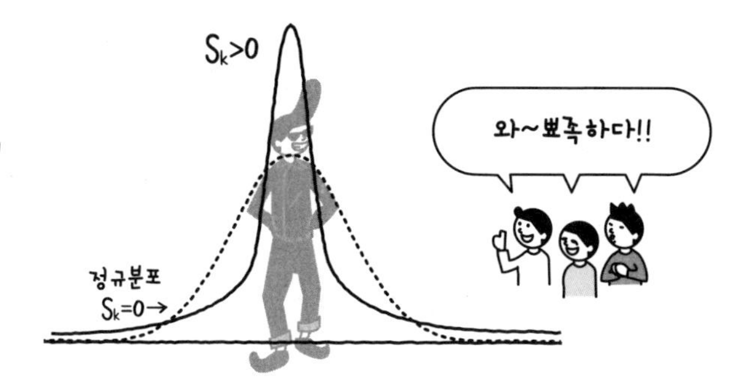

첨도가 음인 경우

분산이 완만하게 커지는 경향이 있다.

이상치의 검출

왜도나 첨도가 0에서 크게 벗어난 값을 취한 경우, 극단적으로 값이 크거나 작은 수치가 섞여 있을 가능성이 있다.

계급	데이터						왜도 S_w	첨도 S_k
바른 데이터	131	140	134	124	137	132	-0.43	-0.60
입력 오류가 있는 데이터	131	140	134	1240	137	132	1.79	1.20

입력 오류 (1240)

첨도(kurtosis) ••• 정규분포와 비교했을 때 분포곡선에서 정점의 뾰족한 정도(피크의 뾰족한 부분이 가늘고 두꺼움의 차이)를 나타낸다. 정규분포일 때 0이 되고, 0보다 작은 분포를 완첨적 분포, 0보다 큰 분포를 급첨적 분포라고 한다.

28

드물게 일어나는 분포

포아송 분포

포아송 분포는 시행 횟수가 아주 많고(n이 크다), 사상 발생의 확률(p)이 아주 작을 때의 이항분포이다.

한 달에 생산한 물건 중 불량품의 수, 어느 교차점에서 교통사고가 일어나는 수, 어느 지역에 떨어지는 벼락 건수 등과 같이 '드물게 일어나는 사항'의 확률분포를 나타내는 데 이용한다.

● 포아송 분포는 다음의 함수로 나타낸다.

$$f(x) = \frac{e^{-\lambda}\lambda^{x}}{x!}$$

e : 네이피어 수
λ : 평균값(시행 횟수 n × 확률 p)
x : 사상이 일어나는 횟수(x!는 x의 계승)

여기서 x의 계승이란 x에서 1개씩 작은 수(양의 정수)를 순서대로 곱한 것이다.

예를 들면 $3! = 3 \times 2 \times 1 = 6$ 이다.

예를 들어 공장에서 전구를 생산하고 있다고 하자. 그리고 그 공장에서 불량품 발생은 500개에 1개(0.2%)라고 알고 있다고 치자.

따라서 1000개의 전구($n = 1000$)를 생산할 때, 평균 불량품 개수(λ)는, 생산 개수(n)×불량품 발생률(p) $= 1000 \times 0.002 = 2$가 된다.

포아송 분포를 이용하면 불량품이 0개($x = 0$)일 확률을 계산하면,

$$f(0) = \frac{e^{-2}2^{0}}{0!} = \frac{0.1353\cdots}{1} = 0.135 \text{가 된다.}$$

그리고 불량품이 1개($x=1$)일 확률은

$$f(1) = \frac{e^{-2}2^{1}}{1!} = \frac{0.1353\cdots \times 2}{1} = 0.271 \text{ 이 되고,}$$

불량품이 2개($x=2$)일 확률은

$$f(2) = \frac{e^{-2}2^{2}}{2!} = \frac{0.1353\cdots \times 4}{2 \times 1} = 0.271 \text{ 이 된다.}$$

이상의 계산으로부터 이 공장에서 불량품이 2개 이하에 그칠 확률은,

$$f(0) + f(1) + f(2) = 0.135 + 0.271 + 0.271 = 0.677(67.7\%) \text{이다.}$$

포아송 분포(poisson distribution) ••• 1회 관측에서 일어날 일이 드물지만, 일정 시간 내에 어느 정도의 빈도로 일어나는 이벤트 수(불량품 발생 건수, 사고 발생 건수, 드문 병의 발생 건수 등)의 분포.

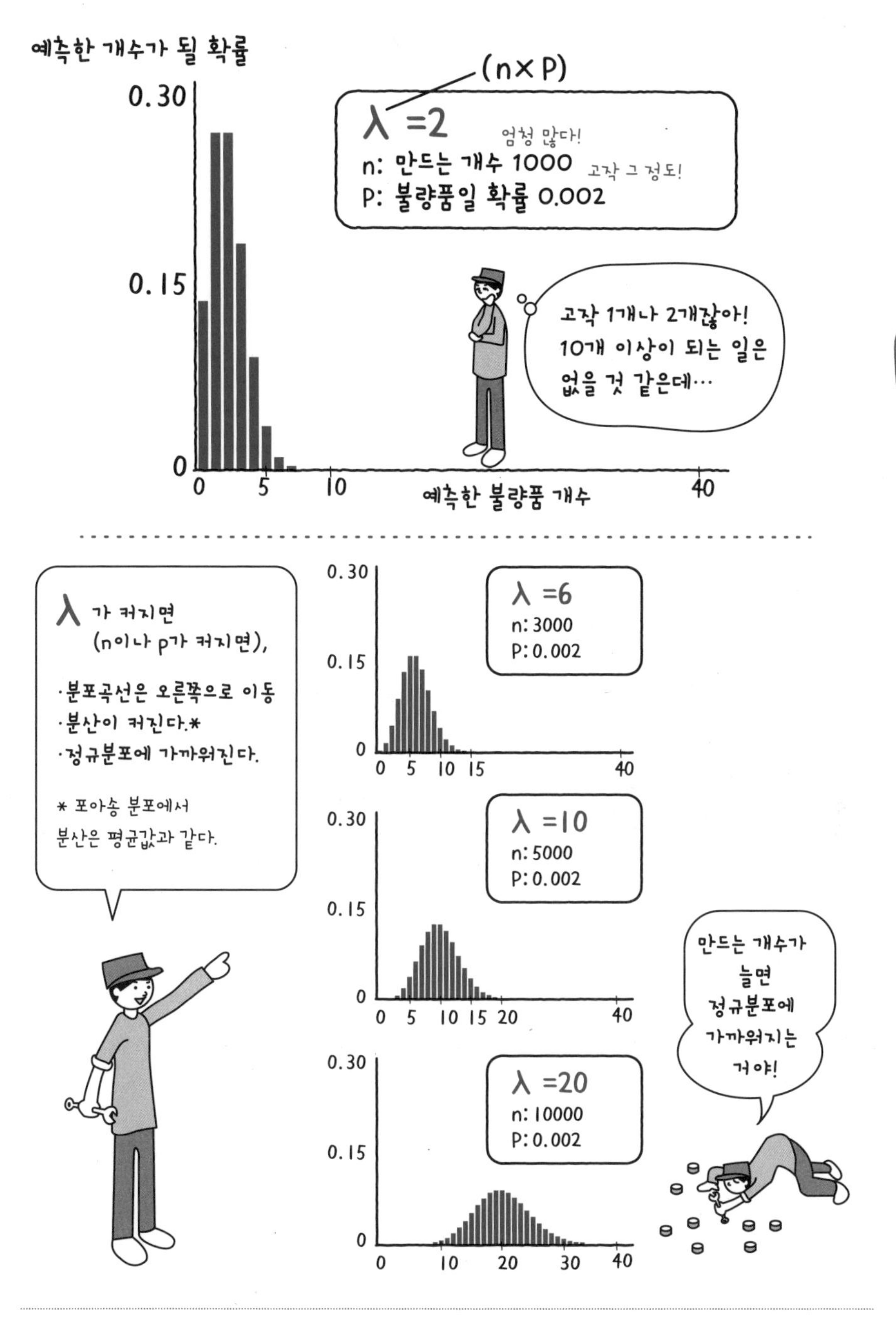

계승(factorial) ••• 1부터 어떤 수(n)까지의 자연수를 차례로 곱한 것을 n의 계승이라고 하며, 이것을 n!로 나타낸다. 그리고 0의 계승(0!)은 1로 정해져 있다.

2 9

여러 데이터를 동시에 취급하기

χ^2 분포(카이제곱 분포)

χ^2를 '카이제곱'이라고 읽는다.

χ^2 분포는 정규분포를 따르는 여러 데이터를 한꺼번에 취급할 수 있어, 분산분석에 이용할 수 있다.

제곱하면 데이터의 수(자유도, 46쪽 참고)에 따라 분포 형태가 달라진다.

▶▶▶ χ^2 통계량과 χ^2 분포

자유도 1의 χ^2 분포

-1.32	-0.84
-0.61	1.27
0.35	0.44
1.88	...
1.37	...
0.63	...

하나의 표준정규분포로부터 하나의 데이터를 추출해 제곱한다. 예를 들면 $1.37^2 = 1.88$

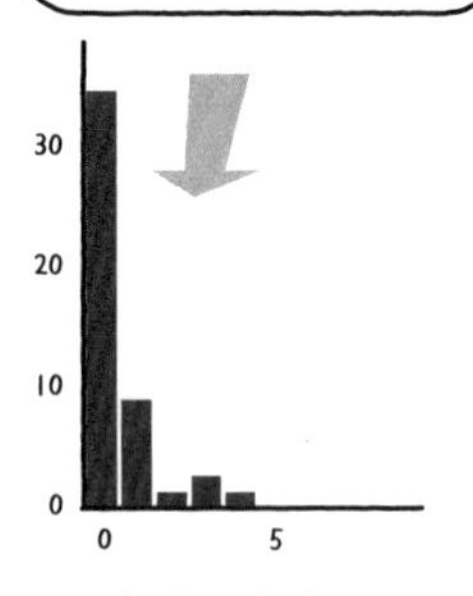

-0.40도 0.40도 제곱하면 0.16이 되므로 0 부근의 데이터가 많아진다.

자유도 3의 χ^2 분포

1.04	-0.11
-0.28	2.01
-0.33	-0.32
-1.99	...
0.43	...
0.11	...

1.61	-1.02
-0.35	0.09
2.08	-0.07
-1.14	...
-0.41	...
-1.43	...

-0.54	-0.40
0.48	0.13
-0.20	-0.64
-0.91	...
-0.79	...
0.82	...

3개의 표준정규분포로부터 하나씩 데이터를 추출해 제곱해서 더한다. 예를 들면
$0.11^2 + (0.41)^2 + (-0.64)^2$
$= 0.012 + 0.168 + 0.410 = 0.590$

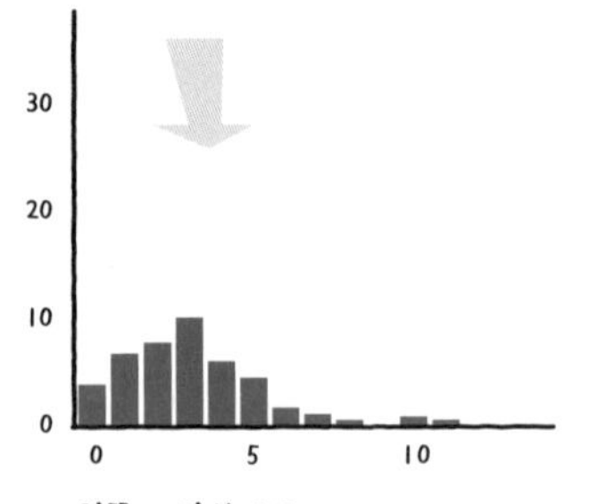

왼쪽 그림보다도 평균값이 커져 분포가 오른쪽으로 움직인다.

χ^2 분포(chi-squared distribution) ... $z_1^2 + z_2^2 + \cdots + z_n^2$의 확률분포(z는 표준정규분포를 따른다)이다. 독립성 검정이나 적합도 검정에 사용한다.

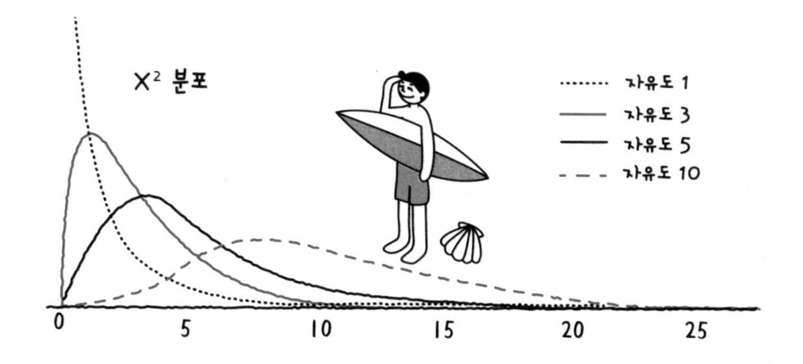

- 자유도 m의 x^2 분포는 $x^2_{(m)}$이라고 표기한다.

서로 독립

- 표준정규분포에서 추출된 m개의 변수 ($z_1, z_2, \cdots, z_m$)의 x^2 통계량(x^2 값)은

$$X^2_{(m)} = z_1^2 + z_2^2 + \cdots + z_m^2$$

가 된다.

- 정규분포에서 추출된 m개의 변수($x_1, x_2 \cdots, x_m$)를 계산하는 경우는 변수 x_i의 평균을 μ_i, 표준편차를 σ_i라 하면

카이 엑스

$$X^2_{(m)} = \left(\frac{x_1-\mu_1}{\sigma_1}\right)^2 + \left(\frac{x_2-\mu_2}{\sigma_2}\right)^2 + \cdots + \left(\frac{x_m-\mu_m}{\sigma_m}\right)^2$$

가 된다.

그리고 원래 정규분포의 평균과 분산이 같을 때는,

$$X^2_{(m)} = \left(\frac{x_1-\mu}{\sigma}\right)^2 + \left(\frac{x_2-\mu}{\sigma}\right)^2 + \cdots + \left(\frac{x_m-\mu}{\sigma}\right)^2 = \frac{1}{\sigma^2}\sum_{i=1}^{m}(x_i-\mu)^2$$

Σ는 시그마 총합을 나타낸다.

가 된다.

- x^2 분포에는

기대값=자유도 그리고 **분산=2×자유도**

와 같은 관계가 있다. 자유도가 늘어나면 x^2 분포의 그래프가 오른쪽으로 이동해 평평해지는 것은 이 때문이다.

Σ(sigma) ••• 합계, 또는 총합을 나타내는 기호이다. 기본적인 사용 방법은 다음과 같다.
$i=1 \cdots n$에 대해, $\Sigma(x_i+y_i)=\Sigma x_i + \Sigma y_i$, $\Sigma a \cdot x_i = a\Sigma x_i$, $\Sigma a = na$(a는 상수)

2 | 10

x^2 값의 비

F 분포

F값은 2개의 x^2값의 비로 정의되는데, 그 분포가 F 분포이다.
각 표본의 x^2값을 사용하기 때문에 자유도가 2개 있다.

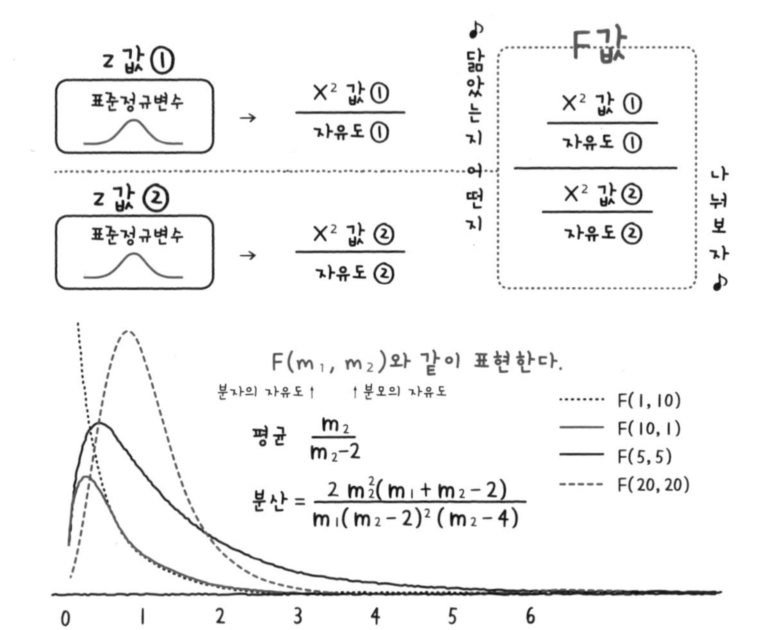

분산비의 분포

먼저, 두 변수(x, y)에 대한 식 $\frac{(1/\sigma_x^2)\ \Sigma\ (x_i-\mu_x)^2}{(1/\sigma_y^2)\ \Sigma\ (x_i-\mu_y)^2}$ 을 생각해 본다. 이 분자와 분모가 각각 x^2 분포를 따른다는 것은 앞 페이지에서 언급한 대로이다. 따라서 이 식은 x^2 값의 비가 되는, 즉 F 분포를 따른다는 것을 알 수 있다.

두 번째로 x와 y가 동일 모집단에서 추출한 것이라고 생각해 본다. $\mu_x=\mu_y=\mu$、$\sigma_x^2=\sigma_y^2=\sigma^2$가 되므로 $\frac{(1/\sigma^2)\ \Sigma\ (x_i-\mu)^2}{(1/\sigma^2)\ \Sigma\ (y_i-\mu)^2}=\frac{\Sigma\ (x_i-\mu)^2}{\Sigma\ (y_i-\mu)^2}=\frac{\Sigma\ (x_i-\mu)^2/n}{\Sigma\ (y_i-\mu)^2/n}$ 라고 변형할 수 있다.

마지막 항은 x와 y의 분산비이다.
따라서 변수(x, y)의 분산비가 따르는 것은 F 분포임을 알 수 있다.

F 분포(F−distribution) ••• 독립된 두 x^2 분포를 따르는 확률변수 비의 분포. 분산비의 분포라고도 한다. 등분산검정과 분산분석 등에 주로 이용한다.

2 11

정규분포 대신에 사용한다

t 분포

모분산을 알 수 없고 표본 크기가 작을 때, 정규분포(z 분포)를 이용해 추정 또는 검정을 하면 결과가 틀릴 수 있다.
이럴 경우는 스튜던트화 변량이 따르는 t 분포를 사용한다.

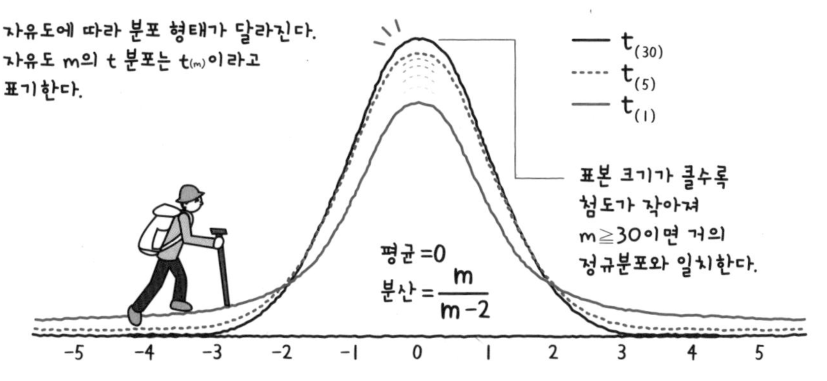

주: 소표본의 t 분포는 정규분포보다 꼬리가 두꺼운 곡선이 된다.

표본을 반복 추출해 표본평균을 계산한 경우, 그 표본평균은 평균 μ, 표준오차 $\frac{\sigma}{\sqrt{n}}$의 정규분포를 따른다. 따라서 표본평균의 표준화변량은 $z_{\bar{x}}$로 계산된다. 그러나 모표준편차 σ를 알 수 없을 때는(보통 그렇다) t 분포를 따르는 스튜던트화 변량 $t_{\bar{x}}$를 사용한다.

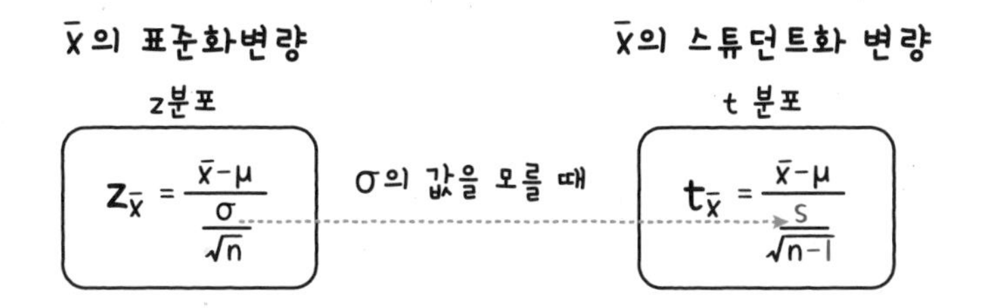

t 분포(t-distribution) ••• 모분산을 알 수 없을 때 정규분포 대신 사용한다. 표본 크기가 작을 때는 정규분포에 비해 양쪽 꼬리가 두꺼워지지만, n≧30 근처부터 정규분포와 거의 일치한다.

칼럼

다양한 확률분포의 관계

확률분포는 각각 다른 것이라고 생각하기 쉽지만 대부분의 분포는 서로 관련되어 있다.

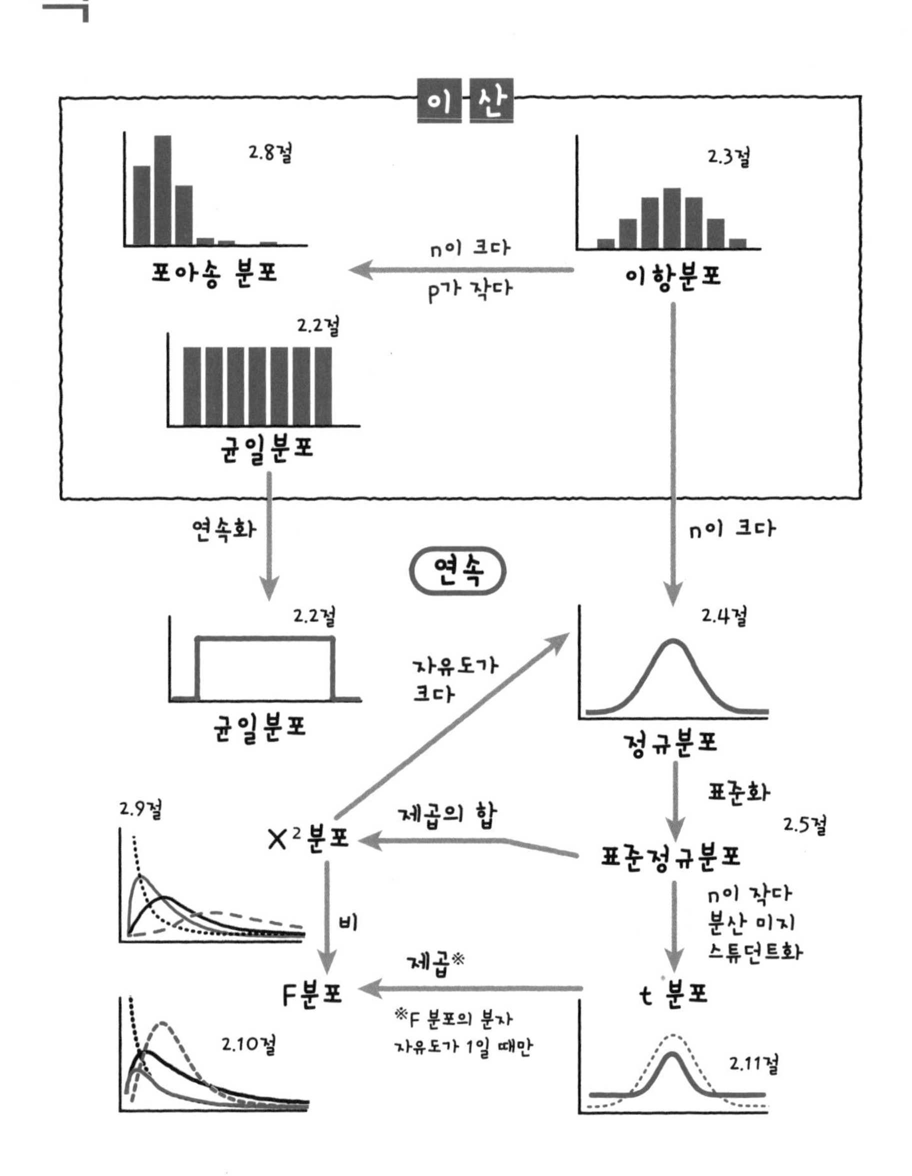

HELLO I AM...

케틀레

Adolphe Quetelet(1796~1874)

근대 통계학의 아버지 케틀레는 1796년에 벨기에 플랑드르 지방에서 태어났다. 어렸을 때부터 수학을 잘했던 케틀레는 19세 때 지방의 헨트대학에서 수학 강사를 했으며, 4년 후에는 수학 박사학위를 받았다. 그 후 정부의 명을 받아 수도 브뤼셀에서 천문대를 창설했는데, 그 준비를 위해 방문한 프랑스에서 확률론에 자극을 받았다(1823년). 당시 프랑스에는 푸리에와 라플라스 등 뛰어난 수학자가 있어 확률론이나 오차에 대한 연구가 앞서 있었기 때문이다.

1846년 정부는 독립 후 행정에 필요한 인구조사를 케틀레에게 지도하게 하는데, 이 인구조사가 통계학의 비약적 발전으로 이어진다. 이때도 측정오차가 정규분포를 따른다는 사실이 천문학의 세계에 알려져 있긴 했다. 그런데 케틀레는 다양한 대규모 조사를 통해 사람의 키 등 육체적인 특징은 물론, 범죄율이나 사망률 등 많은 사회현상도 '평균인'을 중심으로 한 정규분포를 따른다는 것을 증명했다.

근대 간호학의 창시자로 알려진 플로렌스 나이팅게일은 왕립통계학회 첫 여성회원이기도 했다. 1820년에 영국의 상류계급 가정에서 태어난 그녀는 자선활동을 통해 간호사의 길을 걷게 되었다. 나이팅게일은 독일과 프랑스의 병원에서 경험을 쌓은 후 1853년에 런던에 귀국했고 크림전쟁 중에 육군병원의 총간호부장으로 부임했다.

나이팅게일은 거기서 수집된 통계 데이터를 잘 이용하지 못하는 것을 보고 큰 충격을 받았다. 케틀레를 존경하던 나이팅게일은 통계학의 중요성을 인식하고 있었다. 나이팅게일은 병원 내 감염에 의한 사망을 막기 위해서는 정확한 데이터를 수집해 통계적인 분석을 한 다음 대책을 세워야 한다고 강력하게 호소했다. 이러한 그녀의 강한 의사와 행동력이 현재의 위생적인 의료 시스템의 토대를 만들었다.

우리는 여러분에 대해 추측해요.

제3장

추측통계학

3 | 1

표본으로 모집단의 특성을 파악한다 추측통계학

추측통계학은 관측 데이터(표본)로부터, 그 배경에 있는 모집단의 특성을 추측하는 학문이다. 데이터가 적을 경우에도 분석 결과가 잘못되지 않도록 '오차'라는 개념을 도입하는 점이 기술통계학과 다르다.

▶▶▶ 추측통계학

- 표본을 사용해 그 추출원인 모집단의 특징(모수)을 추측한다.
- 모수란 모집단의 평균이나 분산 등 모집단의 분포 형태를 결정하는 값으로, 파라미터(parameter)라고도 한다.

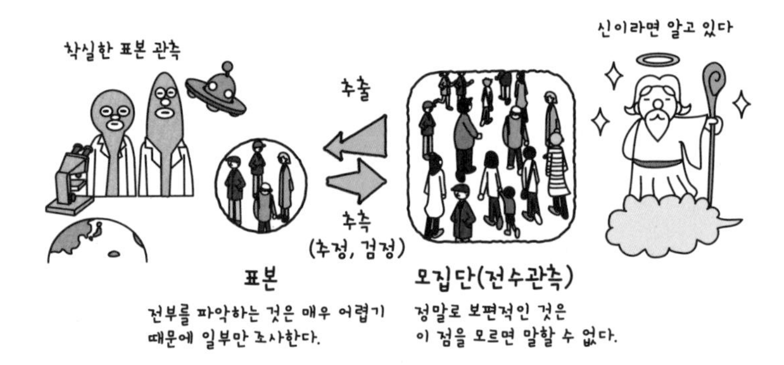

▶▶▶ 기술통계학

- 기술통계학(제1장)에서는 기본적으로 준비된 관측 데이터의 특징을 파악하기 때문에 모수 추측은 하지 않는다(오른쪽 페이지 칼럼 참조).

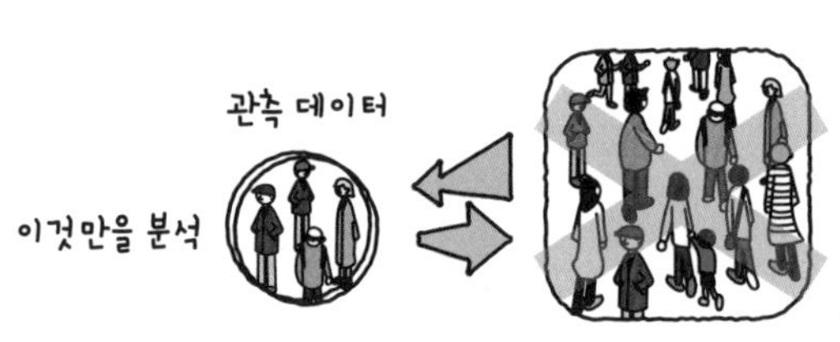

모집단(population) ••• 표본의 배경에 있는, 본래 관심의 대상이 되는 집단이다.
표본(sample) ••• 모집단에서 무작위로 추출한 데이터 집단으로, 관측된 데이터가 이에 해당한다.

▶▶▶ 대표본과 소표본

- 기술통계학적 방식을 그대로 데이터 수가 적은 소표본에 이용하면 추측의 정도가 낮아지며, 검정 등이 잘못될 가능성이 있다(소표본의 문제).

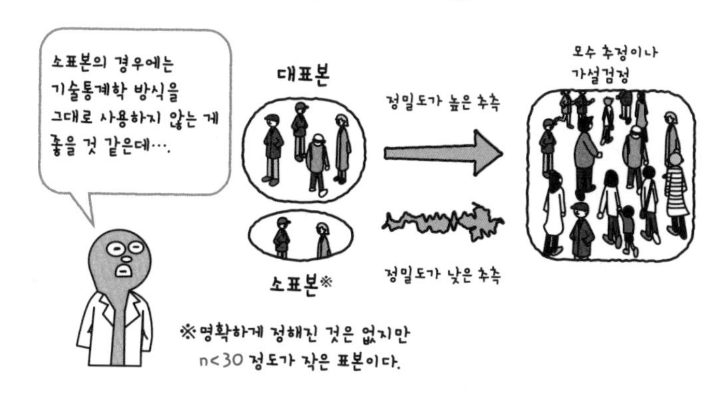

▶▶▶ 오차

- 소표본의 경우에도 잘못된 결과가 나오지 않도록 오차라는 개념을 도입한 것이 추측통계학이다. 오차에 대해서는 이 책의 54~55페이지에서 자세히 설명한다.

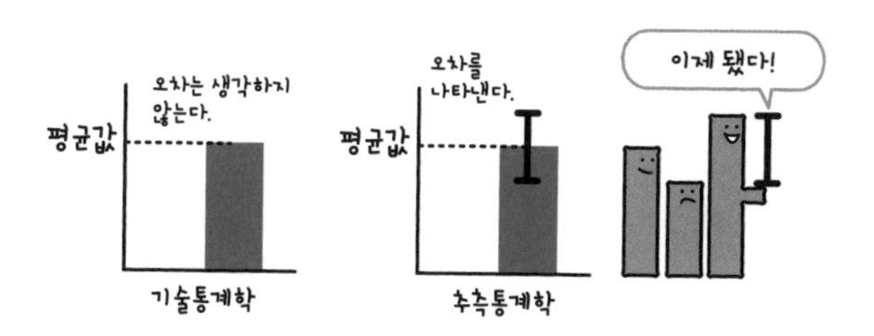

표본이나 모집단이라는 개념이 없는 것이 기술통계학이라고 생각하기 쉽지만 그렇지는 않다. 19세기부터 20세기에 걸쳐 발전한 기술통계학에서도 표본에서 모집단의 특징을 파악하려는 노력을 했다. 그러나 소표본일 때도 대표본일 때와 같은 방법으로 시도해서 결과가 틀리는 것도 있었기에, 피셔(111쪽)는 이를 쓸모 없다고 느끼게 되었다.

3 | 2

모수를 잘 대입한다

불편추정

불편추정이란 참값인 모수와 비교해 큰 쪽에도 작은 쪽에도 치우치지 않는 통계량을 표본에서 추정하는 것을 말한다. 분산에 대해서는 기술통계학에 따른 표본통계량을 자유도로 수정해 사용하지만 평균에 대해서는 표본평균을 그대로 모평균의 불편추정량으로 한다.

▶▶▶ 통계량의 치우침

- 기술통계학의 방법으로 통계량을 계산하면 참값인 모수보다도 커지기도 하고 작아지기도 한다.
- 이런 치우침을 수정한 통계량(불편추정량)을 얻는 것이 불편추정이다.

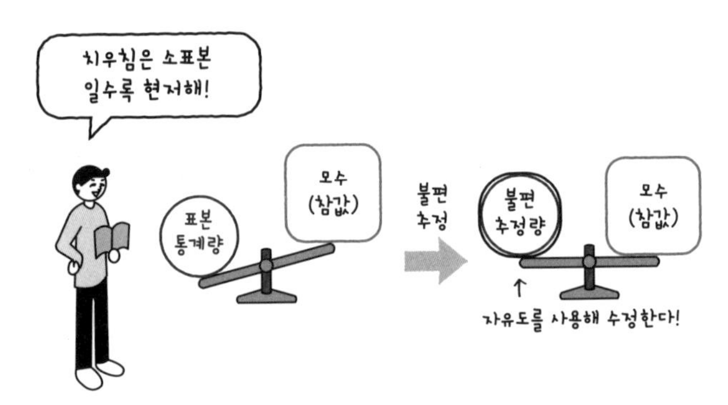

▶▶▶ 통계량의 치우침

- 사실 기술통계학의 방법으로 계산한 분산(표본분산)은 참값(모분산)보다 조금 작아진다. 물론 그 제곱근인 표본표준편차도 모표준편차보다 작아진다.

μ 대신에 $\bar{x}$를 사용하기 때문에 분자가 작아진다

표본평균(이미 알고 있음)↓ 모평균(아직 모름)↓

$$\text{표본분산 } s^2 = \frac{\sum(x_i-\bar{x})^2}{n} \leqq \text{모분산 } \sigma^2 = \frac{\sum(x_i-\mu)^2}{n}$$

모수(parameter) ••• 모집단의 평균이나 분산을 가리키며, 모집단의 분포 형태를 결정한다. 이 값을 표본에서 추정한다.
불편추정(unbiased estimate) ••• 표본에서 모수를, 큰 쪽에도 작은 쪽에도 치우치지 않도록 추정하는 것을 말한다.

불편추정(수정) 방법

- 그래서 표본분산 s^2 식의 분모인 n(표본 크기)에서 1을 빼서 값을 조금 작게 함으로써 모분산에 가까이 가게 한다(불편분산).
- 이 n−1을 자유도라고 한다(다음 페이지에서 설명한다).

불편분산 $$\hat{\sigma}^2 = \frac{\sum(x_i - \bar{x})^2}{n-1}$$ ←표본분산보다도 조금 커진다.

자유도

불편표준편차 $$\hat{\sigma} = \sqrt{\hat{\sigma}^2} = \sqrt{\frac{\sum(x_i - \bar{x})^2}{n-1}}$$

불편추정량(정리)

- 표본의 정보만을 사용해, 모수에 대해 치우침이 없도록 추정하는 통계량이다.
- 기호는 표준통계량에는 알파벳, 모수에는 그리스 문자, 불편추정량에는 그리스 문자에 ^(해트)를 써서 구별한다.
- 평균에 대해서는 모평균보다 커질 것인지 작아질 것인지 모르기 때문에 수정할 수 없어 표본평균을 그대로 불편평균이라고 생각한다.

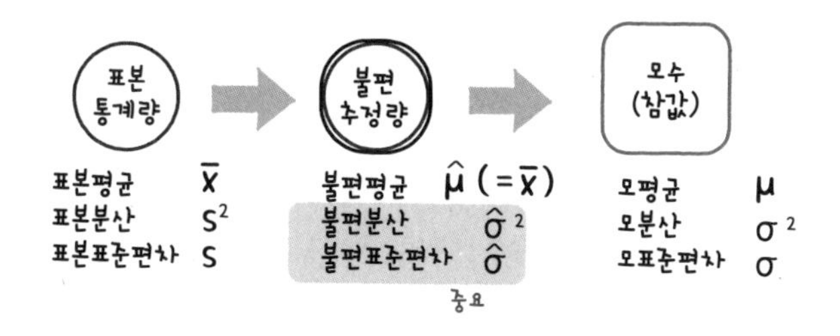

분산이 치우친 예

예를 들면 1, 2, 3이라는 세 관측 데이터가 있다고 하자. 이때 표본평균 $\bar{x}$는 반드시 2가 되지만, 모평균 μ는 2가 된다고 한정할 수는 없다. 어쩌면 2.1이 될 수도 있다(전수조사를 실시해야 알 수 있다). 시험삼아 이들 값을 사용해 편차제곱합을 계산해서 비교해 보기 바란다. 표본평균(2)을 사용한 값은 2.0이고, 모평균(2.1)을 사용한 값은 2.03이 될 것이다.

불편추정량(unbiased estimator) ••• 추정량의 기댓값이 모수와 같은 통계량이다. 불편추정으로 구할 수 있다.
불편분산(unbiased variance) ••• 표본분산이 모분산보다 작아지기 때문에 자유도로 좀 크게 수정한 통계량이다.

제약을 받지 않는 데이터의 수

자유도

자유도란 통계량 계산에 사용하는 관측 데이터(변수) 중, 자유롭게 값을 취할 수 있는 데이터의 수를 말한다. 표본 크기에서 제약 조건의 수를 뺀 값이 자유도의 크기이다.
제약 조건의 수는 표본 데이터를 사용한 계산식의 수이다.

자유도

● 자유도(自由度)를 사용해 불편추정량이나 검정통계량을 계산한다.

a, b, c라는 3개의 관측 데이터(변수)에서
평균을 계산하는 사례를 생각한다.

A B C

관측 데이터의 수
n=3

특히 답이 정해지지 않았다면(제약이 없다면)
3개의 데이터에는 어떤 값을 넣어도 된다.

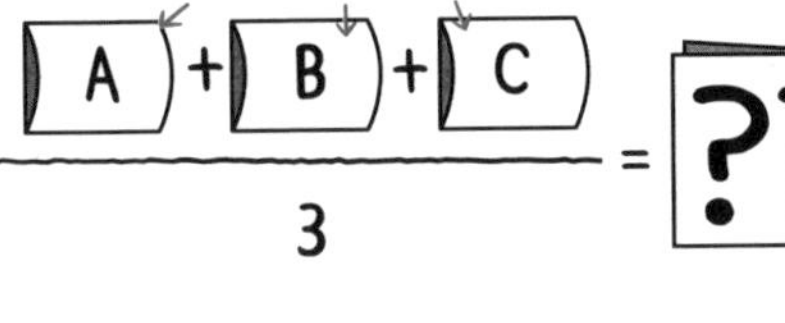

하지만 만약 평균이 5로 정해져 있다면(제약이 있다면)

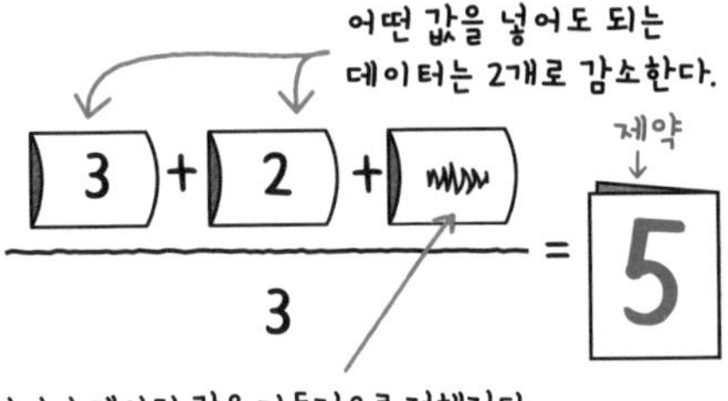

나머지 데이터 값은 자동적으로 정해진다.
이 경우에는 10밖에 넣을 수 없다.

자유도(degree of freedom, df) ••• 통계량을 계산할 때 자유롭게 값을 취할 수 있는 데이터의 수를 말하는 것으로, 표본 크기 n에서 제약 조건의 수를 뺀 값이다. t 분포나 x^2 분포는 1개, F 분포는 2개의 자유도로 규정되어 있다.

불편분산의 자유도

- 표본에서 평균 등을 계산할 때마다 자유도가 하나씩 감소한다.
- 예를 들면 표본평균을 한 개 사용하는 불편분산의 자유도는 n−1이 된다.

어떤 모집단에서 무작위추출(관측)한 표본이 있다고 하자.
이 경우, 각 데이터 값을 알기 때문에 표본평균 값도 정해진다.

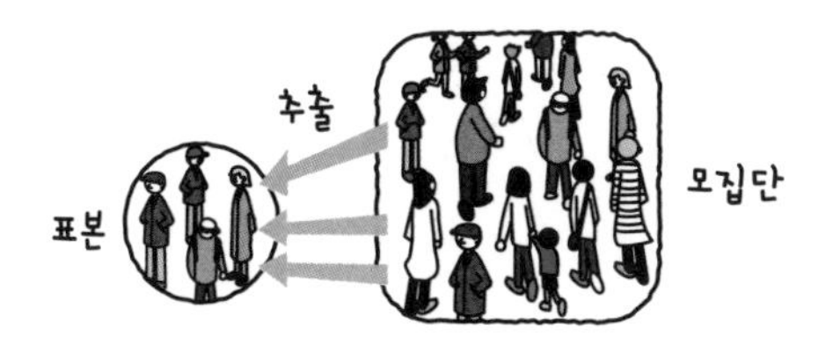

불편분산 계산식을 보면,

$$\hat{\sigma}^2 = \frac{\Sigma(x_i - \bar{x})^2}{n-1}$$

표본평균은 상수이므로 한 개의 제약조건
불편분산의 자유도 $df = n-1$

한편, 모분산의 계산식을 보면,

$$\sigma^2 = \frac{\Sigma(x_i - \mu)^2}{n}$$

모평균은 아직 모르므로 제약조건이 되지 않는다.
모분산의 자유도 $df = n$

자유도가 반드시 n−1인 것은 아니다

- 통계량 계산에 사용하는 평균 등의 제약 조건은 반드시 하나는 아니다.
- 예를 들면 분산분석이나 독립성 검정에서는 더 많은 제약이 있다.

상관계수 r의 식은 아래와 같이 $\bar{x}$와 $\bar{y}$라는 두 표본평균을 사용한다. 따라서 예를 들어 무상관 검정(88쪽)에서는 n−2라는 자유도를 이용해 검정을 위한 통계량(t값)을 계산한다.

$$\text{상관계수 } r = \frac{\Sigma(x_i - \bar{x})(y_i - \bar{y})}{\sqrt{(\Sigma(x_i - \bar{x})^2)(\Sigma(y_i - \bar{y})^2)}}$$

표본평균(=제약)이 두 개

제약 조건(limiting condition) ••• 자유도를 정하는 조건의 수로, 통계량에 사용하는 평균 등의 계산값(계산식)의 개수를 말한다. 즉, 계산식의 기본 수이다. t 검정이나 독립성 검정에서는 1이지만, 무상관 검정에서는 2, 분산분석(F 검정)에서는 여러 개가 된다.

표본통계량의 분포 ①

평균의 분포

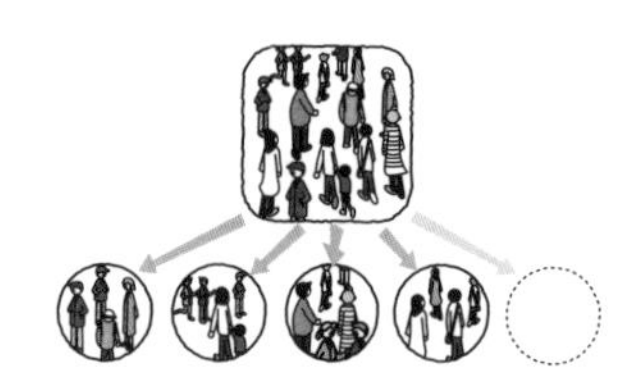

개별 관측 데이터뿐 아니라 표본통계량도 확률분포를 따른다.
다만 분포의 형태는 통계량에 따라 다르므로 여기서는 대표적인 표본평균, 표본비율, 표본분산, 표본상관계수의 분포를 소개한다.

▶▶▶ 표본분포(표본통계량의 분포)

- 표본은 하려고 하면 몇 번이든 추출할 수 있다. 그리고 이들 통계량의 값은 다르기 때문에 불규칙한 분포를 보인다.
- 표본분포의 불규칙한 분포 크기(표준편차)를 표준오차라고 하고, 오차 범위를 예측하는 데 사용한다.

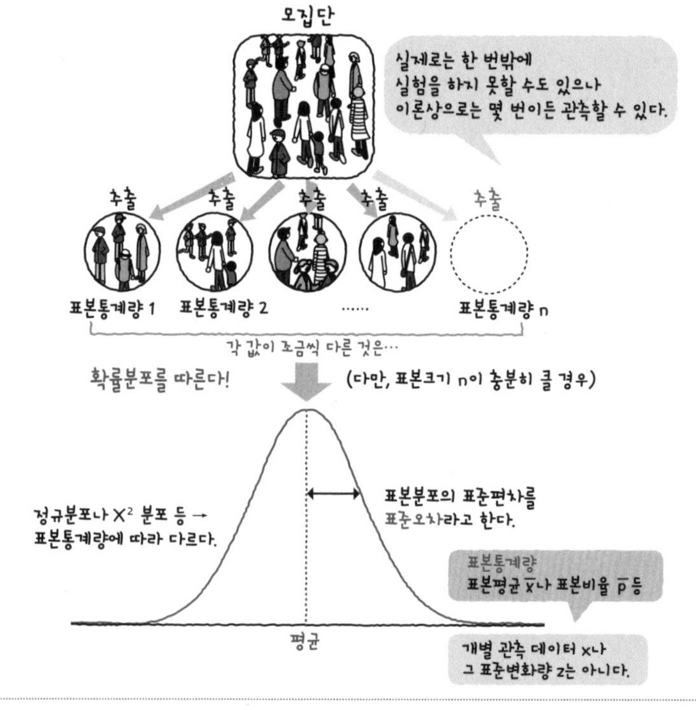

표본분포(sampling distribution) ••• 모집단에서 반복해 무작위로 추출한 표본통계량(표본평균 등)의 확률분포이다. 오차를 평가하기 위해 개별 데이터 값이 아닌 표본통계량의 분포를 생각한다.

▶▶▶ 표본평균의 분포(정규분포)

● 표본의 크기가 충분히 커지면 표본평균 $\bar{x}$의 분포는 정규분포를 따른다.

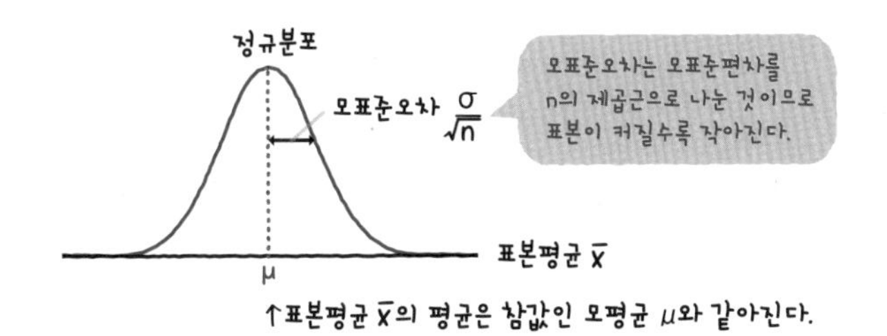

▶▶▶ 표준화한 표본평균의 분포(z 분포)

● 표준화한 표본평균 $z_{\bar{x}}$는 표준정규분포(z 분포)를 따른다.

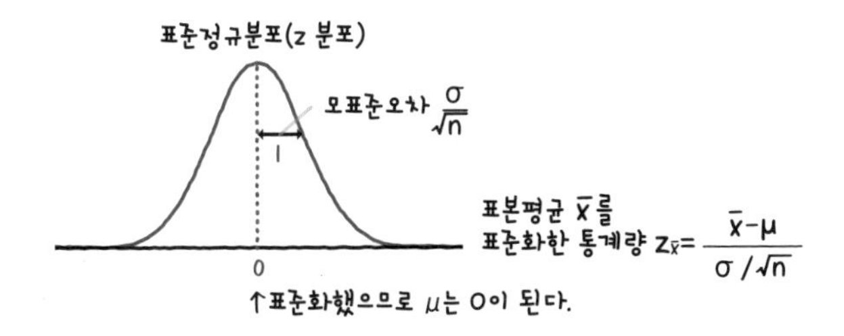

▶▶▶ 표준화한 표본평균의 분포(t 분포)

● 모분산을 알 수 없기 때문에 불편표준오차로 스튜던트화한 표본평균 $t_{\bar{x}}$는 t 분포를 따른다.

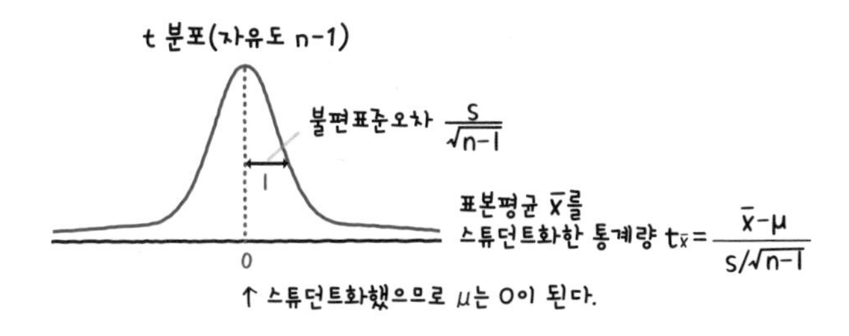

표준오차(standard error) ••• 표본통계량의 표준편차에 해당하는 것으로, 표본에서 얻은 추정량의 오차(⇔정밀도) 크기를 나타낸다. 예를 들면 표본평균의 표준오차는 표준편차를 표본 크기의 제곱근으로 나누어 구한다.

3 5

표본통계량의 분포 ②

비율의 분포

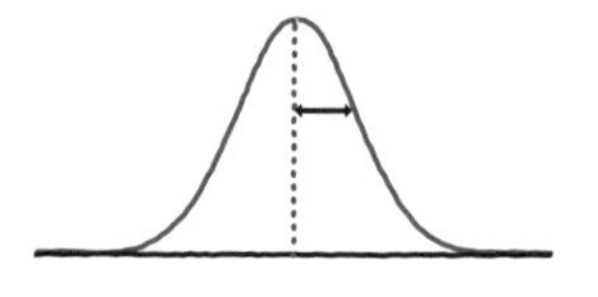

▶▶▶ 표본비율의 분포(정규분포)

- 표본비율 $\hat{p}$의 분자인 '어떤 성질을 갖는 요소의 수 x'는 이항분포를 따른다.
- 그러므로 표본비율도 표본 크기 n이 커지면(=시행 횟수가 100을 넘는다) 정규분포를 따른다.

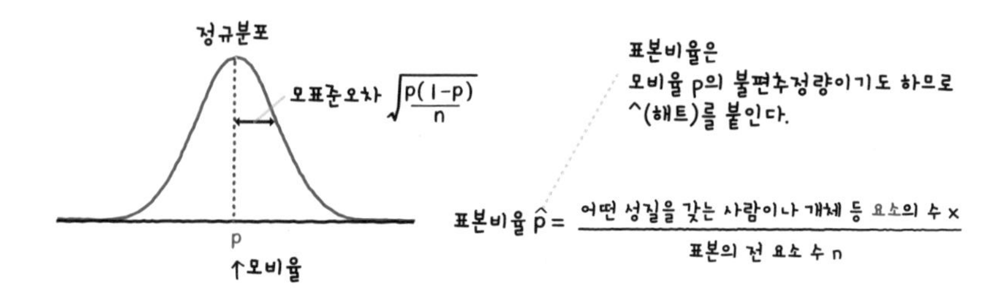

표본비율과 그 분산

- 어떤 성질을 가지는 요소(사람 등)가 모집단에서 차지하는 비율을 모비율 p, 표본에서 차지하는 비율을 표본비율 $\hat{p}$라고 한다.
  → 예를 들면 어느 정당의 지지율을 표본조사했을 때($n = 100$), 30명이 지지한다고 대답한 경우($x = 30$)의 표본비율 $\hat{p}$는 0.3이 된다.
- 어떤 성질을 갖는 요소의 수 x를 확률변수로 한 이항분포의 평균은 np, 분산은 np(1−p)가 된다.
  → 표본비율의 평균(즉 참값인 모비율)은 np를 모집단의 전 요소의 수 n으로 나눈 값 p, 마찬가지로 모분산은 np(1−p)를 전 요소의 수 n으로 나눈 p(1−p)가 된다.
  → 모분산이 p(1−p)이므로 모표준편차는 그 제곱근을 취한 $\sqrt{p(1-p)}$가 되고, 모표준오차는 모표준편차를 $\sqrt{n}$로 나눈 $\sqrt{p(1-p)/n}$이 된다.
- n이 충분히 클 때(대충 100 이상), 이항분포는 정규분포에 가까워지므로 표본비율 $\hat{p}$는 평균(모비율) p, 모표준오차 $\sqrt{p(1-p)/n}$의 정규분포를 따른다고 생각하면 된다.

표본비율(sample ratio) ••• 어떤 성질을 가지는 요소가 표본에서 차지하는 비율을 말한다. 분자는 이항분포를 따르므로 표본 크기가 큰($n \geq 100$) 경우에는 모비율을 중심으로 한 정규분포에 근사적으로 따른다.

표본통계량의 분포 ③

분산의 분포

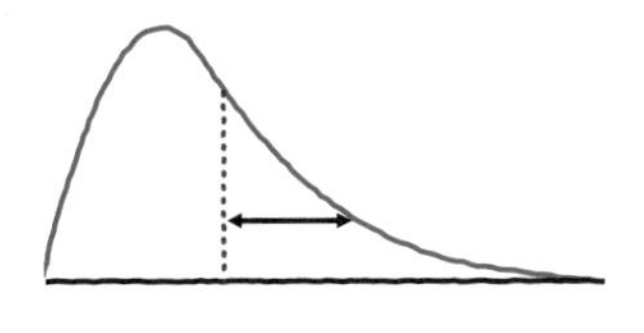

표본분산의 분포(χ^2 분포)

- 표본분산 s^2이 따르는 확률분포는 없으므로 x^2 분포를 따르도록 표본분산 s^2, 또는 불편분산 $\hat{\sigma}^2$과 비례하는 통계량으로 변환한다.
- 모분산의 구간추정이나 검정에서 이용한다.

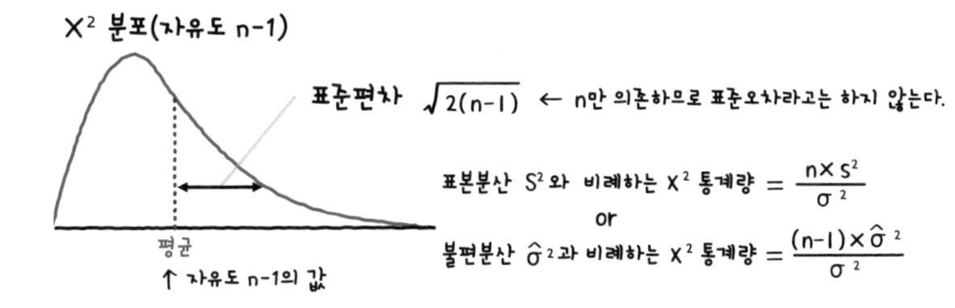

표본분산이나 불편분산에 비례하는 통계량으로 변환하는 법

① 모평균 μ를 아직 모르므로 대신 표본평균 $\bar{x}$를 한 개 사용한 x^2 값은, 자유도가 한 개 감소한 n−1이 된다.

$$\chi^2_{(n)} = \frac{\Sigma(x-\mu)^2}{\sigma^2} \longrightarrow \chi^2_{(n-1)} = \frac{\Sigma(x-\bar{x})^2}{\sigma^2}$$

② $x^2_{(n-1)}$의 분자는 다음의 표본분산이나 불편분산의 분자와 같다.

$$\text{표본분산 } s^2 = \frac{\Sigma(x-\bar{x})^2}{n} \qquad \text{불편분산 } \hat{\sigma}^2 = \frac{\Sigma(x-\bar{x})^2}{n-1}$$

③ ①과 ②로부터 다음과 같은 관계식이 성립된다.

$$\sigma^2 \times \chi^2_{(n-1)} = n \times s^2 \quad \text{or} \quad (n-1)\times\hat{\sigma}^2$$

④ 이것을 x^2에 대해 풀면 표본분산이나 불편분산과 비례하는 아래의 통계량을 각각 얻을 수 있다. 이것은 물론 x^2 분포를 따른다.

$$\chi^2_{(n-1)} = \frac{n \times s^2}{\sigma^2} \quad \text{or} \quad \frac{(n-1)\,\hat{\sigma}^2}{\sigma^2}$$

표본분산의 분포(sample variance distribution) ••• 표본(불편)분산에 비례하는 통계량으로 변환하면 그 통계량은 자유도가 n−1의 x^2 분포를 따른다.

3 | 7

표본통계량의 분포 ④

상관계수의 분포

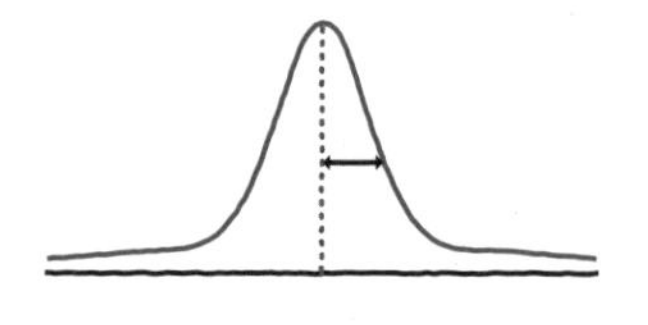

▶▶▶ 상관계수의 분포(정규분포) [ρ≠0의 경우]

- 모상관계수 ρ가 0이 아닌 경우, 표본상관계수 r은 아래 그림과 같은 기울어진 분포를 따르기 때문에 이대로는 사용할 수 없다.
- 그러나 피셔의 z 변환 을 하면 정규분포를 따르기 때문에, 예를 들면 모상관계수의 신뢰구간의 추정(66쪽)으로 사용할 수 있게 된다.

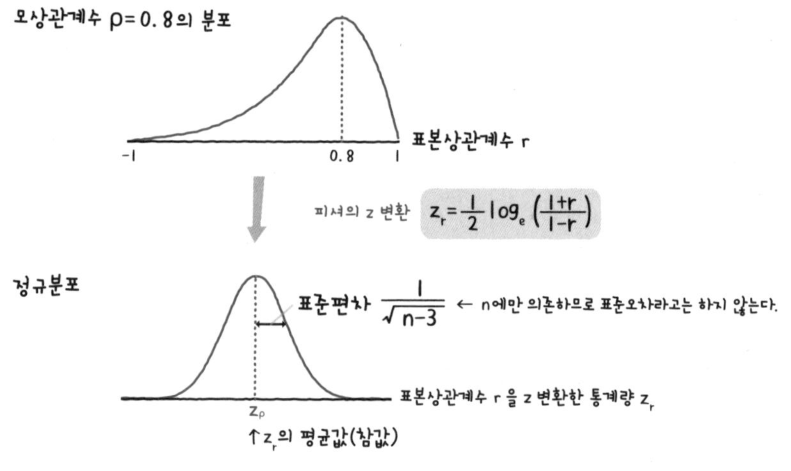

피셔의 z 변환과 자연대수

피셔의 z 변환은 고등학교에서는 배우지 않는 역쌍곡선정접함수라는 삼각함수의 일종인 함수를 사용한다. 이 함수를 사용해 변환하면 정규분포에 가까워질 뿐 아니라, 표준편차(물론 분산도 해당한다)가 n에만 의존하는 형태가 되기 때문에(안정되기 때문에 좋다) 구간추정에 아주 적합하다. 그리고 z 변환된 z_r은 표준화 통계량과 같은 z기호를 사용하지만, 표준화되어 있지는 않다(ρ를 이미 알고 있다면 표준화도 가능하다).
그런데 $\log_e$는 자연대수를 나타낸다(ln이라고도 쓴다). 자연대수란 2.71...이라는 나누어 떨어지지 않는 네이피어 수 e를 밑으로 하는 대수를 말하는 것으로 지수함수 e^x의 역함수가 된다. 예를 들면 $\log_e x$는 e를 몇 제곱하면 x가 되는지를 나타낸다.

상관계수의 분포(distribution of the sample correlation coefficient) ••• 표본상관계수는, 모상관계수 = 0인 경우는 자유도 n−2의 t 분포를 따른다. 모상관계수 ≠ 0인 경우는 z 분포를 따르는 피셔의 z 변환을 한다.

▶▶▶ 상관계수의 분포(t 분포) [ρ=0의 경우]

- 모상관계수 ρ가 0, 즉 무상관인 경우, 표본상관계수 r은 스튜던트화해 t 분포를 따른다.
- 상관계수의 검정(무상관 검정)에 이용할 수 있다.

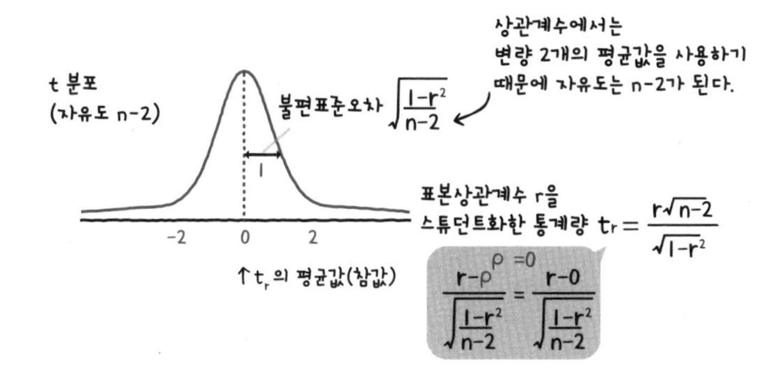

"선생님, 엑셀로 하면 오류가 발생하는데, 어떻게 해야 하죠?"

강의를 하다 보면 종종 이런 질문을 받는다.

엑셀에서는 '2E−08'이라든가 '3.5+08' 이라는 표시가 나오는 경우가 있는데, 물론 이것이 오류를 의미하는 것은 아니다.

이것은 숫자가 들어가는 셀의 폭에는 제한이 있기 때문에 자릿수가 많은 수치를 10의 거듭제곱, 즉 지수로 표시한 것이다(E는 지수의 영어 Exponent의 머리글자이다).

예를 들면 2E−08은 2×10^{-8}, 즉 0.00000002를 의미한다. 마찬가지로 3.5E+08은 3.5×10^{8}, 즉 350000000을 의미한다.

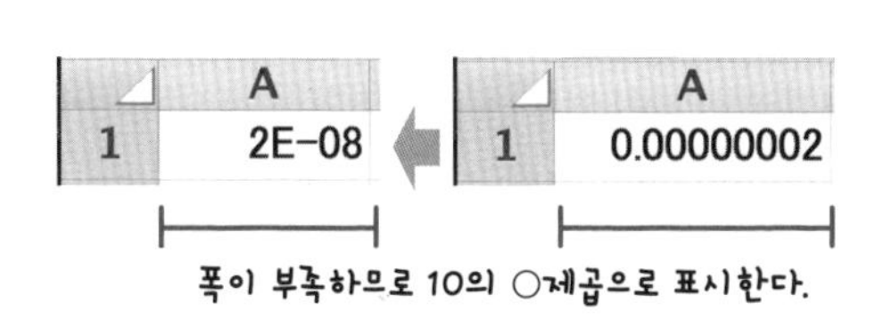

3 8

측정값과 참값의 차이

계통오차와 우연 오차

모수와 통계량의 차이를 오차라고 한다. 오차에는 차이의 방향(크다, 작다)이 정해져 있는 계통오차와 정해져 있지 않는 우연 오차가 있다.

▶▶▶ 오차

- 참값인 모수와, 표본에서 계산된 통계량 사이에는 대개 차이가 발생한다. 이 차이를 오차라고 한다.

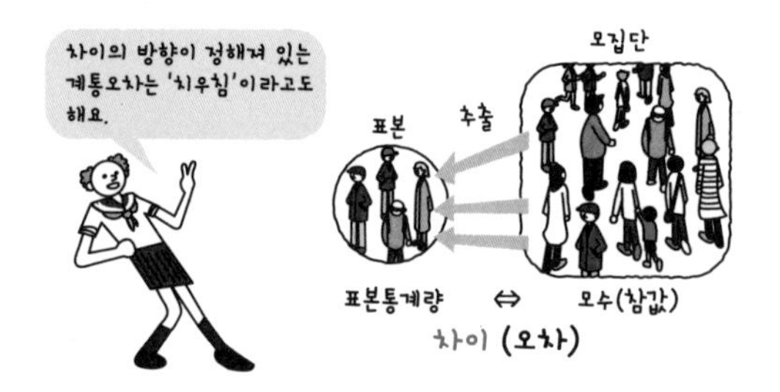

▶▶▶ 오차의 발생 원인

- 예를 들어 여름에 밖에서 금속 자를 사용해 길이를 관측하면 열로 인해 자가 늘어나 몇 번을 측정하더라도 참값보다 작게 치우쳐서 측정된다. 이것을 계통오차라고 한다.
- 계통오차가 없어도 기타 여러 원인(자의 정밀도가 낮은 등)으로 참값과는 상당한 차이가 나게 측정될 것이다. 이것을 우연 오차라고 한다.

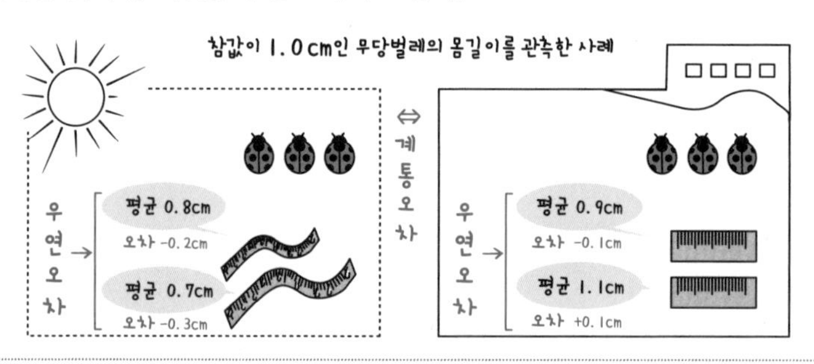

오차(error) ••• 측정된 값(통계량)과 참값(모수)의 차이로, 계통오차와 우연 오차가 있다.
계통오차(systematic error) ••• 측정기나 측정환경의 문제 때문에 발생하는 오차로 차이의 방향이 정해져 있다.

▶▶▶ 계통오차와 우연 오차

- 계통오차 : 원인이나 오차의 크기가 판명되면 제거하거나 수정할 수가 있다. 또한 무작위화(160쪽)나 국소관리(162쪽)에 의해 결과에 대한 악영향을 피할 수 있다.
- 우연 오차 : 제거나 수정은 할 수 없지만, 표본평균의 우연 오차는 표본 크기와 밀접한 관계가 있기 때문에 표준편차로 크기를 평가하거나 반복(158쪽)하여 작게 할 수 있다.

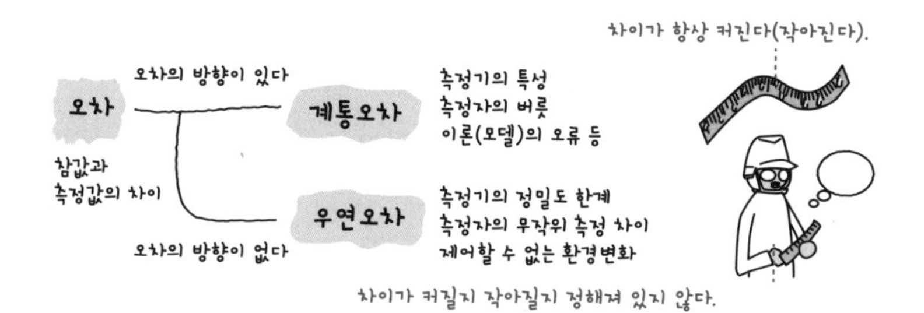

▶▶▶ 표준오차(표본평균의 경우)

- 표준오차는 표본분포가 고르지 않은 것으로 표본평균의 우연 오차 지표이다.
- 표준편차를 자유도의 제곱근으로 나눈 수치이므로 표본 크기가 커지면 표준오차는 작아진다(정밀도가 올라간다).
- 표본평균의 경우, 표본평균의 표준편차에 해당한다.

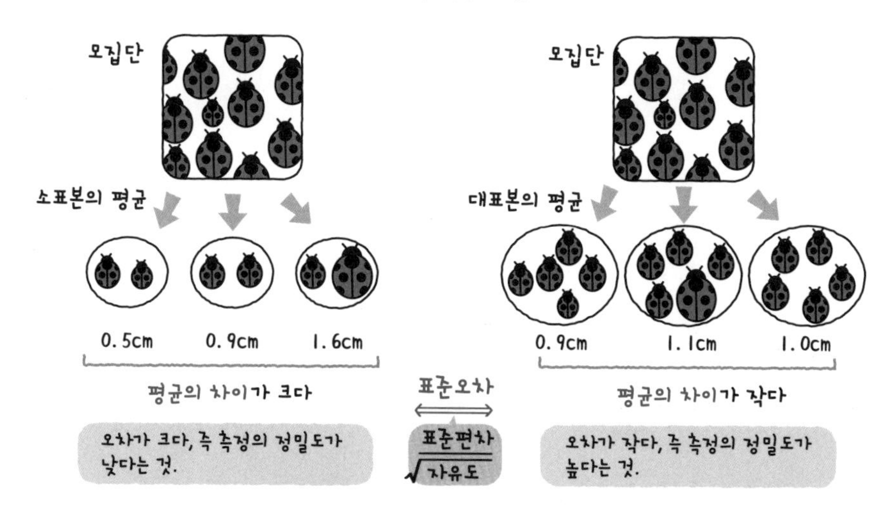

우연 오차(random error) ••• 측정기의 정밀도 한계로부터 발생하는 오차로, 차이의 방향이 정해져 있지 않다. 그 때문에 완전히 제거할 수는 없지만, 반복에 의해 작게 할 수는 있다.

39

표본평균에 관한 두 정리

대수의 법칙과 중심극한정리

표본평균은 표본 크기가 커짐에 따라 다음과 같은 양상을 보인다.

① 참값인 모평균에 가까워진다(대수의 법칙).

② 모평균과의 차이(우연 오차)가 정규분포에 가까워진다(중심극한정리).

▶▶▶ 대수의 법칙

- 시행을 많이 반복하면 경험적 확률도 이론적 확률에 가까워진다.

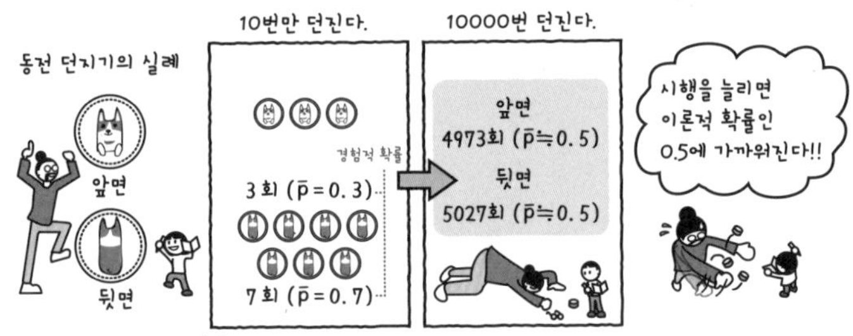

▶▶▶ 표본평균에서 대수의 법칙

- 표본 평균도 표본 크기가 많아짐에 따라 참값인 모평균에 가까워진다.
- 많은 실험을 해서 데이터를 많이 관측하는 것이 측정의 정밀도를 향상시킨다는 것을(오차를 적게 함) 보증하고 있다.

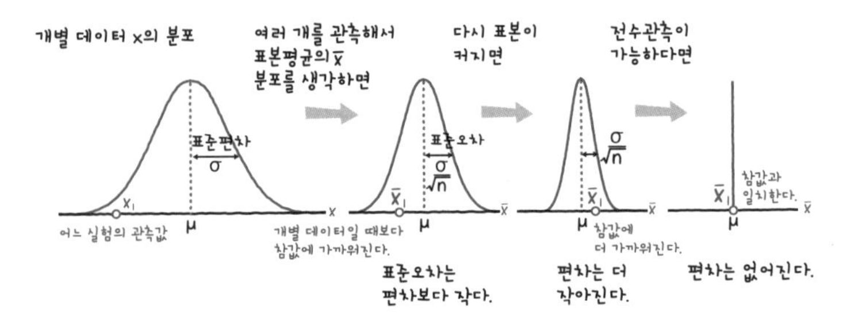

대수의 법칙(law of large numbers) ••• 시행 횟수가 적을 때의 경험적 확률이 치우쳐 있어도 시행 횟수를 늘리면 이론적 확률에 가까워진다.

▶▶▶ 중심극한정리

- 개별 데이터의 모집단이 정규분포하지 않아도 거기서 추출한 표본이 충분히(30 이상이 기준) 크면 표본평균은 정규분포한다는 것을 보증한다.
- 예를 들면 대표본일 때 이항분포가 정규분포에 가까운 것도 이 정리의 사례이다.
  → 대부분의 통계적 방식에서는 데이터가 정규분포하는 것이 전제조건이 되기 때문에 이 보증은 매우 고마운 일이다.

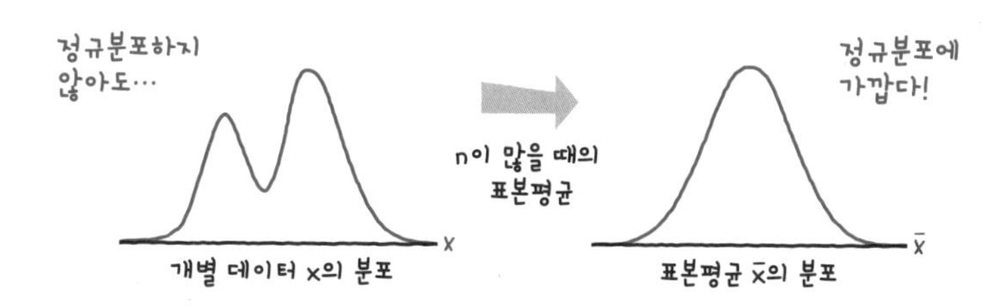

- 오차로 다시 설명하자면, 아래 그림처럼 표본평균과 실제 평균의 차이인 오차는 방향성을 갖지 않는 우연 오차이지만, 표본이 커지면 0을 중심으로 한 정규분포에 가까워진다.

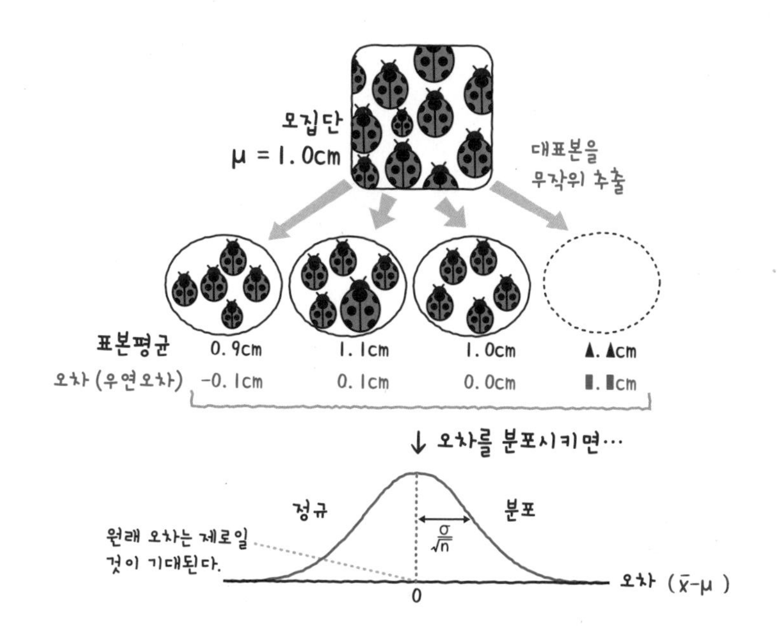

중심극한정리(central limit theorem) ••• 대표본에서는 오차의 분포가 평균 0, 분산이 σ^2/n의 정규분포에 가까워진다. 따라서 모집단이 정규분포를 따르지 않더라도 표본이 충분히 크면 표본평균은 정규분포를 따른다.

나는 그들을 믿어.

제4장
신뢰구간의 추정

4 | 1

폭을 갖게 한 추정 ①

모평균의 신뢰구간

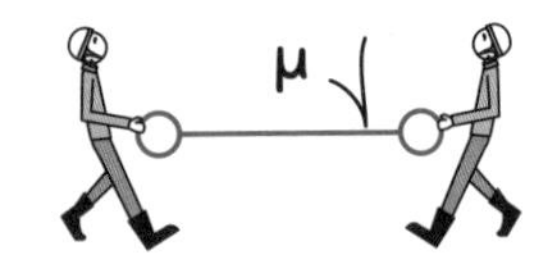

모집단의 평균이나 분산이 들어가면 예상되는 구간을 표본에서 추정한다.
구간의 폭은 오차의 크기를 나타내므로 한 개의 값으로 나타내는 불편추정(점추정)과는 달리 정밀도를 한눈에 알 수 있다.

구간추정

- 표본의 통계량으로부터 범위를 지정해 두고 모수를 추정한다.
- 모평균뿐만 아니라 모비율, 모분산, 모상관계수 등의 구간추정이 있다.

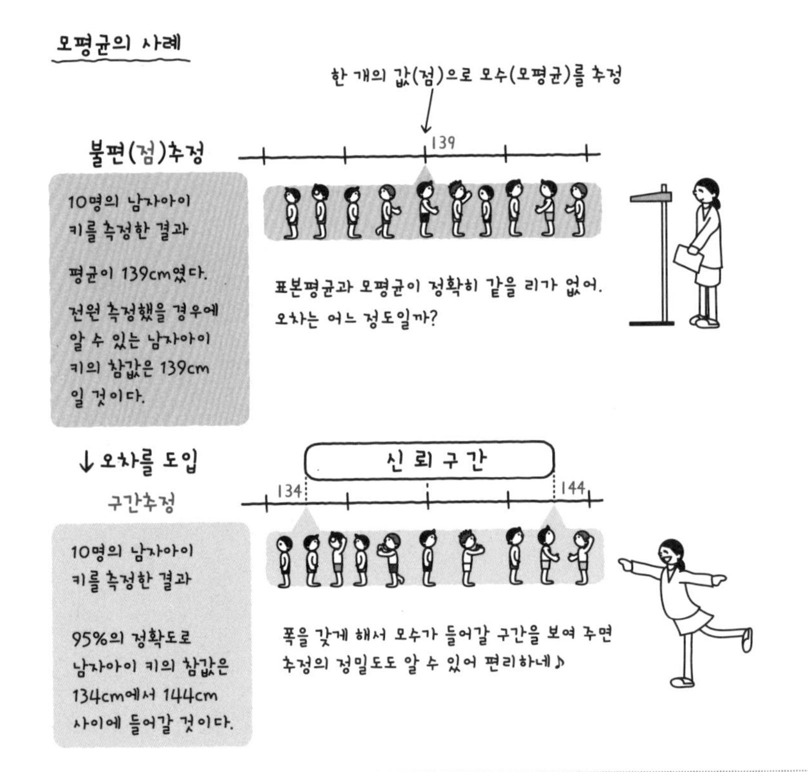

신뢰구간(confidence interval) ••• 모수(참값)가 어느 범위 안에 있는지를 확률적으로 보여 주는 방법이다. 신뢰하한과 신뢰상한계 사이에 있다.
구간추정(interval estimation) ••• 폭을 갖게 해서 모수를 추정하는 것이다. 추정의 정밀도가 폭에 나타나므로 알기 쉽다.

▶▶▶ 신뢰계수(신뢰도, 신뢰수준)

- 추출과 구간추정을 100회 실시한 경우에 모수가 추정구간에 95회 정도 들어가는 것을 '신뢰계수 95%'라고 한다.
- 신뢰계수는 95%로 하는 것이 일반적이다. 물론 99% 쪽이 좋지만, 구간이 너무 넓어지면 추정에 도움이 되지 않으므로 주의해야 한다.

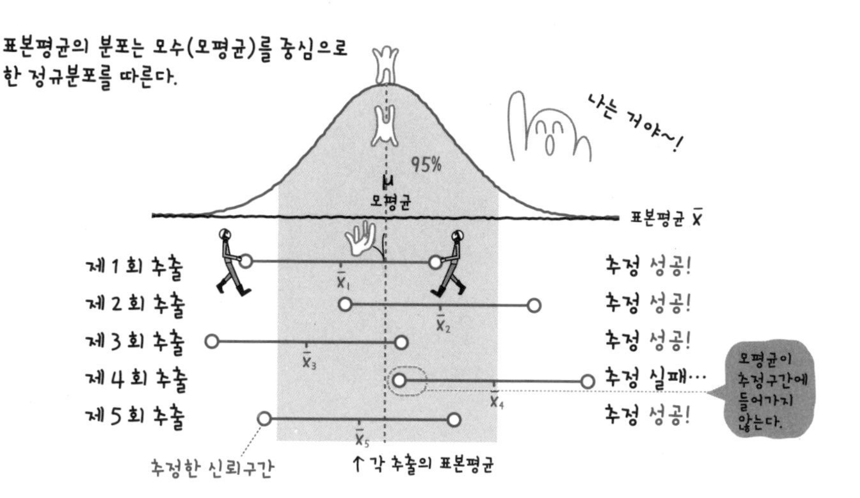

- 대략적인 구간추정 절차

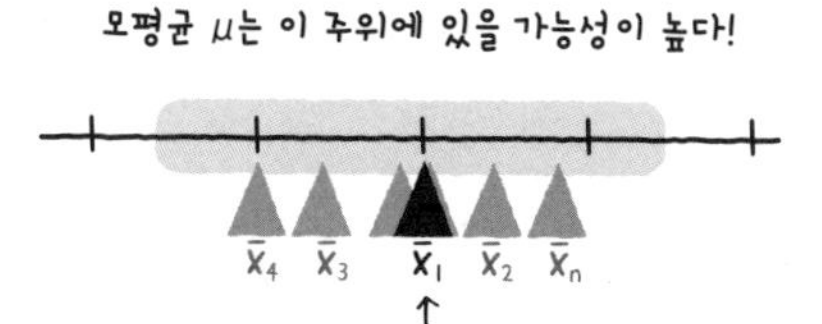

절차 ① : 모평균 μ의 값은 모르므로 실험에서 관측한 표본평균 $\bar{x}_1$를 대신 사용한다.

절차 ② : 표본평균을 중심으로 거기서 양쪽에 오차를 취해 모평균이 들어갈 구간을 구한다. 오차의 크기는 신뢰계수나 표본 크기에 따라 다르다.

신뢰계수(confidence coefficient) ••• 추정 구간에 모수가 포함되어 있을 확률이다. 신뢰도나 신뢰수준이라고도 한다. 일반적으로 95%를 사용하지만 오차가 큰 사회과학 분야에서는 90%로 하는 경우도 있다.

▶▶▶ 정규분포를 사용한 모평균의 구간추정

● 구간추정의 기초가 되는 방법이지만 대표본이나 모분산을 모르면 사용할 수 없다.

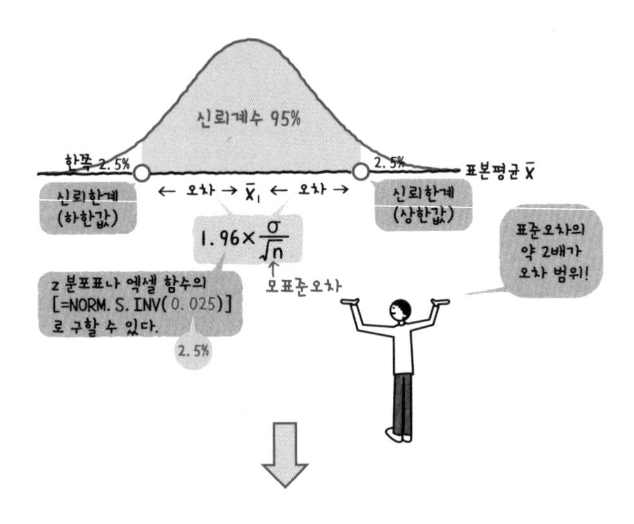

● 모분산을 이미 알고 있을 때 모평균 μ에 대한 신뢰계수 95%의 신뢰구간은…

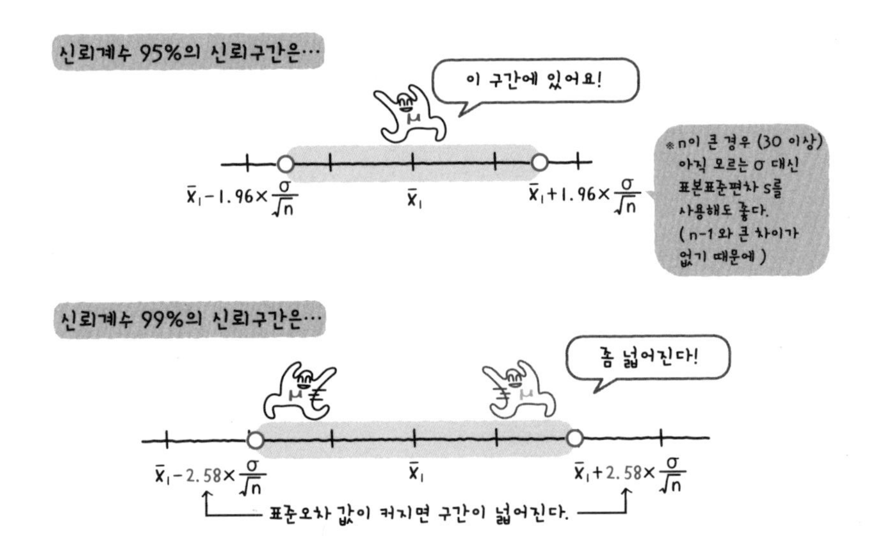

모평균의 신뢰구간(confidence interval for mean) ••• 모분산을 알고 있는 경우에는 정규분포나 z 분포를 이용해서 추정할 수 있지만, 모를 경우에는 t 분포로 추정하기 때문에 소표본으로는 구간의 폭이 넓어져 버린다.

▶▶▶ 표준화 정규(z)분포를 사용한 모평균의 구간추정

- 표준화한 표본평균의 표준오차는 1이므로 보다 간단해진다.

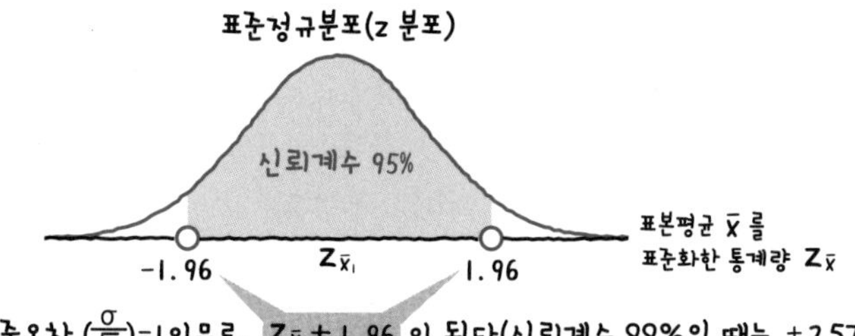

모표준오차 $\left(\frac{\sigma}{\sqrt{n}}\right)=1$이므로, $z_{\bar{x}_1} \pm 1.96$ 이 된다(신뢰계수 99%일 때는 ±2.57)

- 표준화 정규분포를 사용한 모평균 μ(=0)에 대한 신뢰계수 95%의 신뢰구간은…

$$z_{\bar{x}_1} - 1.96 \leq 0 \leq z_{\bar{x}_1} + 1.96$$

$$\bar{x}_1 - 1.96 \times \frac{\sigma}{\sqrt{n}} \leq \mu \leq \bar{x}_1 + 1.96 \times \frac{\sigma}{\sqrt{n}}$$

$z_{\bar{x}} = \dfrac{\bar{x}-\mu}{\sigma/\sqrt{n}}$ 의 식을 대입해서 μ에 대해 풀면
정규분포를 사용했을 때와 같은 식이 된다.

▶▶▶ t 분포를 사용한 모평균의 구간추정

- 표본이 크지 않고 모분산을 모를 경우에는 t 분포를 사용해 추정한다.
- z 분포보다 오차를 크게 예측하기 때문에 구간도 보다 넓게 추정된다.

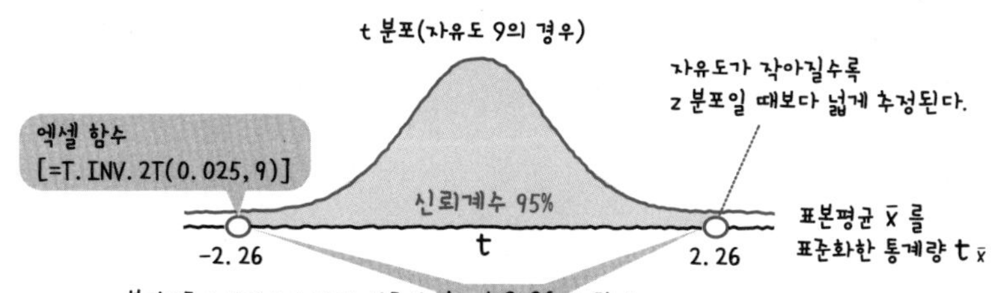

불편표준오차가 1이 되기 때문에 $t_{\bar{x}_1} \pm 2.26$ 이 된다.
다만, 신뢰한계는 신뢰계수뿐 아니라 자유도에 의해서도 바뀐다.

연습

n=10이고, 모분산을 모를 때의 모평균 μ에 대한 신뢰계수 95%의 신뢰구간은…

$$t_{\bar{x}_1} - 2.26 \leq 0 \leq t_{\bar{x}_1} + 2.26$$

$$\bar{x}_1 - 2.26 \times \frac{s}{\sqrt{n-1}} \leq \mu \leq \bar{x}_1 + 2.26 \times \frac{s}{\sqrt{n-1}}$$

$t_{\bar{x}} = \dfrac{\bar{x}-\mu}{s/\sqrt{n-1}}$ 의 식을 대입해서 μ에 대해 풀면…

신뢰구간의 폭(confidence interval width) ••• 신뢰구간의 폭은 좁은 쪽이 실용적이지만, 높은 신뢰계수(t 분포의 경우에는 소표본인 점도 영향이 있다)로 추정하면 폭은 넓어져 버린다.

폭을 갖게 한 추정 ②

모비율의 신뢰구간

모평균과 마찬가지로 모비율이나 모분산(65쪽)의 구간추정도 할 수 있다.
모비율 추정은 TV 시청률 등 다양한 경우에 이용된다.

▶▶▶ 모비율의 구간추정(정규분포)

- 평균의 경우와 마찬가지로 관측된 표본비율의 좌우에 표준오차의 1.96배(신뢰계수 95%의 경우)를 취한 구간이 된다.

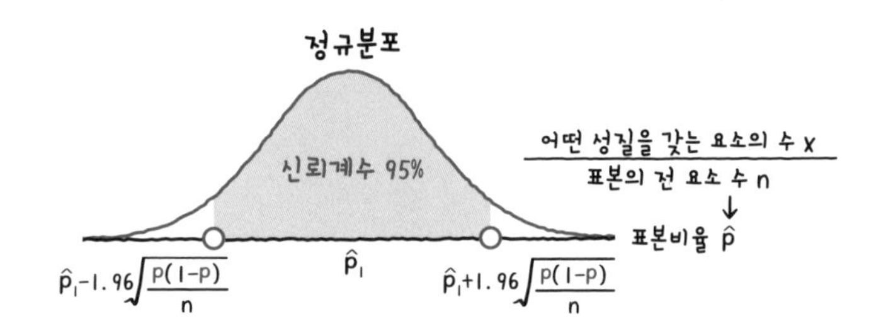

- 모표준오차는 모비율 p를 모르면 계산할 수 없지만 표본이 매우 큰 경우(n≧100)에는 근사적으로 표본비율 $\hat{p}$을 이용하여 계산한다.

표본이 클 경우 모비율 p에 대한 신뢰계수 95%의 신뢰구간은…(wald의 방법)

$$\hat{p}_1-1.96\sqrt{\frac{\hat{p}_1(1-\hat{p}_1)}{n}} \leqq p \leqq \hat{p}_1+1.96\sqrt{\frac{\hat{p}_1(1-\hat{p}_1)}{n}}$$

신뢰계수 99%일 때는 2.58

표본이 작을 때 본래의 신뢰계수 구간보다 좁아지므로 아래와 같은 식(Agresti와 Coull의 방법)으로 수정해 추정한다. wald의 방법과 거의 같지만, $\hat{p}$의 계산으로, 분모(전 요소 수 n)에 4를 더하고, 분자(어떤 성질을 갖는 요소의 수 x)에 2를 더해 $\hat{p}'$로 한다.

$$\hat{p}_1'-1.96\sqrt{\frac{\hat{p}_1'(1-\hat{p}_1')}{n+4}} \leqq p \leqq \hat{p}_1'+1.96\sqrt{\frac{\hat{p}_1'(1-\hat{p}_1')}{n+4}} \qquad \text{단 } \hat{p}_1'=\frac{x+2}{n+4}$$

모비율의 신뢰구간(confidence interval for proportion) ••• 시청률이나 선거득표율 예측 등에 사용한다. 대표본의 경우에는 정규분포를 사용해 추정(wald의 방법)하지만, 소표본의 경우에는 Agresti와 Coull의 방법을 이용한다.

폭을 갖게 한 추정 ③

모분산의 신뢰구간

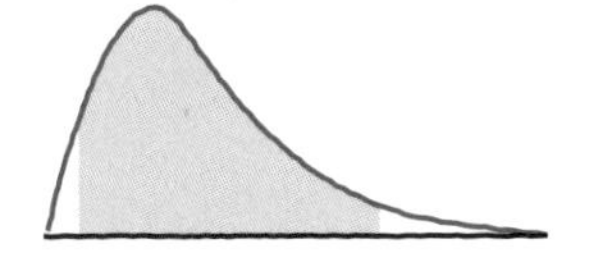

▶▶▶ 모분산의 구간추정(x^2 분포)

- 모분산의 신뢰구간은 표본분산과 불편분산과 비례하는 통계량이 x^2 분포를 따른다는(51쪽) 점을 이용해 간접적으로 추정한다.

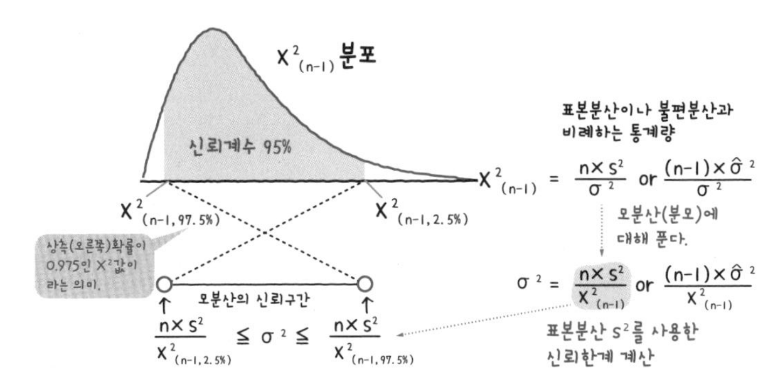

예를 들면 표본 크기(데이터 수) n=5일 때 모분산 σ^2에 대한 신뢰계수 95%의 신뢰구간을 표본분산 s^2를 사용해 추정하면…

$$\frac{5\times s^2}{11.143} \leq \sigma^2 \leq \frac{5\times s^2}{0.484}$$

표본분산 S^2은 표본 데이터에서 계산할 수 있다.

X^2 값은 신뢰계수뿐 아니라 자유도로도 바뀐다.

연습

아래와 같은 무당벌레를 다섯 마리 채집했다. 이 무당벌레의 몸길이의 모분산에 대한 99% 신뢰구간을 불편분산 σ^2를 사용해 추정해 보자.

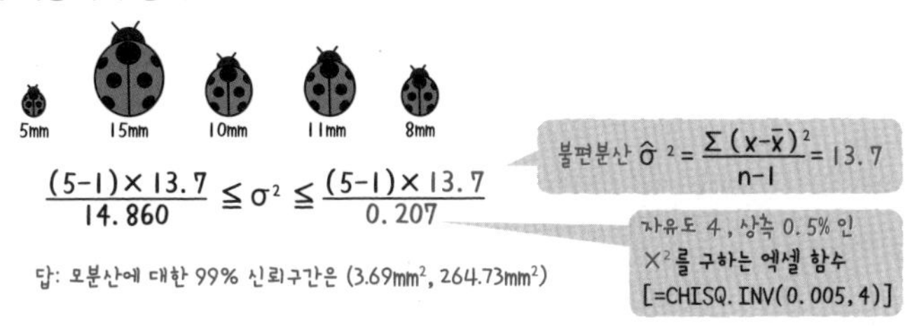

모분산의 신뢰구간(confidence interval for variance) ••• 품질의 안정성이 중시되는 품질관리 분야 등에서 사용한다. 표본 · 불편분산과 비례하는 통계량이 자유도 n−1의 x^2 분포를 따른다는 점을 이용해서 간접적으로 추정한다.

폭을 갖게 한 추정 ④

모상관계수의 신뢰구간

▶▶▶ 모상관계수의 구간추정(정규분포)

● 표본상관계수 r에 피셔의 z 변환(52쪽)을 한 통계량이 근사적으로 정규분포를 따른다는 점을 이용해서 추정한다.

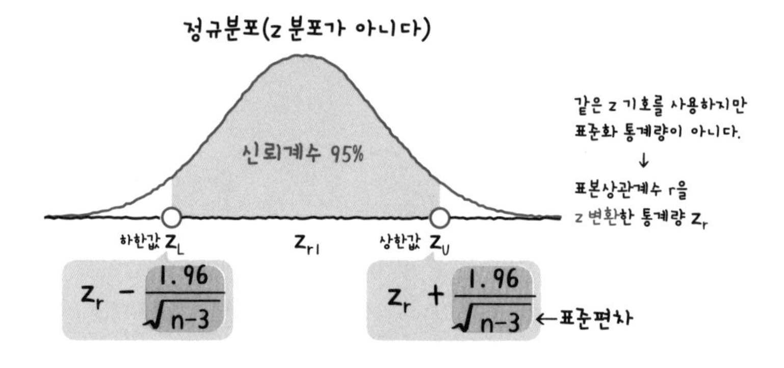

모상관계수 ρ에 관한 신뢰계수 95%의 신뢰구간은

$$z_{r1} - \frac{1.96}{\sqrt{n-3}} \leq z_\rho \leq z_{r1} + \frac{1.96}{\sqrt{n-3}}$$

$\frac{1}{2}\log_e\left(\frac{1+\rho}{1-\rho}\right)$

이것은 z변환된 값으로는
알기 어려우므로 역변환해서 되돌린다.

e를 밑으로 하는 수의
거듭제곱에 대해서는
엑셀의 EXP 함수를
사용하면 간단히
구할 수 있다
(67쪽 칼럼 참조).

$$\frac{e^{2z_L}-1}{e^{2z_L}+1} \leq \rho \leq \frac{e^{2z_U}-1}{e^{2z_U}+1}$$

자연대수의 밑 e의 $2z_L$ 제곱

모상관계수의 신뢰구간(confidence interval for correlation coefficient) ••• 표본상관계수는 좌우 비대칭 분포를 따르기 때문에 피셔의 z 변환을 해서, 이 통계량이 정규분포를 따른다는 점을 이용해 추정한다.

엑셀에는 '함수'라는 아주 편리한 기능이 있다. 함수에는 목적에 따라 미리 정해놓은 서식이 쓰여 있다. 사용하는 방법도 아주 간단한데, 셀에 '= 함수명(인수)'을 입력하기만 하면 된다. 여러 계산식을 일부러 쓰지 않아도 된다.

그 예로, 상수 e (=2.718…)를 밑으로 해서 거듭제곱한 값을 결과로 표시하는 EXP 함수를 소개한다.

① '수식' 탭에서 'fx 함수 삽입'을 고른 다음 함수 마법사에서 'EXP' 등으로 검색해 'EXP'를 선택한다. 물론 셀 속에 직접 '=EXP(수의 값)'를 입력해도 된다.

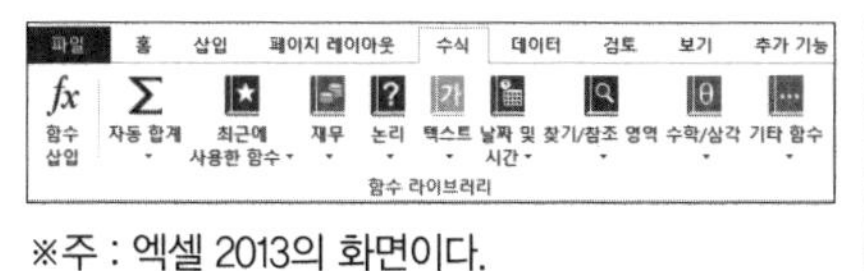

※주 : 엑셀 2013의 화면이다.

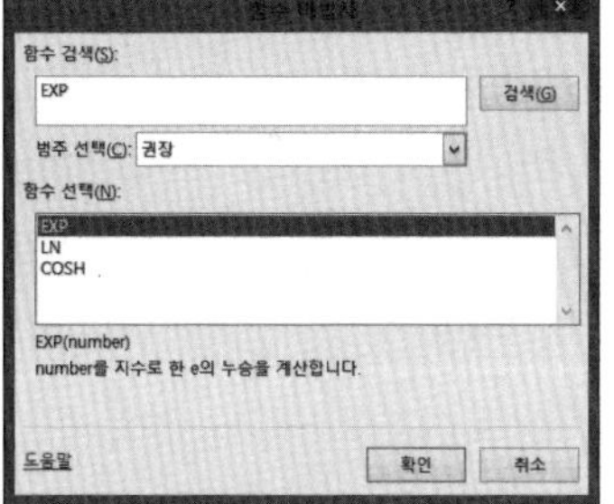

② 수치(인수)를 넣어야 할 곳에 거듭제곱 값(e를 몇 제곱할 것인지)을 지정한다. 값을 직접 입력해도 좋지만 값이 들어간 셀의 번호를 입력하거나 마우스로 지정해도 된다.

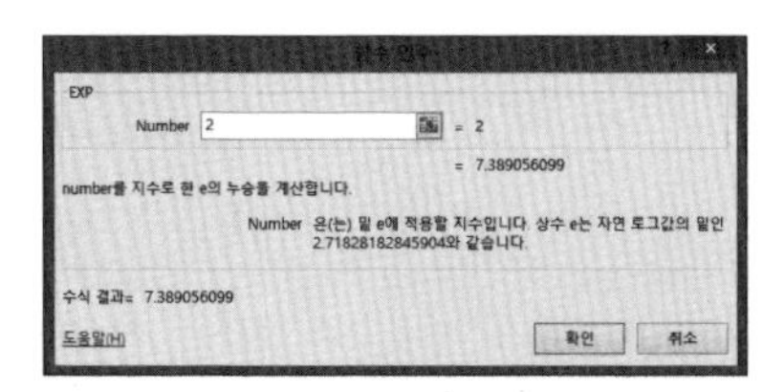

③ 확정(Enter)키를 누르거나 윈도의 OK 버튼을 누르면 값(대답)이 나온다. 인수에 2를 넣으면 e의 제곱이므로 7.389… 가 나온다.

4 5

시뮬레이션에서 모수를 추정한다

부트스트랩법

소표본의 경우 등 모집단에 확률분포를 가정할 수 없어도 모수의 추정을 가능하게 하는 방법이다. 준비한 데이터에서 복원 추출을 반복해 많은 재표본을 생성하고, 그 통계량에서 모수를 추정한다.
통계학에서 몬테카를로법(컴퓨터 시뮬레이션)의 하나이지만, 난수가 아닌 실제로 있는 데이터를 사용해 분포를 추정한다.

▶▶▶ 소표본일 때의 모집단분포

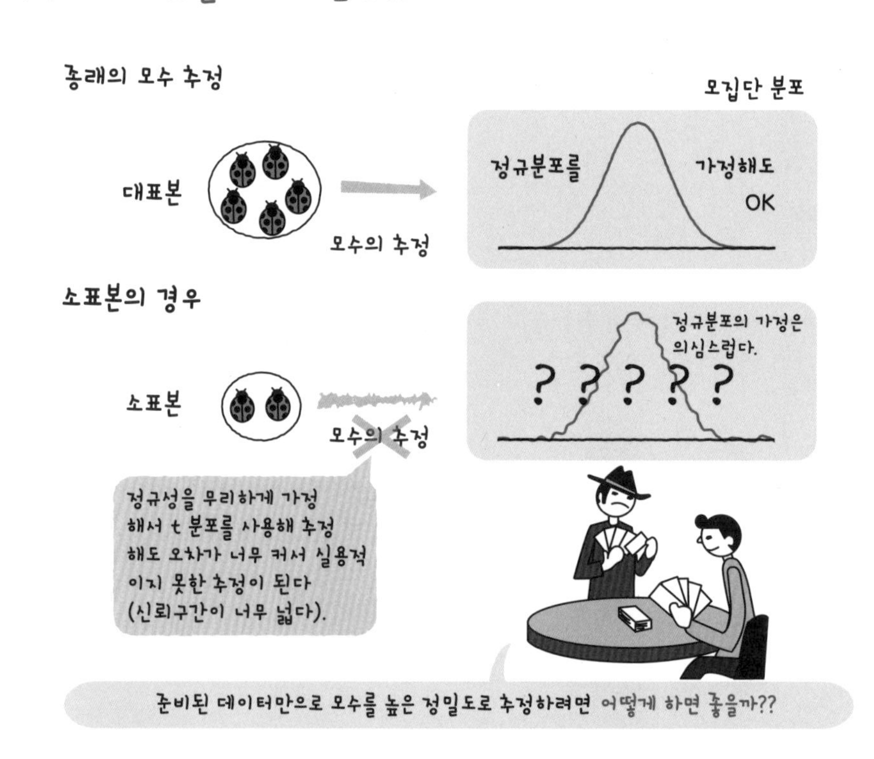

부트스트랩(bootstrap) ••• 신발을 신을 때 잡아당기기 위한 부츠 윗부분에 있는 고리를 말한다. 불가능한 동작의 비유로서 '직접 부트스트랩을 잡아당겨 자신을 끌어올린다'고 하는 표현이 있다.

▶▶▶ 재표본(리샘플)

- 원 표본(관측하여 얻은 데이터)은 모집단의 특징을 갖고 있을 것이다.
- 그렇다면 원래 표본에서 추출한 새로운 표본(재표본)도, 모집단의 특징을 갖고 있을 것이다.

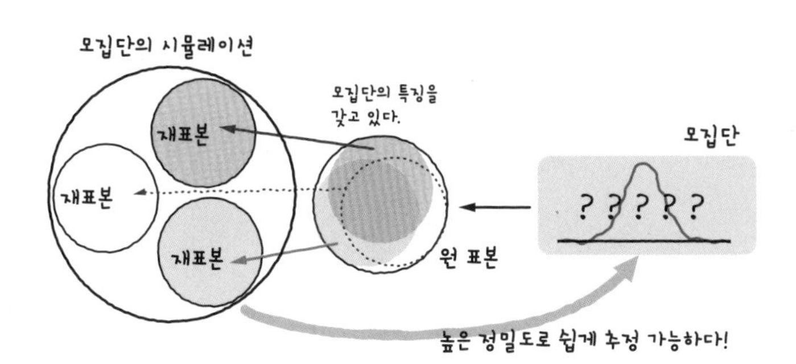

▶▶▶ 부트스트랩법

- 부트스트랩법은 재표본의 통계량 분포로 표본분포를 추정한다.
- 원래의 표본에서 같은 크기의 재표본을 복원추출법(추출한 값을 되돌린다)으로 많이 만든다. 1000~2000회 정도 만들면 통계량의 값이 안정된다.
- 새롭게 얻어진 평균값들의 표준편차를 사용하면 손쉽게 표준오차를 추정할 수 있다.

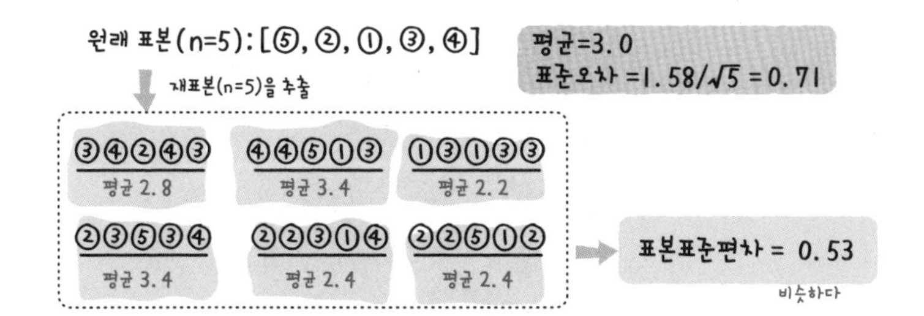

연습

모평균에 대한 신뢰계수 95%의 신뢰구간(위의 예 : n=5)

기존의 방법(t 분포)　　3.00 ± 2.78 × 0.71 → 1.03, 4.97

부트스트랩법　　3.00 ± 2.78 × 0.53 → 1.53, 4.47

비슷하다!

부트스트랩법(bootstrap) ••• 에프런이 제창한 몬테카를로법(시뮬레이션 방법)의 하나이다. 갖고 있는 n개의 데이터에서 같은 크기의 재표본을 몇 번 복원 추출하고, 그 재표본의 통계량으로 모수를 추정한다.

기각하거나 채택해.

제5장

가설검정

5 1

차이가 있는지를 판정한다

가설검정

관측된 여러 평균이나 분산 사이의 차이가 모집단에도 있다고 해도 될지의 여부를 판정한다. 비교할 통계량의 종류에 따라 여러가지 검정이 있다.

특정 값과 표본평균의 검정

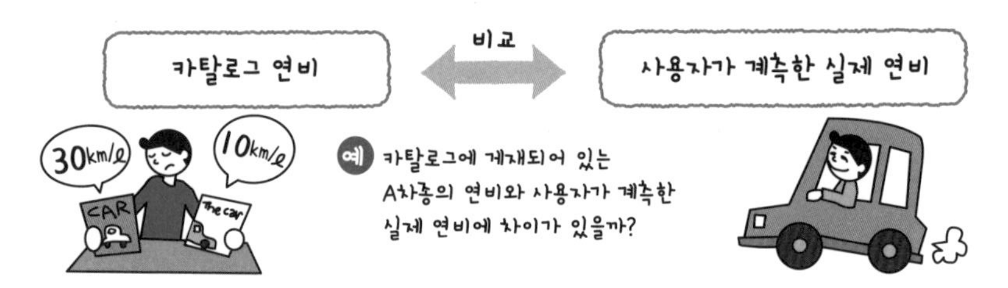

특정 비율과 표본비율의 검정

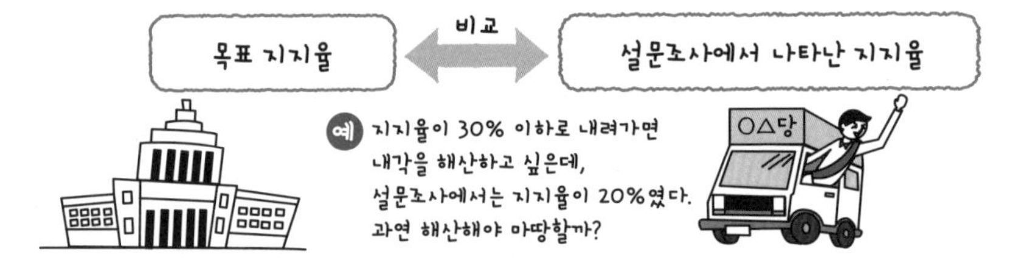

특정 분산과 표본분산의 검정

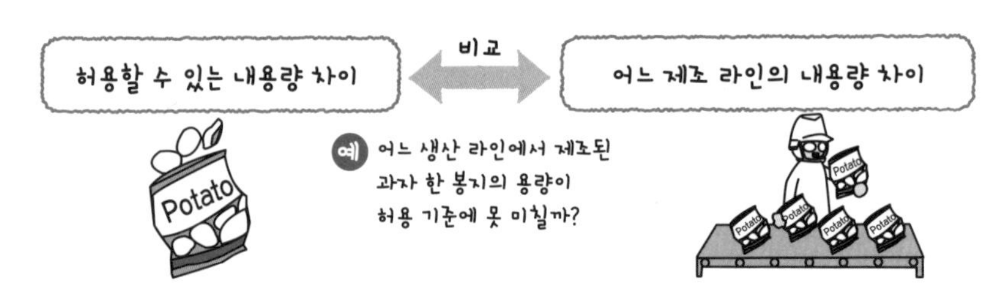

특정 값과 표본통계량의 검정(one sample test) ••• '관측된 한 개의 표본통계량'을 이미 알고 있는 '특정 통계량(평균이나 분산, 비율 등)'과 비교한 다음, 이들이 모집단에서도 다른지 어떤지 확률적으로 판정하는 방법이다.

▶▶▶ 무상관 검정

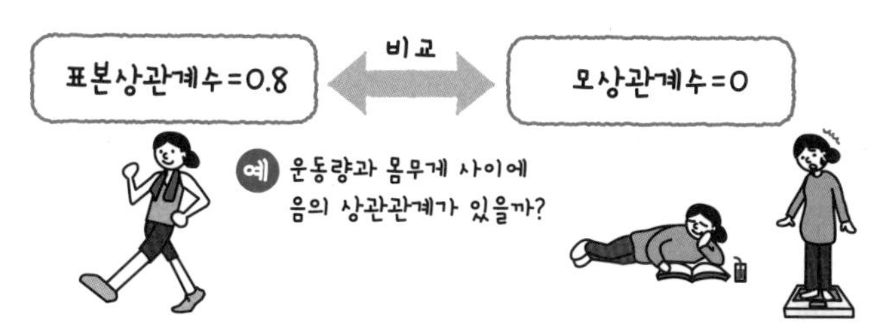

▶▶▶ 평균 차이 검정

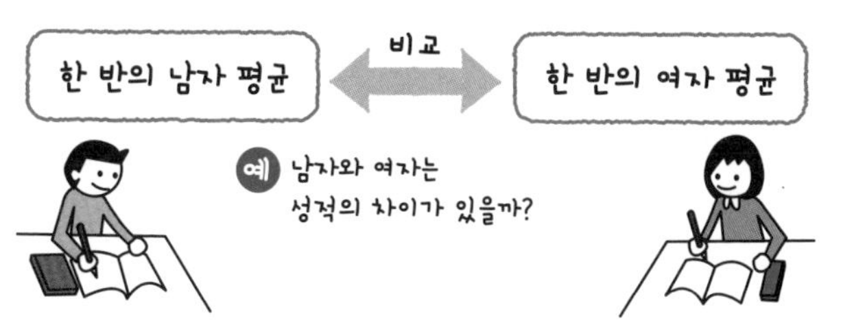

▶▶▶ 등분산 검정

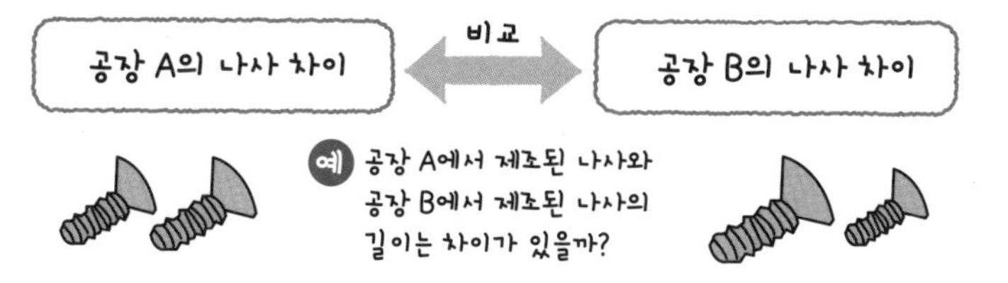

▶▶▶ 비율 차이 검정

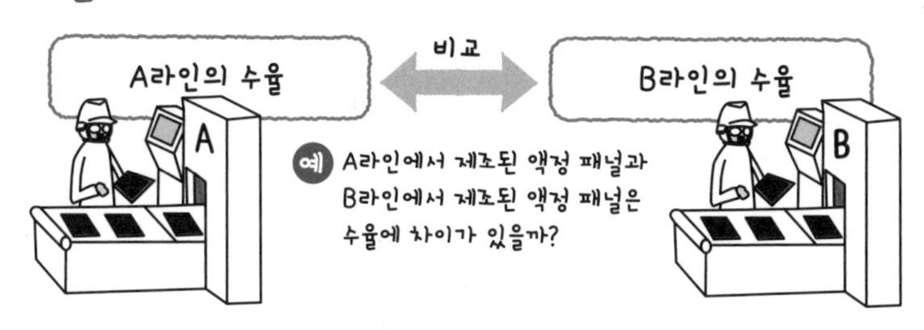

두 집단의 검정(two sample test) ••• 조건이나 처리에 따라 두 그룹으로 나누었을 때, 관측된 두 표본통계량(평균이나 분산, 비율 등)이 모집단에서도 다를지 아닐지 확률적으로 판정하는 방법이다.

5 | 2

두 가설

귀무가설과 대립가설

검정에서는 모집단에 관한 가설이 옳은지 어떤지 확률적으로 판정하기 위해 어떤 가설을 세울 것인지가 아주 중요하다.

▶▶▶ 귀무가설

- 연구에서 주장하고 싶은(채택하고 싶은) 내용과는 반대되는 가설을 귀무가설이라고 한다.
- '차이가 없다'거나 '처리 효과가 없다'와 같은 내용이다.
- 검정은 이 가설을 반증해 보는 것이다.

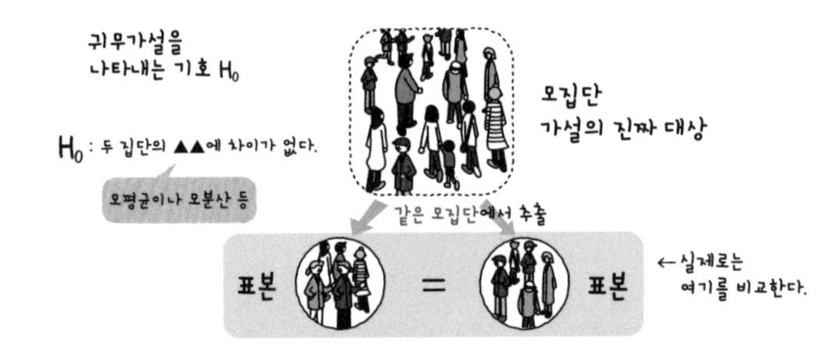

▶▶▶ 대립가설

- 귀무가설이 기각되었을 때, 대신 채택되는 가설을 대립가설이라고 한다.
- 본래 연구에서 주장하고 싶은 내용이다.

가설(hypothesis) ••• 미리 모집단에 대해 세워둔 가설로, 기각하고 싶은(연구에서 주장하고 싶지 않은) 귀무가설과, 그 귀무가설이 기각되었을 때 채택하는(연구에서 주장하고 싶은) 대립가설이 있다.

HELLO WE ARE...

네이만과 피어슨

Jerzy Neyman(1894~1981)
Egon Sharpe Pearson(1895~1980)

네이만

피어슨

귀무가설과 대립가설을 사용하는 현재의 가설검정 절차는 예르지 네이만과 피어슨이 확립했다. 여기서 피어슨은 기술통계학을 집대성한 칼 피어슨이 아니라 그의 아들 에곤 피어슨이다. 런던에서 태어난 에곤 피어슨은 당초 케임브리지대학에서 천문학을 공부했으나 결국은 통계학에 뜻을 두고 아버지 칼 피어슨의 연구실에 들어간다. 한편 몰도바(러시아 제국)에서 태어난 네이만은 존경하는 칼 피어슨의 지도를 받고 싶어 런던까지 유학을 왔으나 나이 많은 칼 피어슨보다는 같은 연배인 에곤 피어슨과 의기투합했다. 그리고 두 사람은 가설검정뿐 아니라 구간추정 등 현재 추측통계학의 골격을 만들었다. 미국의 대학에서 처음으로 통계학부를 신설한 사람이 바로 네이만이다.

사실 모집단에 세운 가설을 반증한다는 현재의 가설검정의 토대는 피셔가 이미 생각해낸 것이다. 하지만 그 가설이 기각되었을 때 대신 채택되는 가설은 설정되어 있지 않았다. 그래서 네이만과 피어슨은 대립가설을 설정함으로써 검정 내용을 알기 쉽게 할 뿐만 아니라 그 검정이 어느 정도 뛰어난 것인지 보이는 '검출력(85쪽)'을 계산할 수 있게 만들었다. 이것은 다시 말하면 귀무가설을 설정함으로써 가장 좋은 검정을 선택할 수 있게 한 것이므로 그야말로 획기적인 아이디어라고 할 수 있다.

이와 같이 네이만과 피어슨은 피셔의 검정을 크게 발전시켰으나, 피셔는 평생 그들의 가설검정을 인정하려고 하지 않았다. 그 탓인지 네이만 자신도 가설검정에 자신을 잃어, 후반에는 자신의 연구실에서 직접 사용하는 일은 거의 없었다. 하지만 그 후 대립가설을 세우는 가설검정의 가치를 다시 평가받아 학술연구는 물론 신약 인허가나 공장의 추출검사 등 모든 분야에서 없어서는 안 되는 통계 절차가 되었다.

5 3

가설검정 절차

관측된 데이터(실험 결과 일어난 확률)로부터 모집단에 대한 가설을 설정하고 표본을 통해 얻는 정보에 따라 그 타당성을 검증한다.

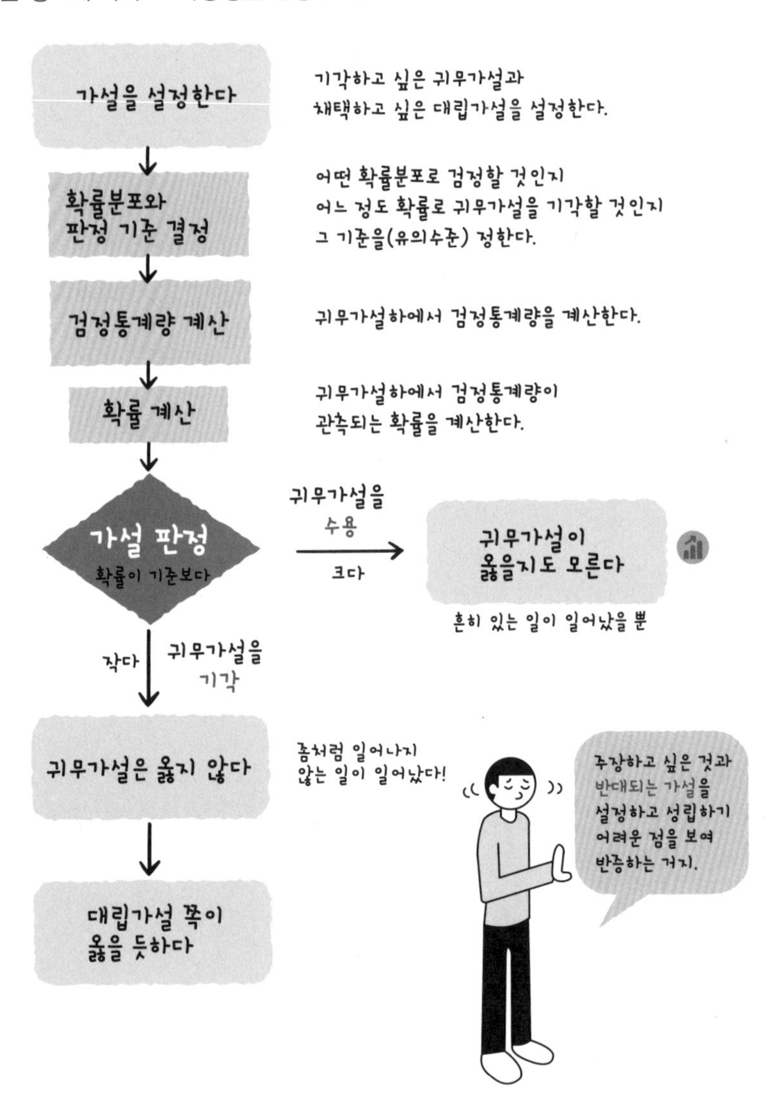

가설검정(hypothesis testing) ••• 모집단에 대한 어떤 가설을 설정하고 표본을 분석함으로써 그 가설의 타당성 여부를 검증하는 통계적 절차이다.

귀무가설을 채택(='차이가 없다'고 판정)해서는 안 된다

귀무가설(차이가 없다)이 기각되었을 때 귀무가설은 옳지 않다. 즉 '차이가 없는 것은 아니다(= 차이가 있다)'고 해석하지만, 귀무가설이 기각되지 않았을 때의 해석에는 주의할 필요가 있다.

귀무가설이 기각되지 않더라도 귀무가설을 채택해서 그 내용(차이가 없다)이 옳다고 판정해서는 안 된다. 왜냐하면 실험을 다시 하거나 데이터를 늘리면 귀무가설을 기각할 수 있을지도 모르기 때문이다. 우선 이번 실험에서 관측한 데이터에서는 유의미한 차이가 검출되지 않았을 뿐일 수도 있다. 그러므로 귀무가설이 기각되지 않은 경우라도 채택하지 않고 '판정을 보류'해 두는 것이 좋다.

이와 같이 가설검정은 어디까지나 '귀무가설을 기각'하기 위한 절차일 뿐, 귀무가설이 옳다는 것을 증명하기 위한 것이 아니다. 하지만 비용절감이 중요한 현대에는 '차이가 없다는 것'을 주장하고 싶은 분야가 증가하는 것도 사실이다. 예를 들면 후발약을 제조하는 회사라면 그 효과가 선발약과 '큰 차이는 없다'고 말하고 싶을 것이고, 페트병을 만드는 제조사라면 종래보다도 저렴한 소재로 만든 제품이라도 강도는 떨어지지 않는다는 것을 검증하고 싶을 것이다. 이와 같은 경우는 귀무가설을 '후발약의 효능은 선발약보다 10% 정도 떨어진다' 등으로 해서 편측검정을 한다(100쪽 비열성 시험).

"왜 처음부터 주장하고 싶은 가설을 검증하지 않는 거죠?"

가설검정에 익숙하지 않은 학생들에게 많이 받는 질문이다.

확실히 일부러 기각하고 싶은 가설에 대해 생각하는 것은 귀찮을 수 있다. 하지만 실제로 두 평균값의 차이를 검증하는 경우를 생각해 보자. 정말 차이가 크다는 것을 모르는데, 어떤 가설을 세울 수 있겠는가? 작은 차이를 가정하겠는가? 큰 차이를 가정하겠는가?

다시 말해 주장하고 싶은(차이가 있다고 하는) 가설은 무한으로 세울 수 있기 때문에 아무리 시간이 지나도 검정 절차에 넣지 않는다. 따라서 유일한 내용이 되는 주장하고 싶지 않은(차이가 없는) 가설을 세워 이를 반증하는 쪽이 합리적이다.

5 | 4

특정 값(모평균)과 표본평균 검정

'관측된 표본평균'을 '특정 값(이미 알고 있음)'과 비교하고, 두 값이 같을지 다를지를 확률로 판정한다. 가장 기본적인 가설검정으로, 회귀계수의 t 검정도 이 일종이다.
한 표본의 평균검정, 한 샘플 검정, 모평균 검정 등으로 불리기도 한다.

▶▶▶ '가설'에 대해 생각해 보기

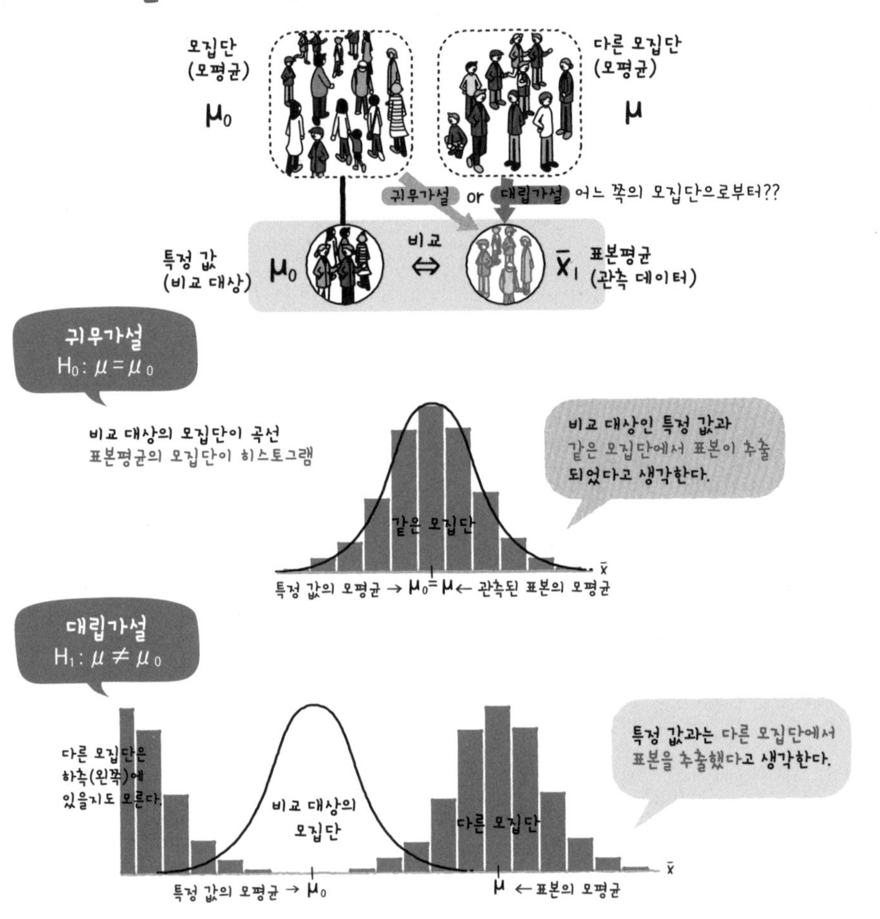

모평균의 검정(one sample t test) ••• 관측된 표본평균을, 특정 평균과 비교하는 검정 방식이다. 회귀계수의 t 검정 등이 있다.

▶▶▶ '검정'에 대해 생각해 보기

- 비교 대상이 되는 '특정 값'과 '관측된 표본의 평균'의 차이가 오차 범위 내라고 말할 수 있는지 어떤지를 생각한다.

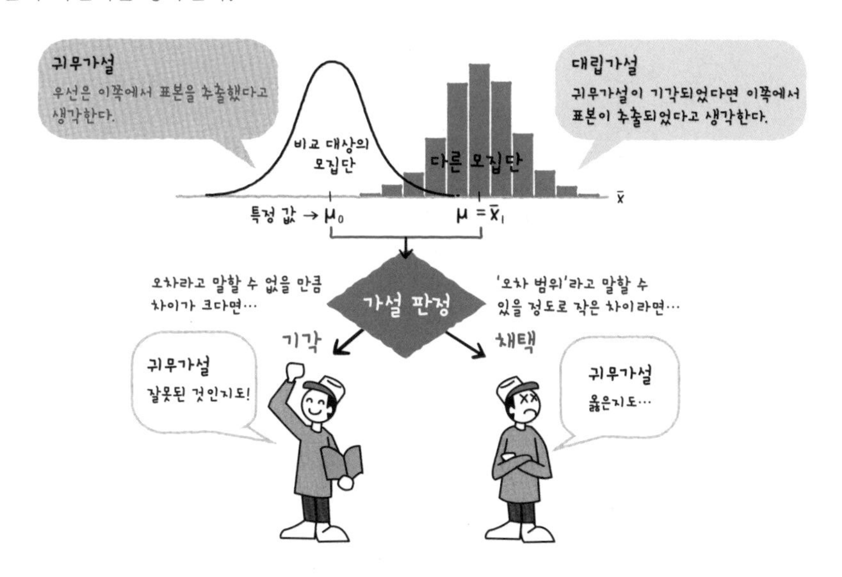

▶▶▶ '판정'에 대해 생각해 보기

- '이것보다도 표본평균이 크다면 귀무가설을 기각한다'고 하는 한계값(또는 임계값)을 유의수준으로 계산한다.
- 한계값과 관측된 표본평균 $\bar{x}_1$를 비교한다.

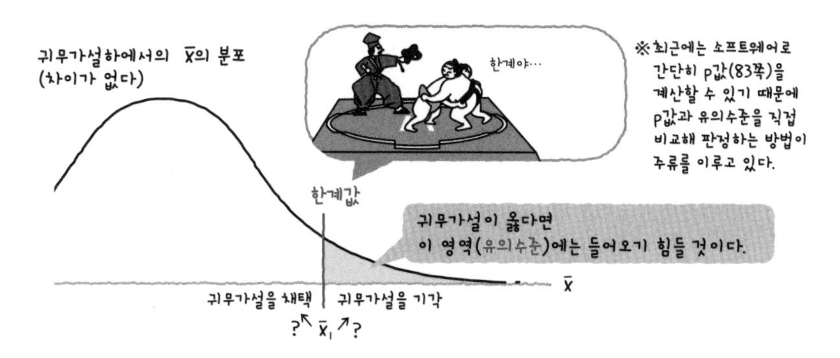

귀무가설(null hypothesis) ••• 모집단의 모수에 대한 가설로, '차이가 없다'거나 '효과가 없다' 등의 부정형 내용이다.
대립가설(alternative hypothesis) ••• 귀무가설이 기각되었을 때 채택되는 가설로, 일반적으로 연구에서 주장하고 싶은 내용이다.

▶▶▶ 유의수준

- 어느 정도의 정확도로 귀무가설을 기각할지를 유의수준(확률은 α로 나타낸다)으로 해서 정해둔다. 보통은 분포의 양측에서 5%(=한쪽 2.5%)로 한다.
- 다시 말하면 이 검정에서 허용할 수 있는 제1종 과오(84쪽)의 확률이다.
- 판정기준이 되는 한계값은 이 유의수준 범위의 경계로 설정한다.

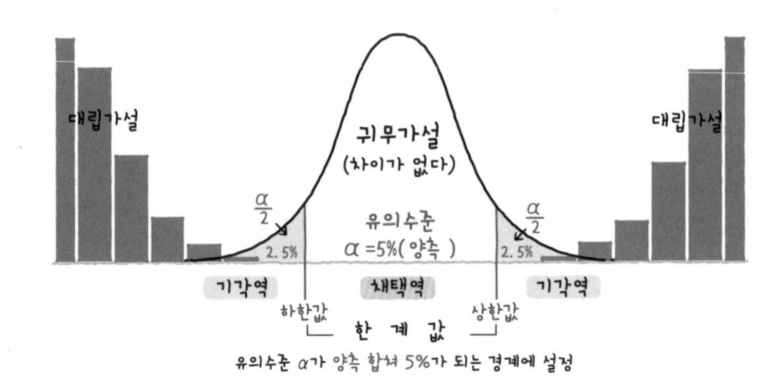

▶▶▶ 양측검정과 편측검정

- 보통은 위의 그림과 같은 양측검정을 생각하지만, 다음과 같은 경우에는 편측의 확률만으로 α로 하는 편측검정을 사용하기도 한다.
  ① 대립가설(표본평균)의 분포가 귀무가설(특정 값)의 분포보다 커진다(혹은 작아진다)는 것을 알고 있는 경우.
  ② 어느 방향의 유의 차에만 관심이 있는 경우(100쪽의 비열성 시험 등). 편측검정의 대립가설 H_1은 $\mu<\mu0$(혹은 $\mu>\mu0$)이 되어, 양측검정보다도 귀무가설을 기각하기 쉬워진다.

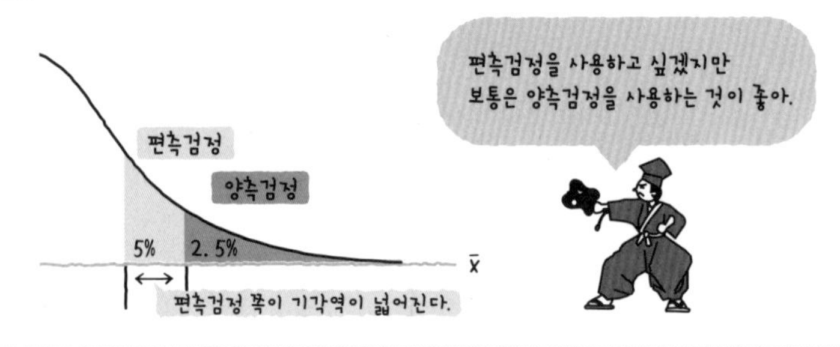

유의수준(significance level) ••• 한계값를 결정하기 위한 기준으로, 검정에 앞서 정해둔다. 그 검정에서 허용할 수 있는 위험률(제1종 과오를 범할 확률)로 하고, α로 나타낸다.

▶▶▶ 한계값의 계산(정규분포)

- 모분산을 이미 알고 있을 경우, 한계값은 정규분포로 계산한다.
- 다만 대표본이라면 모분산을 몰라도 표본분산으로 대신할 수 있다.
- 정규분포를 사용한 모평균의 구간추정에서 하는 신뢰한계의 계산과 같은 내용이다.

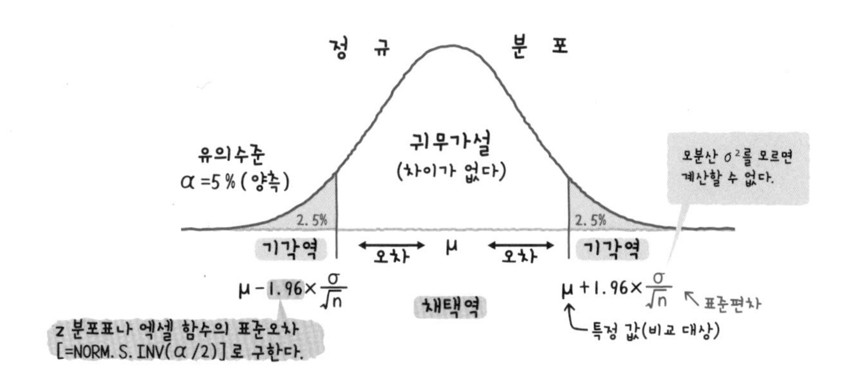

▶▶▶ 귀무가설의 판정(정규분포)

- 유의수준 α = 5%(양쪽)의 검정에 대해서 상측(우측)만 설명하자면 아래 그림과 같다.

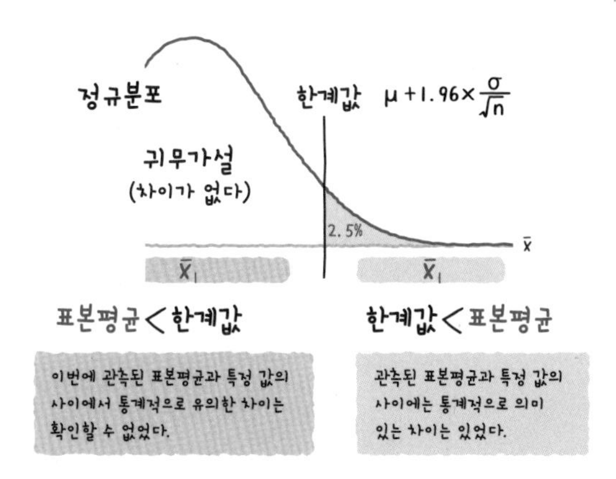

양측검정(two-tailed test) ••• 확률분포의 양측 확률을 합쳐 α로 하는 일반적인 검정으로, 편측검정보다 까다롭다.
한계값(critical value) ••• 귀무가설의 기각역을 나타내는 경계로서 기설정의 유의수준 α에서 도출되는 값이다. 임계값이라고도 한다.

▶▶▶ z 검정

- 표본평균을 표준화한 z 분포를 사용해서 검정할 수도 있다. 이쪽도 앞 페이지의 정규분포와 마찬가지로 모분산을 알고 있어야 한다.
- 표준오차가 1로 표준화되어 있으므로 한계값은 보다 단순해진다(반면 검정통계량 z를 계산할 필요가 생기므로 검정이 수월하지는 않다).

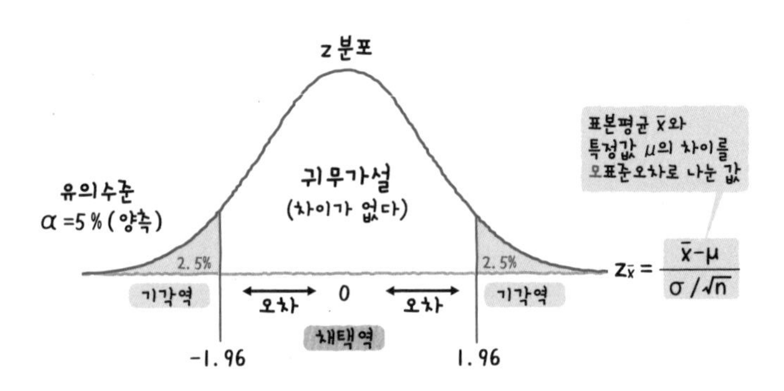

▶▶▶ t 검정

- 보통은 모분산을 모르므로 표본평균을 스튜던트화한 t 분포를 사용해 검정한다(자유도 df는 n−1이다).
- 자유도가 작아질수록 귀무가설은 기각하기 어려워진다.
- 회귀분석의 계수 t 검정(192쪽)도 이 절차로 진행한다.

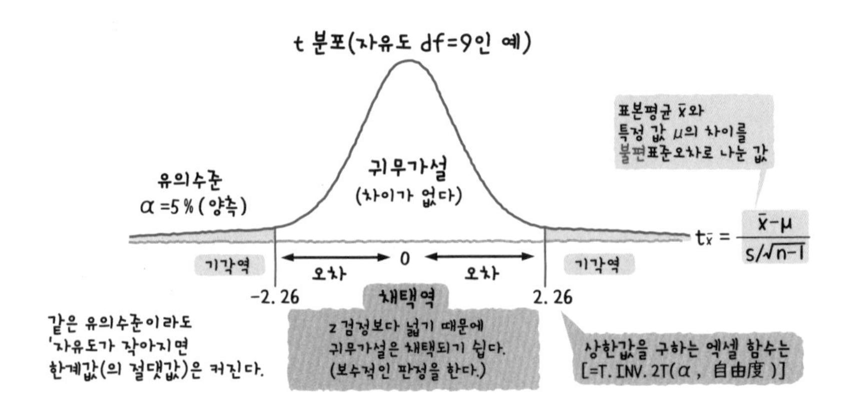

p값(p-value) ••• 작을수록 관측 데이터가 귀무가설의 내용에 적합하지 않음을 나타낸다. 따라서 기설정의 유의수준 α보다 p값이 작으면 귀무가설은 기각된다. 확률값이나 유의확률이라 하기도 한다.

▶▶▶ p값(확률값)

- p값이란 귀무가설 분포에서, 검정통계량(아래 그림에서는 표본평균)보다 극단적인(외측의) 값이 관측될 확률(짙은 색의 면적)을 말한다.
- 다시 말하면 귀무가설을 기각할 수 있는 가장 낮은 유의수준이므로 보통은 작은 쪽이 바람직하다.
- 논문 등에서는 검정 결과뿐만 아니라 p값도 나타내 두는 것이 좋다(일반적인 소프트웨어에서는 양측검정의 경우에는 자동적으로 양 꼬리를 합친 확률을 출력해 준다).

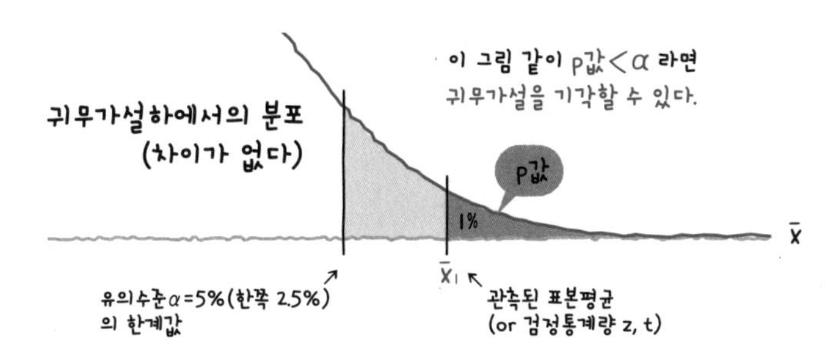

유의(significant)라는 말은 아주 중요한 인상을 준다. 때문에 어떻게든 유의수준(대개는 양쪽 5%)보다 작은 p값을 내려고 애쓰는 학생을 종종 본다. 하지만 검정에서 유의수준이란 기껏해야 '이번 실험에서는, 귀무가설하에서 나타나는 확률이 매우 작은 값이 관측되었기 때문에 귀무가설은 성립되지 않을 것이다'라는 것을 의미할 뿐이다. 그리고 p값은 그 나타나는 확률, 즉 데이터와 귀무가설이 어느 정도 적합한지 그렇지 않은지를 나타낼 뿐, 실제의 효과 크기를 나타내는 것이 아니다. 더구나 실험 결과의 중요성이나 과학적인 결론을 내는 것도 아니다(그러니까 p값의 뜻에 유의수준을 적용시키는 것은 적당하지 않을 수도 있다). 이런 p값 지상주의가 팽배한 현상을 우려하여 미국 통계학회는 2016년 3월, p값의 해석에 대해 6가지 원칙을 제시했다. 그 성명문을 올린 URL(2017년 8월 확인)은 다음과 같다. 관심이 있는 분들은 꼭 읽어 보기 바란다.

https://www.amstat.org/newsroom/pressreleases/P-ValueStatement.pdf

5 | 5

가설검정의 두 과오

제1종 과오와 제2종 과오

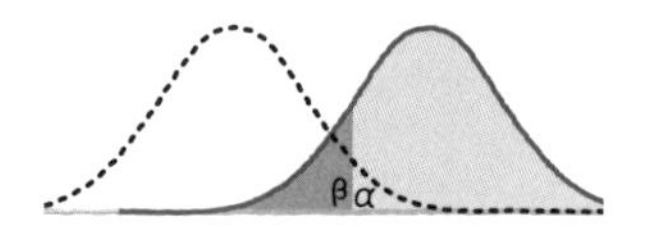

가설검정은 표본을 사용하기 때문에 판정을 잘못할 수도 있다.
잘못(과오)의 내용에 따라 두 종류로 나뉜다.

▶▶▶ 제1종 과오

- 제1종 과오란, 사실은 차이가 없는데(귀무가설이 옳다), 그 진실을 못보고 '차이가 있다'고 판정해 버리는 것이다.
- 제1종 과오를 범할 확률(위험률)의 허용 한계를 α로 나타낸다(즉 검정에서 유의수준).

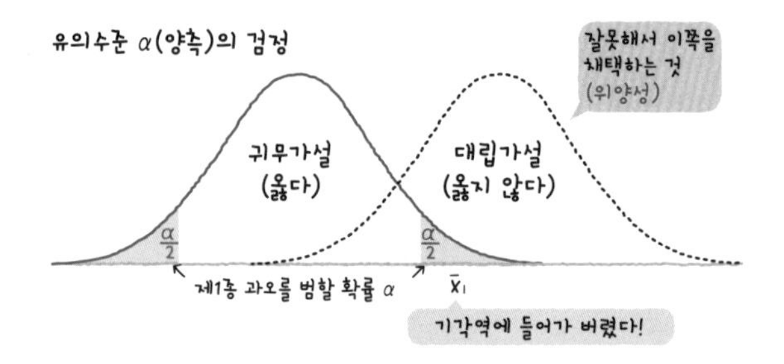

▶▶▶ 제2종 과오

- 제2종 과오란, 차이가 없는 것은 잘못(귀무가설이 옳지 않다)임에도 불구하고 그 잘못을 못보고 지나쳐 '차이가 없다'고 판정해 버리는 것이다.
- 제2종 과오를 범할 확률(위험률이라고는 하지 않는다)을 β로 표시한다.

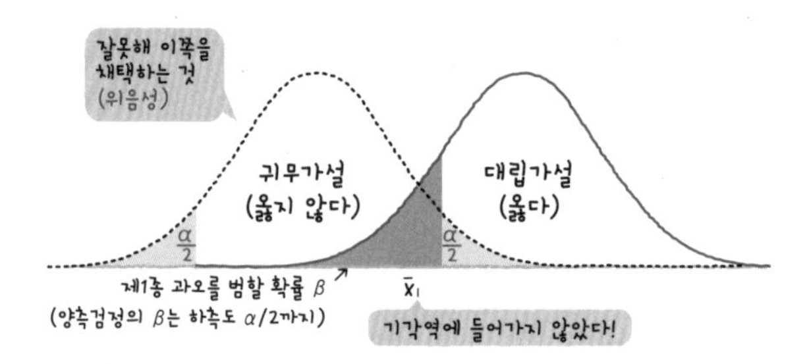

제1종 과오(type I error) ••• 옳은 귀무가설을 기각해 버리는 과오. 검정 전에 생각하면 제1종 과오를 범할 확률도 유의수준도 같은 의미이므로 양쪽 다 확률은 α로 나타낸다. 생산자 위험(risk)이라고도 한다.

▶▶▶ 검출력(검정력)

- 검출력은 차이가 있는 경우에 정확히 차이가 있다고 판정할 수 있는 능력, 즉 그 검정이 얼마나 뛰어난지를 나타낸다.
- 제2종 과오를 범하지 않을 확률이므로 β의 보수(1−β)가 된다.
- 코엔이라는 통계학자는 0.8(80%)은 필요하다고 말한다. 이것은 100회 검정을 했다면 80회는 원래의 차이를 검출할 수 있는 능력을 말한다.

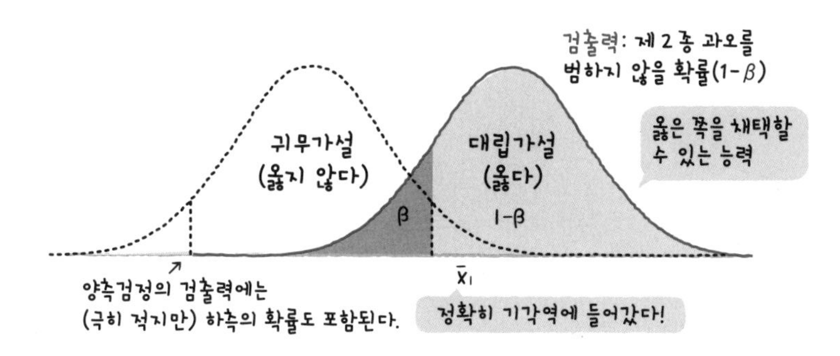

어떤 검정을 해야 하는가?

원래는 제1종 과오의 위험률 α와, 제2종 과오의 확률 β 모두 작아지도록 검정을 실시하는 것이 바람직한 것은 말할 필요도 없다. 하지만 제2종 과오에서 제시한 그림을 보면 알 수 있듯이 α를 작게 하려고 하면 β가 커져 버리는(그 반대인 경우도 있다), 일종의 트레이드 오프 관계에 있다. 다시 말해 (표본 크기, 효과량이 같은 경우) 어느 쪽 확률도 동시에 적어지는 한계값을 설정하는 방법이란 있을 수 없다.

그래서 가설검증에서는 사회적으로 보다 심각한 결과를 초래하는 일이 많은 제1종 과오에 대해 미리 허용할 수 있는 위험률(이것이 유의수준 α)을 정하고, 그 속에서 제2종 과오의 확률 β가 가장 적은 기각역을 고른다. 검출력(1−β)이 가장 큰 검정법(최강력 검정)을 선택하는 것이다. 이것을 네이만 · 피어슨의 기준이라고 한다.

최근에는 어느 정도의 검출력을 가진 검정을 실시했는지 알 수 있게 검정결과를 논문 등에 게재할 때, 제2종 과오의 확률 β와 검출력 값을 밝히는 것이 보통이다.

검출력은 표본 크기에 영향을 받기 때문에 어느 정도의 데이터를 수집하면 좋은가를 정할 때에도 이용한다. 이에 대해서는 검출력 분석(176쪽)에서 설명한다.

제2종 과오(type II error) ••• 대립가설이 바른데도 귀무가설을 채택해 버린 과오로, β로 나타낸다. 소비자 위험(risk)이라고도 한다.

5 | 6

특정 값(모비율)과 표본비율 검정

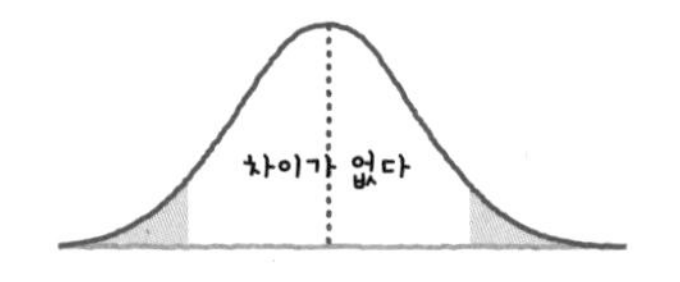

'관측된 표본비율'을 '특정 비율 값'과 비교하고, 그것이 다른지 아닌지를 정규분포를 사용해 판정한다.

가설

귀무가설 H_0 : $p=p_0$ 표본비율의 모수(모비율)와 특정 모비율에는 차이가 없다.

대립가설 H_1 : $p \neq p_0$ 표본비율의 모수(모비율)와 특정 모비율에는 차이가 있다.

검정통계량(정규분포)

- 대표본($n \geqq 100$)일 때, 표본비율 $\hat{p}$는 정규분포를 따른다(50쪽).

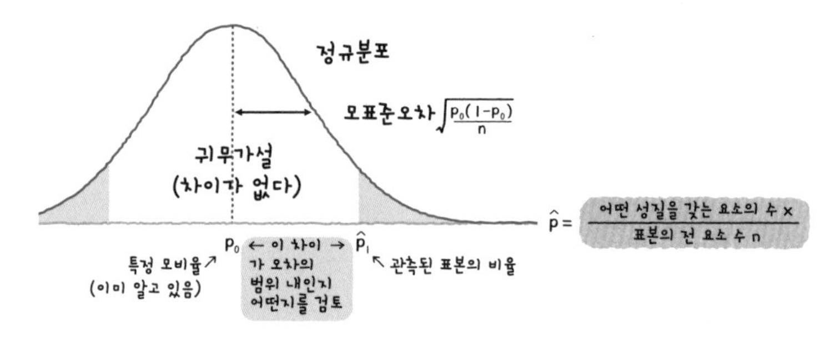

귀무가설 판정

- 상측(오른쪽)에서 검정통계량>상한값, 하측(왼쪽)에서 검정통계량<하한값, 혹은 p값<α라면 귀무가설을 기각하고 대립가설을 채택한다(아래 그림은 상측).

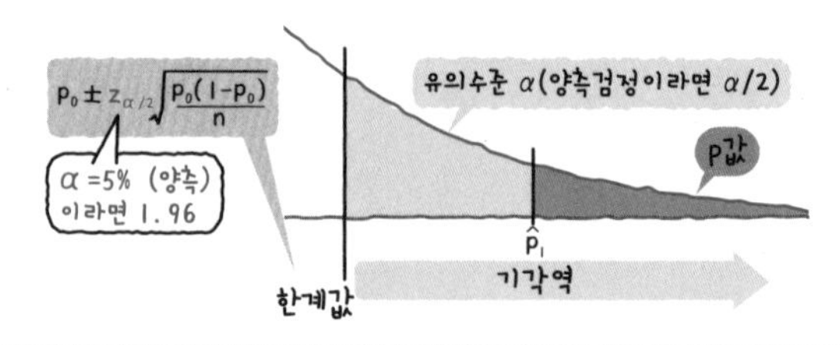

모비율 검정(testing for ratio) ••• 관측된 표본비율을 특정 모비율과 비교한다. 찬성률이나 질병률, 원료에 대한 제품 비율 등에 이용한다.

5 7

특정 값(모분산)과 표본분산 검정

'관측된 표본분산'을 '특정 분산 값'과 비교하고, 그것이 다른지 아닌지를 x^2 분포를 사용해 판정한다.

가설

- 귀무가설 H_0 : $\sigma^2 = \sigma_0^2$ 표본분산의 모수(모분산)와 특정 모분산에는 차이가 없다.
- 대립가설 H_1 : $\sigma^2 \neq \sigma_0^2$ 표본분산의 모수(모분산)와 특정 모분산에는 차이가 있다.

검정통계량(x^2 값)

- 표본분산을 x^2 분포를 따르는 통계량으로 변환한다(51쪽).

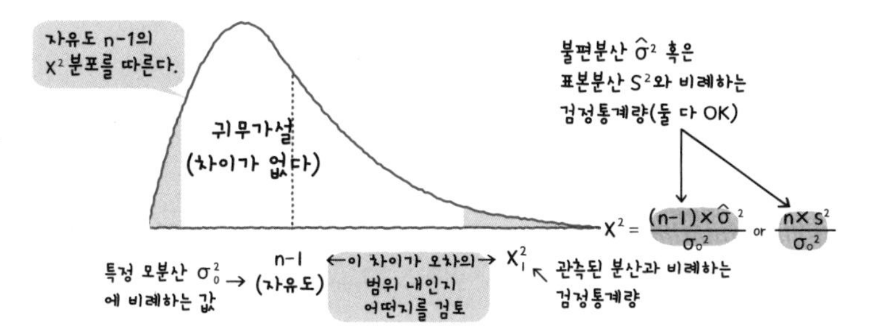

귀무가설 판정

- 상측(오른쪽)에서 검정통계량>상한값, 하측(왼쪽)에서 검정통계량<하한값, 혹은 p값 <α/2라면 귀무가설을 기각하고 대립가설을 채택한다(아래 그림은 상측).

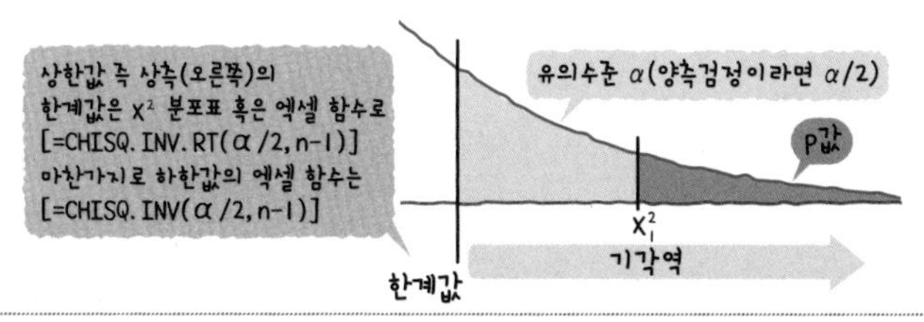

모분산 검정(testing for variance) ••• 관측된 표본분산을 특정 모분산과 비교한다. 안정성을 중시하는 품질관리 등에 이용한다.

5 | 8

정말 상관관계가 있는가?

무상관 검정

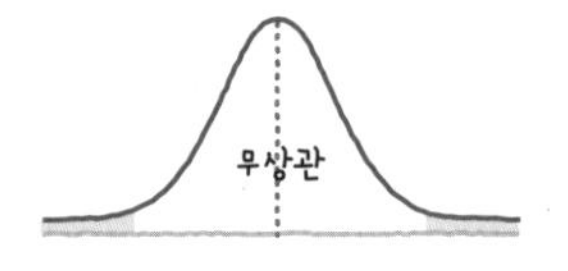

'관측된 상관계수'를 '제로(무상관)'와 비교하고, 그것이 다른지 아닌지를 t 분포를 사용해 판정한다.

▶▶▶ 가설

귀무가설 H_0 : $\rho=0$ 참된 상관계수(모상관계수)는 제로이다 → 무상관

대립가설 H_1 : $\rho\neq0$ 참된 상관계수(모상관계수)는 제로가 아니다 → 상관 있음

▶▶▶ 검정통계량(t 분포)

- 귀무가설(무상관)하에서는, 스튜던트화한 표본상관계수 t_r은 자유도 n−2인 t 분포를 따른다(53쪽).

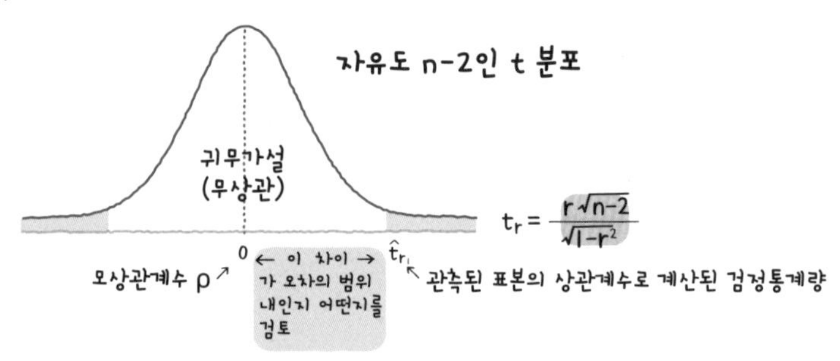

▶▶▶ 귀무가설의 판정

- 상측(오른쪽)에서 검정통계량>상한값, 하측(왼쪽)에서 검정통계량<하한값, 혹은 p값<α라면 귀무가설을 기각하고 대립가설을 채택한다(아래 그림은 상측).

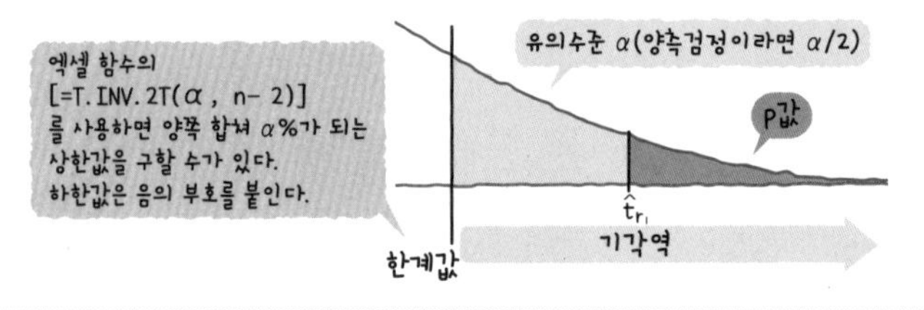

무상관 검정(testing for no correlation) ••• 관측된 데이터에서 계산된 상관계수를 모상관계수 ρ=0과 비교한다. 소표본의 경우를 제외하면 무상관이라는 귀무가설은 비교적 기각하기 쉽다.

칼럼

좀처럼 없는 무상관과 절단효과

소프트웨어로 상관계수를 산출하면 거의 자동적으로 무상관 검정도 해 주기 때문에 여러분은 아무런 의심 없이 검정 결과를 논문 등에 게재할 것이다. 하지만 대부분의 경우, 무상관이라는 귀무가설이 기각되어 있다는 것을 알고 있는가?

표본분포(53쪽)에서 설명했듯이, 표본상관계수 r의 불편표준오차는 $\sqrt{(1-r^2)\div(n-2)}$ 이기 때문에 검정통계량 t(의 절댓값)는 간단히 커진다. 예를 들어 표본상관계수 r이 0.4라도 표본 크기가 25나 되면 t값은 2.1이 되며, 5% 수준이라면 귀무가설은 기각되고 '상관 있음'이라고 판정된다. 표본 크기가 클수록 이 경향은 강해지며, 예를 들면 n = 100이라면 r = 0.2라도 귀무가설은 기각된다.

그렇기 때문에 무상관 검정의 결과를 암행어사 마패처럼 사용하는 건 생각해 볼 문제다.

무상관 검정과 직접적인 관계는 없지만, 상관계수를 사용한 분석에서 흔히 발견되는 잘못에 절단효과라는 것이 있으므로 그에 대해서도 주의를 기울이는 것이 좋다.

절단효과란, 치우친 범위의 데이터밖에 관측되지 않는데도 상관계수를 산출하거나 무상관 검정을 실시하면, 본래는 상관관계가 있는데도 놓쳐버리거나 반대로 본래는 상관관계가 없는데도 '상관 있음'으로 결론이 나버릴 수도 있는 것을 말한다. 아래 그림은 대학시험 성적과 입학 후의 성적 사이에 상관관계가 있는지 없는지 분석한 것이다. 이것은 절단효과가 나오기 쉬운 전형적인 사례라 할 수 있다.

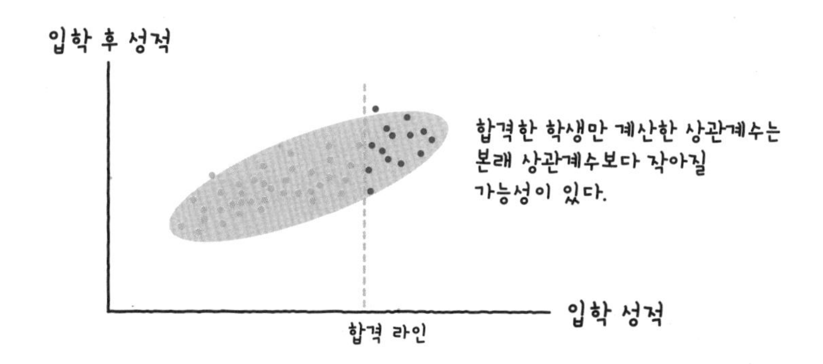

5 | 9

평균 차이 검정 ①

대응이 없는 두 집단의 경우

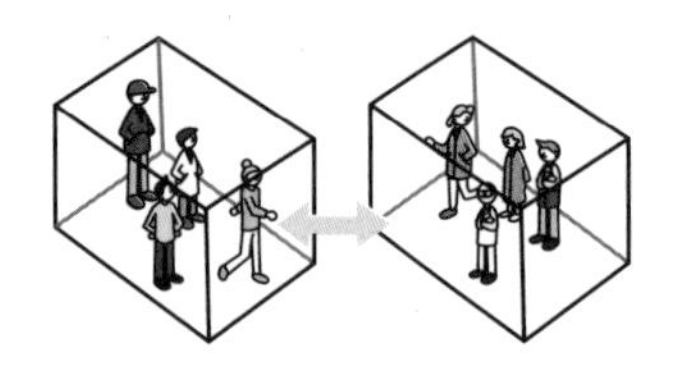

두 그룹(집단, 조건, 처리)의 평균을 비교해서 이들의 차이가 모집단에도 있다고 해도 좋을지의 여부를 확률로 판정한다.
대응이 없는(다른 개체로 측정한다) 경우와 대응이 있는(동일 개체로 측정한다) 경우는, 검정통계량 계산방법이 달라진다.

▶▶▶ 대응이 없는 두 집단

- 다른 개체(검정의 대상이 되는 피험자 등)를 두 조건으로 측정한 다음, 이들의 평균을 비교한다. 여기서는 이에 대해 설명한다.

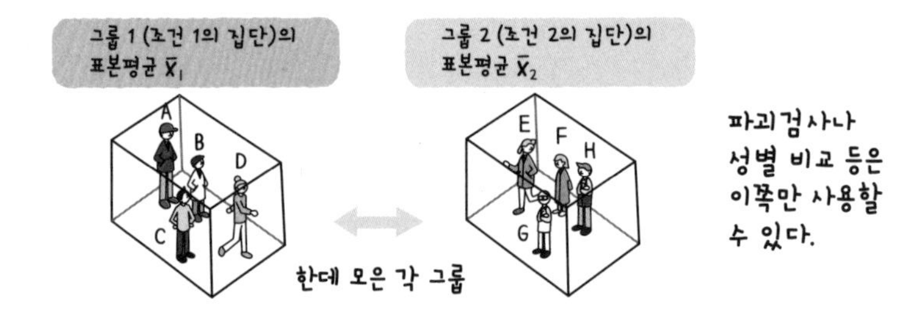

▶▶▶ 대응이 있는 두 집단

- 동일 개체를 두 조건으로 측정한 다음 이들의 평균을 비교한다.
- 개체 차이가 큰 경우에는 판정의 정밀도 향상을 기대할 수 있다.

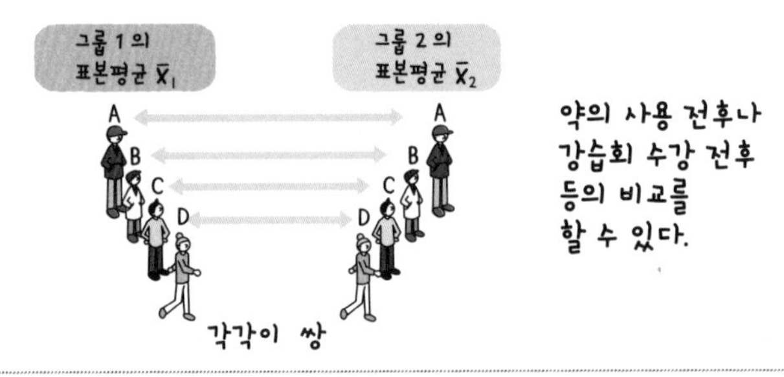

평균 차이 검정(testing for difference in means) ••• 두 집단의 표본평균을 비교해 이들 차이가 모집단에도 있다는 것, 즉 다른 모집단에서 추출된 것을 데이터가 관측되는 확률로 검증한다.

▶▶▶ 표본평균 차이의 분포와 가설

● 두 표본평균은 어느 쪽도 알 수 없기 때문에 이들 표본평균의 차이를 취해 그 차이의 분포를 생각한다.

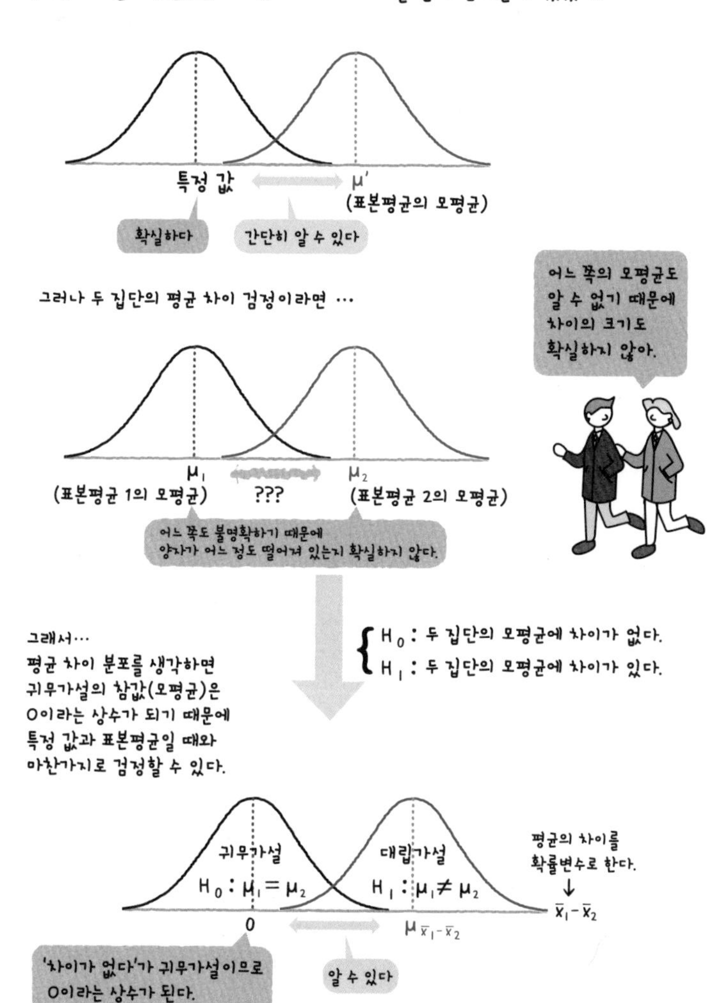

대응이 없는 데이터(unpaired data) ••• 다른 개체를 각 조건하에서 측정한 데이터. 성별 차이를 관측하는 실험 등이 해당된다.

대응이 있는 데이터(paired data) ••• 동일 개체를 각 조건하에서 측정한 데이터. 개체의 차이를 고려할 수 있다는 이점이 있다.

▶▶▶ 분산의 가법성

- 검정통계량을 계산할 때 하나만 주의할 사항이 있다. 표본평균 차이의 분포에서는, 모평균은 각 모평균의 차이지만, 오차분석은 합이 된다는 점이다.

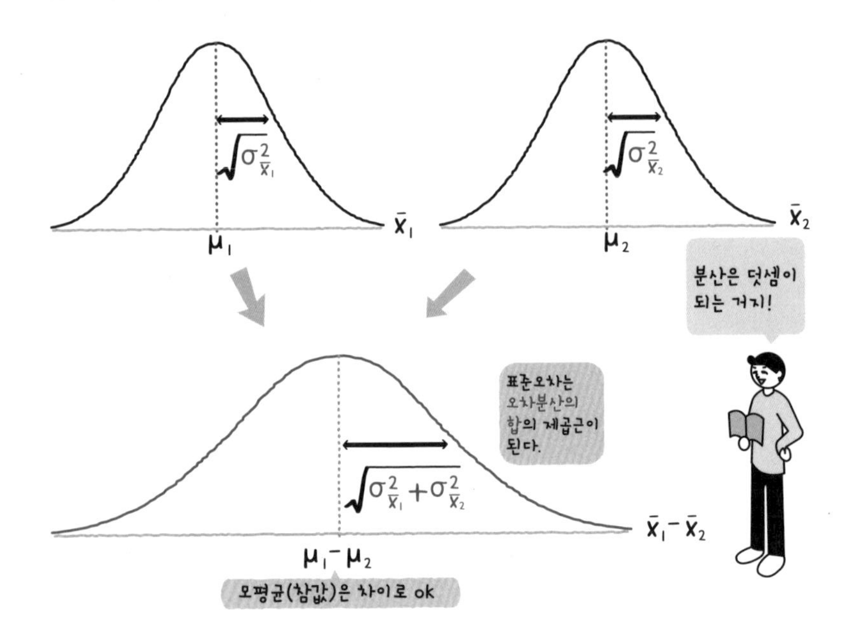

▶▶▶ 검정통계량(z 분포)

- 모분산을 알고 있거나 대표본인 경우에는 z 분포를 이용한다.
- 표본평균 $\bar{x}$의 표준화변량 $z_{\bar{x}}$는$(\bar{x}-\mu)/\sigma_{\bar{x}}$이었으므로 표본평균 $\bar{x}_1$과 $\bar{x}_2$의 차이도 마찬가지로 표준화할 수 있다(오차분산만 주의).

귀무가설 ($H_0: \mu_1 = \mu_2$) 하에서는 제로

$$z_{\bar{x}_1-\bar{x}_2} = \frac{(\bar{x}_1-\bar{x}_2)-(\mu_1-\mu_2)}{\sqrt{\sigma^2_{\bar{x}_1}+\sigma^2_{\bar{x}_2}}} = \frac{(\bar{x}_1-\bar{x}_2)-(\mu_1-\mu_2)}{\sqrt{\frac{\sigma_1^2}{n_1}+\frac{\sigma_2^2}{n_2}}} \rightarrow \frac{\bar{x}_1-\bar{x}_2}{\sqrt{\sigma^2\left(\frac{1}{n_1}+\frac{1}{n_2}\right)}}$$

귀무가설하에서는 같은 분산

σ^2

각 그룹의 표본 크기

대표본이라면 표본분산 s^2로 대용 가능

분산의 가법성(additivity of variance) ••• A집단의 분산이 σ_A^2, B집단의 분산이 σ_B^2일 때, 두 집단의 합(A+B)의 분산은 $\sigma_A^2+\sigma_B^2$가 된다. 합뿐만 아니라 차이(A−B)의 분산도 마찬가지로 $\sigma_A^2+\sigma_B^2$이다.

▶▶▶ 검정통계량(t 분포)

- 모분산을 모르고 소표본인 경우에는 t 분포를 이용한다.
- z값과 다른 점은 모분산 σ^2가 불편분산 $\hat{\sigma}^2$이 된다는 점뿐이다.
- 불편분산 $\hat{\sigma}^2$은 그룹 1에서도 그룹 2에서도 계산할 수 있기 때문에 이들의 자유도로 가중평균을 취한 값(분산의 가중평균)을 이용한다.

$$t_{\bar{x}_1-\bar{x}_2} = \frac{\bar{x}_1-\bar{x}_2}{\sqrt{\hat{\sigma}^2\left(\frac{1}{n_1}+\frac{1}{n_2}\right)}} \qquad \text{단, } \hat{\sigma}^2 = \frac{(n_1-1)\hat{\sigma}_1^2+(n_2-1)\hat{\sigma}_2^2}{(n_1-1)+(n_2-1)}$$

- 양 그룹 모두 같은 크기 n이라면 아래와 같이 식은 간단하다.

$$t_{\bar{x}_1-\bar{x}_2} = \frac{\bar{x}_1-\bar{x}_2}{\sqrt{\frac{\hat{\sigma}_1^2+\hat{\sigma}_2^2}{n}}} = \frac{\bar{x}_1-\bar{x}_2}{\sqrt{\frac{s_1^2+s_2^2}{n-1}}}$$

표본분산 S^2를 사용한 오른쪽 식으로 해도 되지만 불편분산 $\hat{\sigma}^2$가 이미 계산이 끝났다면 가운데 식으로 해도 된다.

▶▶▶ 귀무가설 판정(t 검정)

- 검정통계량(z 혹은 t)을 사용해 특정 값과 표본평균을 검정할 때와 같은 절차로 검정한다. 여기서는 t 분포로 설명해 두었다.

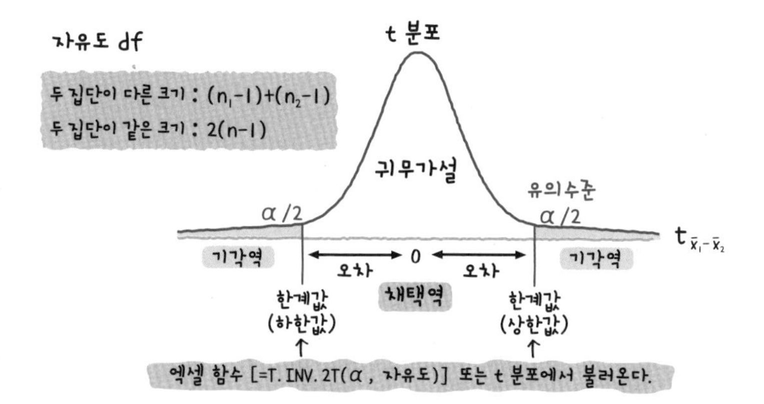

분산의 가중평균(weighted average of variance) ••• 대응이 없는 두 집단에서 t값을 산출할 때, 양쪽 집단의 불편분산 평균을 이용하는데, 표본 크기가 다를 때는 양 집단의 자유도에서 가중시킨 가중평균을 계산한다.

▶▶▶ 웰치(Welch)의 검정(등분산을 가정하지 않는 검정)

- 대응이 없는 두 집단의 평균 차이 검정통계량(z, t)은 양쪽의 분산이 같다는 것이 전제이므로 등분산검정(95쪽) 등에서 등분산을 가정할 수 없는 경우에는 웰치(Welch) 검정을 이용한다.
- 검정 자체는 보통 t 검정과 같은 방법으로 할 수 있지만 자유도 계산이 좀 복잡하다.

등분산을 가정하지 않는 경우의 검정통계량 :
(정확하게는 t값이 아니므로 '′'를 붙여 둔다.)

$$t'_{\bar{x}_1-\bar{x}_2} = \frac{\bar{x}_1 - \bar{x}_2}{\sqrt{\frac{\hat{\sigma}_1^2}{n_1} + \frac{\hat{\sigma}_2^2}{n_2}}}$$

분산의 가중평균은 구할 수 없다.

검정통계량 t′는 오른쪽처럼 자유도의 t 분포에 근사적으로 따른다.

$$df = \frac{\left(\frac{\hat{\sigma}_1^2}{n_1} + \frac{\hat{\sigma}_2^2}{n_2}\right)^2}{\frac{\hat{\sigma}_1^4}{n_1^2(n_1-1)} + \frac{\hat{\sigma}_2^4}{n_2^2(n_2-1)}}$$

오랫동안 통계학 책에서는 '대응이 없는 두 집단의 평균 차이를 검정하기 전에 등분산검정을 실시한 다음, 등분산이라는 귀무가설이 채택된 경우에는 t 검정으로 진행하고 기각된 경우에는 웰치 검정을 사용한다'고 소개되었다.

하지만 최근에는 검정 전에 검정을 하면 제1종 과오의 위험률 α가 커지는 다중성(120쪽)이 발생하기 때문에 등분산검정은 실시하지 않는다. '두 집단의 표본 크기가 비슷하다면 분산은 가까울 것이므로 처음부터 보통의 t 검정을 사용하거나, 그렇지 않으면 등분산이라는 전제조건 등에 상관없이 웰치 검정을 하는' 쪽으로 흐름이 바뀌고 있는 것이다(특히 약학에서는 후자가 주류를 이룬다).

그런데 현재 시판되고 있는 소프트웨어로 t 검정을 실시하면 자동적으로 등분산검정과 웰치 검정이 계산된다. 따라서 우리가 할 수 있는 대처법으로는 다음의 두 가지 방법이 있다. ① 어느 쪽 검정을 사용할지 맨 처음에 선언하고, 등분산검정 결과는 무시하거나, 아니면 ② 지금까지와 같이 등분산검정 후에 t 검정을 2단계로 실시하면서 다중성을 고려해 양쪽(등분산검정과 t 검정)의 유의수준을 까다롭게(예를 들어 5%라면 2.5%) 설정해서 판정하는 것이다. 다만, ②의 경우는 제2종 과오의 확률 β가 커진다는 결점이 있다.

등분산검정(F 검정)

- 두 그룹의 분산이 같은지 아닌지를 판정한다.
- 등분산하에서는 두 개의 불편분산의 비가 F 분포를 따른다(36쪽).

$$\begin{cases} \text{귀무가설 } H_0 : \sigma_1^2 = \sigma_2^2 & \text{두 집단의 모분산에는 차이가 없다.} \\ \text{대립가설 } H_1 : \sigma_1^2 \neq \sigma_2^2 & \text{두 집단의 모분산에는 차이가 있다.} \end{cases}$$

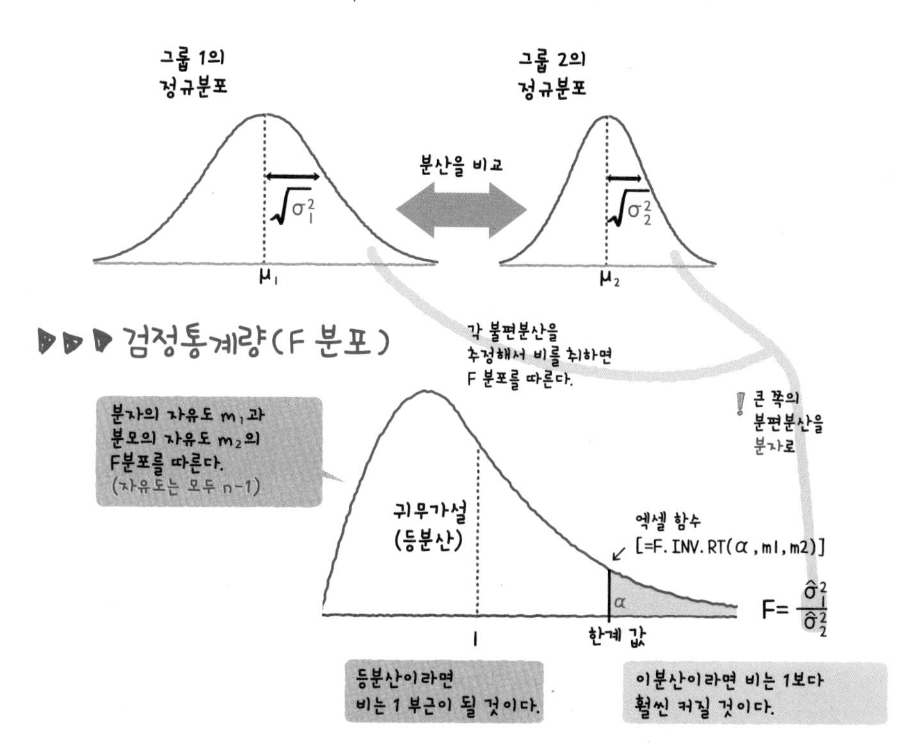

검정통계량(F 분포)

! F값의 분자에 분모보다 큰 값이 온다고 약속되어 있으므로 상측(오른쪽)만의 검정을 생각한다. 다만 검정 자체가 허술하지 않도록 한계값을 α/2(5% 검정이라면 2.5%)의 F 분포표에서 읽거나 p값을 두 배로 해서 출력하는 소프트웨어도 있다.

귀무가설의 판정

- 검정통계량>한계값, 혹은 p값<α라면 귀무가설을 기각하고 대립가설을 채택한다.

웰치의 t 검정(Welch's t test) ••• 두 집단의 분산이 다른 경우에도 사용할 수 있게 개량된 t 검정이다.

등분산검정(test for homogeneity of variances) ••• 등분산인 것을 귀무가설로 한 F 검정. t 검정 전이라면 귀무가설을 채택하는 것이 바람직하다.

5 | 10

평균 차이 검정 ②

대응이 있는 두 집단의 경우

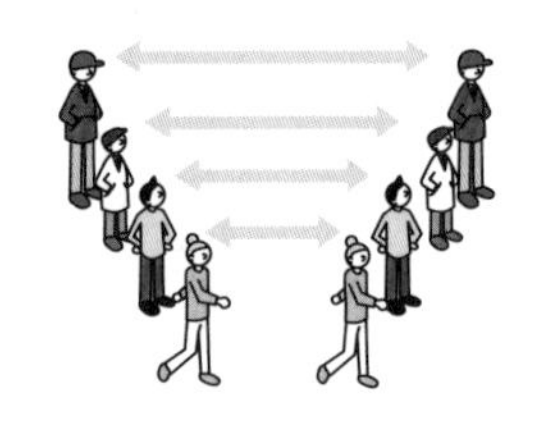

동일 개체를 두 조건으로 측정하기 때문에 개체 차이가 고려되어 보다 정확한 검정을 할 수 있다.

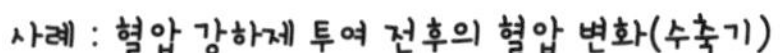

피험자	투약 전(x_1)	투약 후(x_2)	차이 d ($d=x_1-x_2$)
A 씨	180	120	60
B 씨	200	150	50
C 씨	250	150	100
평균	$\bar{x}_1=210$	$\bar{x}_2=140$	$\bar{d}=70$

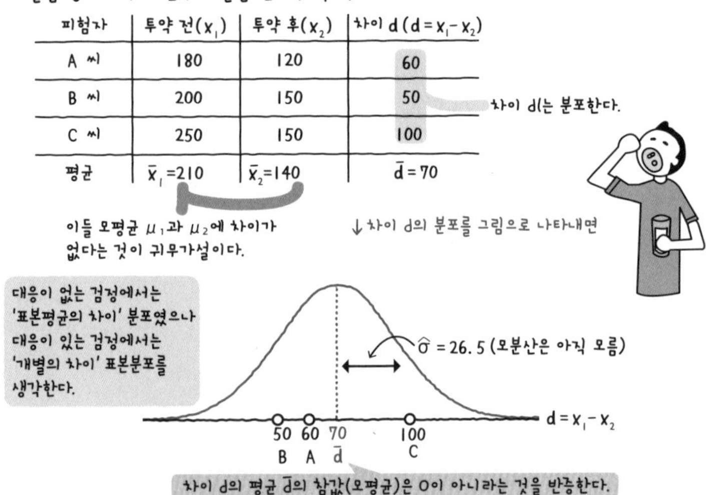

▶▶▶ 검정통계량(t 분포)

● 개별 d의 분포에서는 오차를 예측할 수 없으므로 표본 $\bar{d}$의 t 분포를 생각하면…

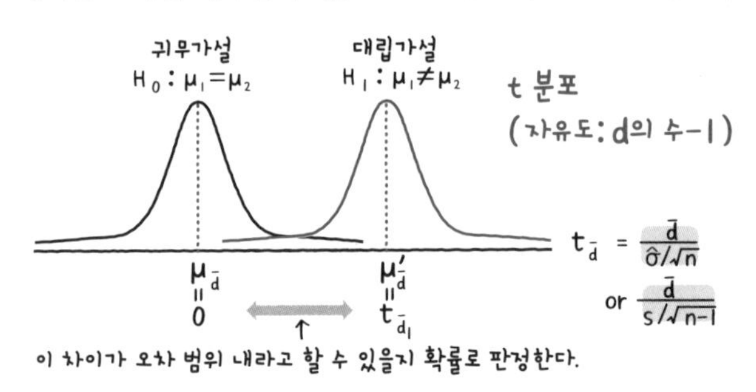

대응이 있는 평균 차이 검정(paired t test) ••• 두 조건하에서 동일 개체로부터 측정한 평균의 차이가, 모집단에서도 있다고 해도 좋은지의 여부를 판정한다. 개체 차이가 클 경우에 보다 정밀도가 높은 결과를 기대할 수 있다.

연습

앞 페이지의 혈압 강하제 사례를 검정해 보자(유의수준은 양측에서 5%)

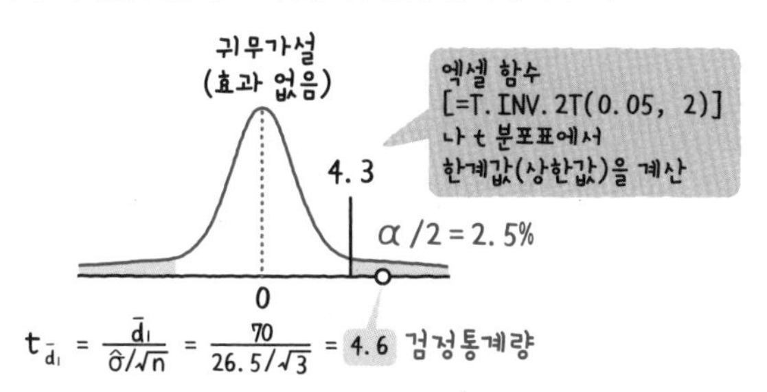

$$t_{\bar{d}_1} = \frac{\bar{d}_1}{\hat{\sigma}/\sqrt{n}} = \frac{70}{26.5/\sqrt{3}} = 4.6 \text{ 검정통계량}$$

답 : 검정통계량 t(4.6)>한계값(4.3)이므로 귀무가설은 기각되고 대립가설이 채택되었다. 따라서 이 혈압 강하제는 혈압을 내리는 효과가 있다고 할 수 있다. 소프트웨어를 사용해 계산하면 p값이 0.0445이다. 이것은 유의수준(α=0.05)보다 작으므로 귀무가설이 기각된다는 것을 알 수 있다.

그림을 올바르게 그리는 법

통계분석에서 그림을 그리는 일은 중요하다. 다만 같은 두 집단의 평균 차이라도 대응이 있는 경우와 없는 경우는 그리는 방법이 다르다. 특히 대응이 있는 경우는 두 집단의 차이(즉 변화량)를 비교하므로 오른쪽 그림처럼 그리지 않으면 검정결과를 어림잡을 수 없다.

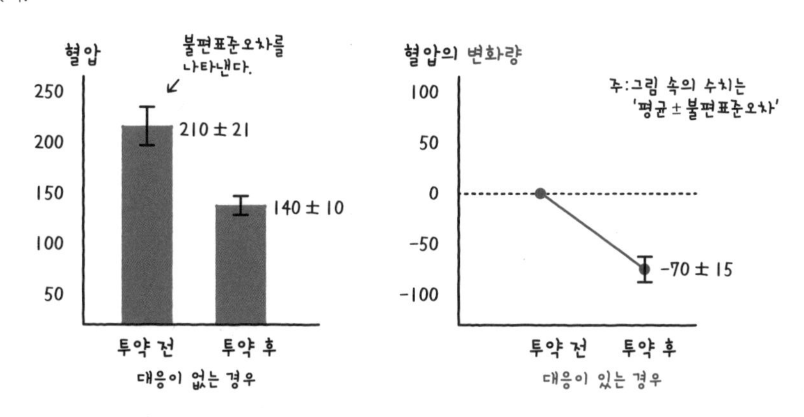

5 | 11

비율 차이 검정

대응이 없는 두 집단의 경우

두 조건(그룹, 집단)하에서 모비율에 차이가 있는지 없는지를 판정한다.
소표본의 경우에는 정확확률검정(142쪽)을 이용한다.

▶▶▶ 가설

사례 : 어떤 액정 패널 공장의 두 제조 라인에서 만든 제품

	A 라인	B 라인
우량품	60장	80장
불량품	40장	120장
수율	0.6	0.4

원래 데이터가 아니라 집계(요약)가 끝난 데이터에서 검정할 수 있다는 것이 장점이다.

$$수율 = \frac{우량품\ 수}{우량품\ 수 + 불량품\ 수}$$

두 제품의 수율(표본비율)의 차이(0.2)가 오차 범위 내에 있는지를 검토하는 것으로 두 제조 라인의 실제 수율(모비율)에 차이가 있는지 어떤지를 판정한다.

이들 두 제품의 수율(표본비율)의 차이(0.2)가 오차 범위 내에 있는지 검토하는 것으로 두 제조 라인의 실제 수율(모비율)에 차이가 있는지 어떤지를 판정한다.

- 귀무가설 $H_0 : p_1 = p_2$ 두 집단의 모비율에는 차이가 없다.
- 대립가설 $H_1 : p_1 \neq p_2$ 두 집단의 모비율에는 차이가 있다.

▶▶▶ 검정통계량(z 분포)

- 표본이 충분히 클 때, 두 집단의 표본비율의 차이($\hat{p}_1 - \hat{p}_2$)는 정규분포를 따른다.
- 여기서는 그 표본비율의 차이를 표준화한 z 통계량으로 설명한다.

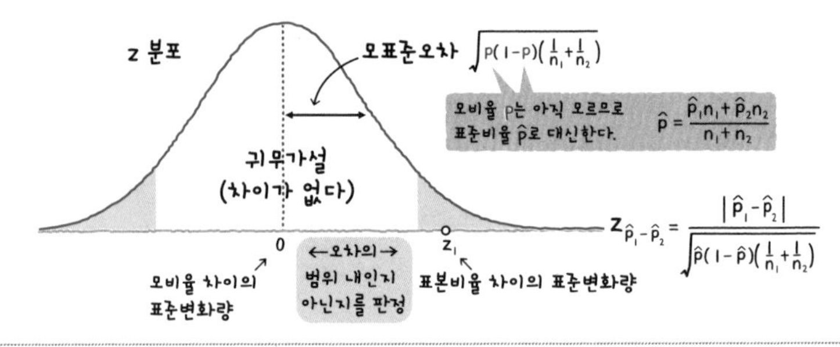

비율의 차이 검정(testing for difference in proportions) ••• 두 집단의 표본비율의 차이가 모집단에도 있다고 해도 좋은지 아닌지를 판정한다. 표본이 충분히 큰 경우에는 정규분포에 근사적으로 따르므로 z 검정이 된다.

▶▶▶ 귀무가설의 판정

● 상측에서 검정통계량>상한값, 하측에서 검정통계량<하한값, 혹은 p값<α라면 귀무가설을 기각하고 대립가설을 채택한다(아래 그림은 상측).

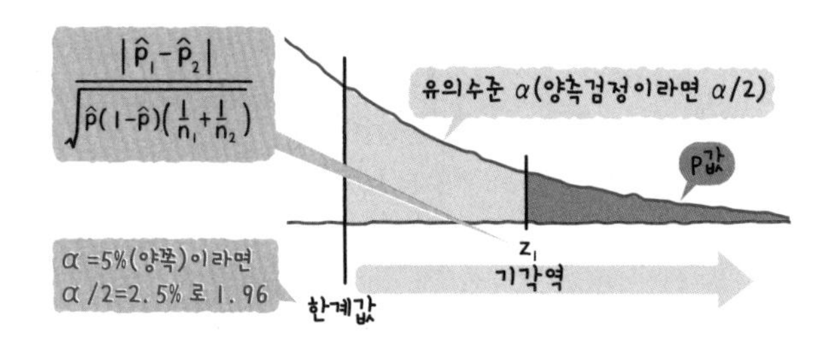

연습

앞 페이지의 액정 패널 수율 사례를 z 검정으로 해 보자(유의수준은 양쪽에서 5%).

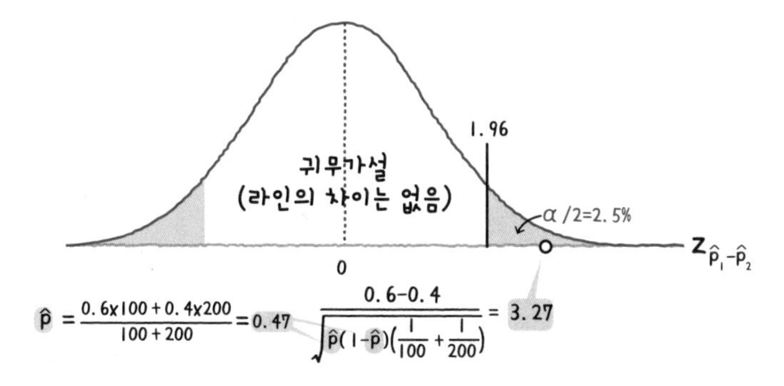

답 : 검정통계량 z(3.27)>한계값(1.96)이므로 귀무가설은 기각되고 대립가설이 채택되었다. 따라서 A라인은 B라인보다 제품 수율이 좋다고 할 수 있다. 소프트웨어로 p값을 계산하면 0.001인데, 이것이 유의수준(α=0.05)보다도 작은 점으로부터도 귀무가설이 기각된 것을 알 수 있다.

분산의 가법성과 분산의 가중평균

대응이 없는 두 집단의 평균 차이의 검정통계량(z나 t) 식과 비교하면 기본적으로는 같은 구조, 즉 비율 차이의 분포를 이용하고 있음을 확인해 보기 바란다. 그러면 검정통계량으로 모비율 p 대신에 이용하는 표본비율 $\hat{p}$은 불편분산 $\hat{\sigma}$를 계산할 때 이용한 분산의 가중평균이라는 것을 알 수 있다. 또한 $(1/n_1+1/n_2)$는 분산의 가법성을 따른 후에 귀무가설에서 같은 값이 되는 $\hat{p}(1-\hat{p})$를 밖으로 꺼내 정리한 것임을 이해할 수 있을 것이다.

분포의 상측(upper tail) ••• 확률분포의 오른쪽 꼬리를 말한다. 왼쪽 꼬리는 하측(lower tail)이라고 한다. 어느 한쪽의 확률만 이용해 판정하는 검정도 있다(예를 들면 세 집단 이상의 독립성 검정에서는 상측확률만).

5 | 12

뒤떨어지지 않음을 검정한다

비열성(非劣性) 시험

통계적 검증에서는 '차이가 없다'고 하는 귀무가설을 채택할 수는 없다. 하지만 비용 절감을 우선시 하는 현대에는 선발제품과 후발제품의 품질에 큰 차이가 없다는 것을 증명하고 싶은 경우가 많이 있다. 그래서 일정 차이까지 떨어지는 것을 허용하고, 그보다 떨어지지 않는다는 것을 편측검증하는 방법이 있다.

▶▶▶ 목적

- 예를 들면 저비용의 후발제품을 판매하기 전에 평판이 좋았던 선발제품의 품질(유효율이나 강도 등)에 비해 그리 떨어지지 않는다는 것을 증명하고 싶은 경우 등이다.

▶▶▶ 가설 세우기

- 후발제품의 품질은 선발제품보다 △(비열성 마진 : 허용할 수 있는 평균이나 비율의 차이) 만큼 떨어진다는 것을 귀무가설로 한다. 그리고 그것을 편측검정으로 기각하고 후발제품은 선발제품보다 △ 이상은 떨어지지 않는다는 대립가설을 채택하는 것을 목표로 한다.

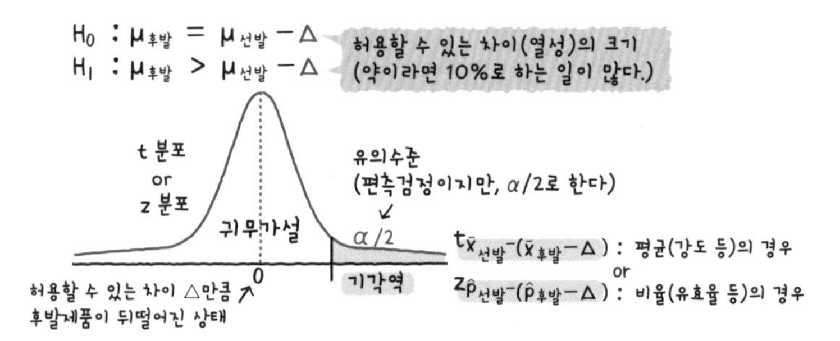

비열성 시험(non-inferiority trials) ••• 선발제품에 비하면 후발제품의 품질이 떨어지지만 일정 이상은 떨어지지 않는다는 것을 검증하는 방법이다. 일본에서는 1992년, 후생성이 발표한 『통계분석 가이드라인』에 의해 알려졌다.

▶▶▶ 검정통계량

- 두 집단의 평균 차이(t값)나 비율의 차이의 검정통계량(z값)에서 분자에서 △를 빼기만 하면 된다. 다만 비율의 경우는 분모의 표준오차 계산이 좀 복잡해진다.
- 뛰어난 그룹(선발제품)을 1로 하고, 품질이 △ 이상은 떨어지지 않는다는 것을 증명하고 싶은 그룹(후발제품)을 2로 한다.

대응이 없는 두 집단의 평균 차이의 검정통계량

$$t_{\bar{x}_1-(\bar{x}_2-\Delta)} = \frac{\bar{x}_1-(\bar{x}_2-\Delta)}{\sqrt{\hat{\sigma}^2\left(\frac{1}{n_1}+\frac{1}{n_2}\right)}}$$

대응이 있는 두 집단의 평균 차이의 검정통계량

$$t_{\bar{d}-\Delta} = \frac{\bar{d}-\Delta}{\hat{\sigma}/\sqrt{n}}$$

대응이 없는 두 집단의 비율 차이의 검정통계량

$$z_{\hat{p}_1-(\hat{p}_2-\Delta)} = \frac{\hat{p}_1-(\hat{p}_2-\Delta)}{\sqrt{\frac{(\hat{p}-\Delta)(1-\hat{p}+\Delta)}{n_1}+\frac{\hat{p}(1-\hat{p})}{n_2}}}$$

단, $\hat{p} = \frac{\hat{p}_1 n_1 + \hat{p}_2 n_2 - n_1\Delta}{n_1+n_2}$

신뢰구간에 의한 비열성 시험

신뢰구간의 추정으로도 비열성을 확인할 수 있다.
평균이라면 $\mu_{선발}-\mu_{후발}$의 신뢰구간을 구하고, 비율이라면 $p_{선발}-p_{후발}$의 신뢰구간을 구한다. 신뢰구간의 하한값이 $-\Delta$보다 크다면 '후발제품은 선발제품보다 △ 이상은 떨어지지 않는다'는 말이 된다.

선발제품-후발제품(품질 평균이나 비율의 차이)의 신뢰구간

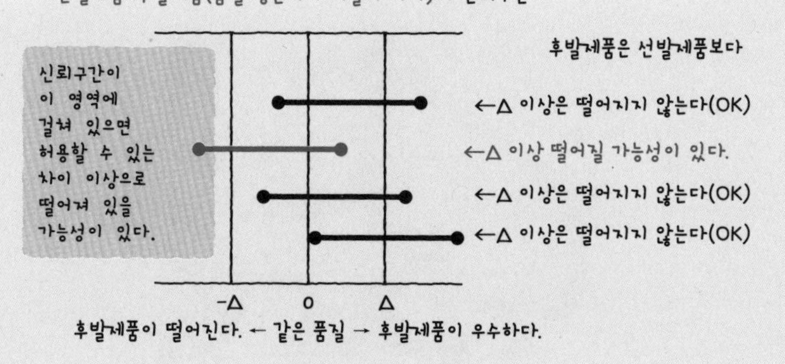

비열성 마진(non-inferiority margin) ••• 비열성 시험에서 설정하는 △로, 허용할 수 있는 평균이나 비율의 차이를 말한다. 설정값은 분야에 따라 다르지만, 통계해석 가이드라인에 따르면 약의 유효율은 10%가 일반적이다.

X 인자

제6장
분산분석과 다중비교

6 | 1

실험으로 효과를 확인한다

일원배치 분산분석

실험의 목적이 되는 요인이, 결과에 영향을 미쳤는지의 여부를 판정한다.
평균 차이의 검정을 세 집단 이상으로 확장한 것으로, F 분포를 사용해 검정한다.
분산분석의 특징을 사례로 소개한 후, 가장 기본적인, 요인이 한 개이고 '대응이 없는' 일원배치 분산분석을 설명하기로 한다.

분산분석의 특징 1

- 그룹을 만드는 처리 조건이나 수준이 3개 이상인 경우에도 평균의 차이를 검정할 수 있다(t 검정은 두 그룹의 경우에).

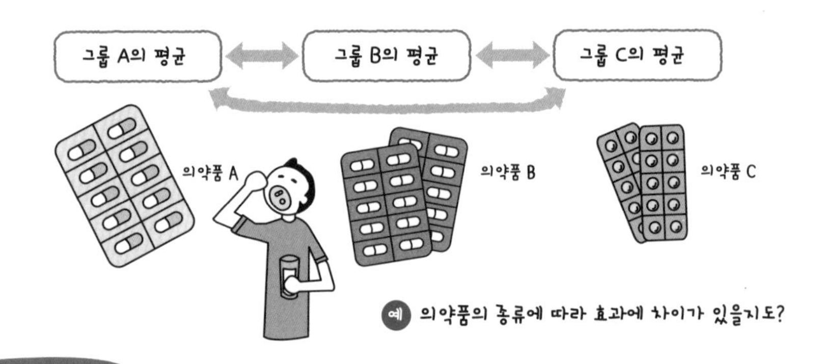

분산분석의 특징 2

- 여러 요인의 교호작용(상승효과나 상쇄효과)을 검정할 수 있다.

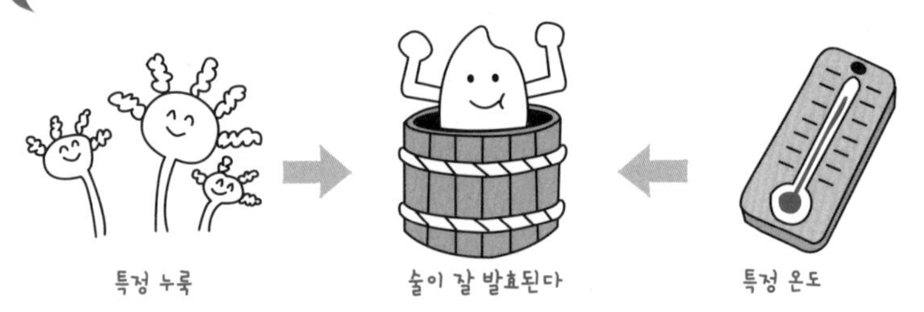

예 누룩의 종류를 바꾸거나 실온을 바꾸는 것만으로는 술의 발효에 변화가 없지만, 두 요인을 함께 바꾸면 술이 발효가 잘 되는 조합이 있을지도?

분산분석(analysis of variance, ANOVA) ••• 세 집단 이상의 평균값 차이를 검정하는 방법. 연구 목적이 되는 요인효과가 오차효과보다 클 때, 그 분산비인 F 값이 커진다는 것을 이용한다. 실험계획법의 주된 내용이다.

일원배치 분산분석

- 실험의 목적이 되는 요인(인자)이 하나인 경우의 가장 기본적인 분산분석이다. 대응은 없다.
- 인위적으로 처리조건(수준)을 변화시킨 요인이 실험 결과에 영향을 미치는지를 확인한다.

비료의 종류와 작물 수확량의 관계

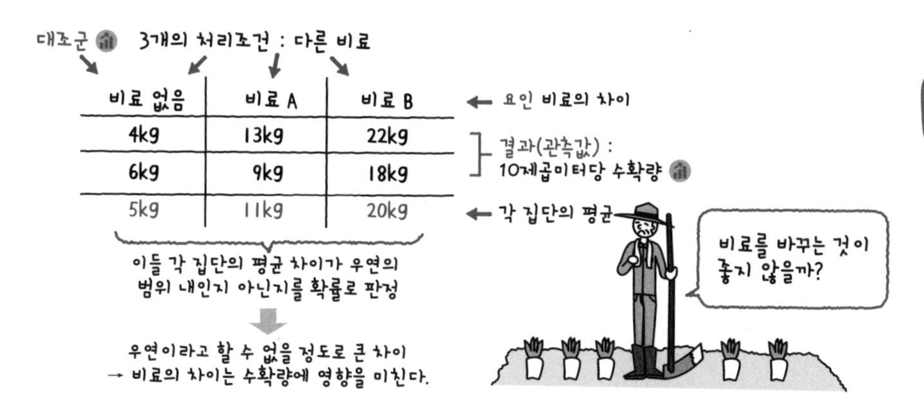

대조(컨트롤)군의 설정

t 검정의 경우에도 그랬지만, 실험에서는 '기준이 되는 그룹'을 만들어 두는 것이 바람직하다(만들지 않아도 분석은 할 수 있다).
위의 사례에서 '비료 없음'의 그룹을 만들지 않고 비료 A·B·C로 실험을 하면, 비록 분산분석으로 유의 차이가 검출되어도 비료를 준 것 자체의 유효성을 추량할 수는 없다. 특히 사람을 대상으로 약효를 측정할 경우는 '투약 없음'이 아니라 가짜약(僞藥) 투여에 의한 대조군을 만들고 '기분 탓'에 의한 효과를 다른 수준으로 정리해 둘 필요가 있다.

실험의 반복

분산분석이라는 말대로 할 정도니까 데이터가 분산되어 있지 않으면 분석은 할 수 없다(이 점에 대해서는 159쪽). 그러므로 각 수준별로 여러 번, 독립된 실험을 반복할 필요가 있는데, 실제로 몇 번 정도 반복하는 것이 좋은지는 검출력분석(176쪽)에서 설명한다. 우선 이 사례에서는 쉽게 계산할 수 있도록 2회만 반복한 실험(n = 2)으로 설명한다.

일원배치 분산분석(one-way ANOVA) ••• 목적이 되는 요인(인자, factor)이 하나인 분산분석이다. 데이터 대응이 없는 경우와 있는 경우가 있다.
대조군(control group) ••• 처리를 하지 않는 실험군이다. 대조실험의 기본적인 요건이며, 통제군이라고도 한다.

▶▶▶ 분산분석

- 데이터 전체의 분산(총변동)은 목적이 되는 요인의 효과에 의한 분산(군간변동)과, 목적 이외의 요인인 오차의 효과에 의한 분산(군내변동)으로 구성된다.

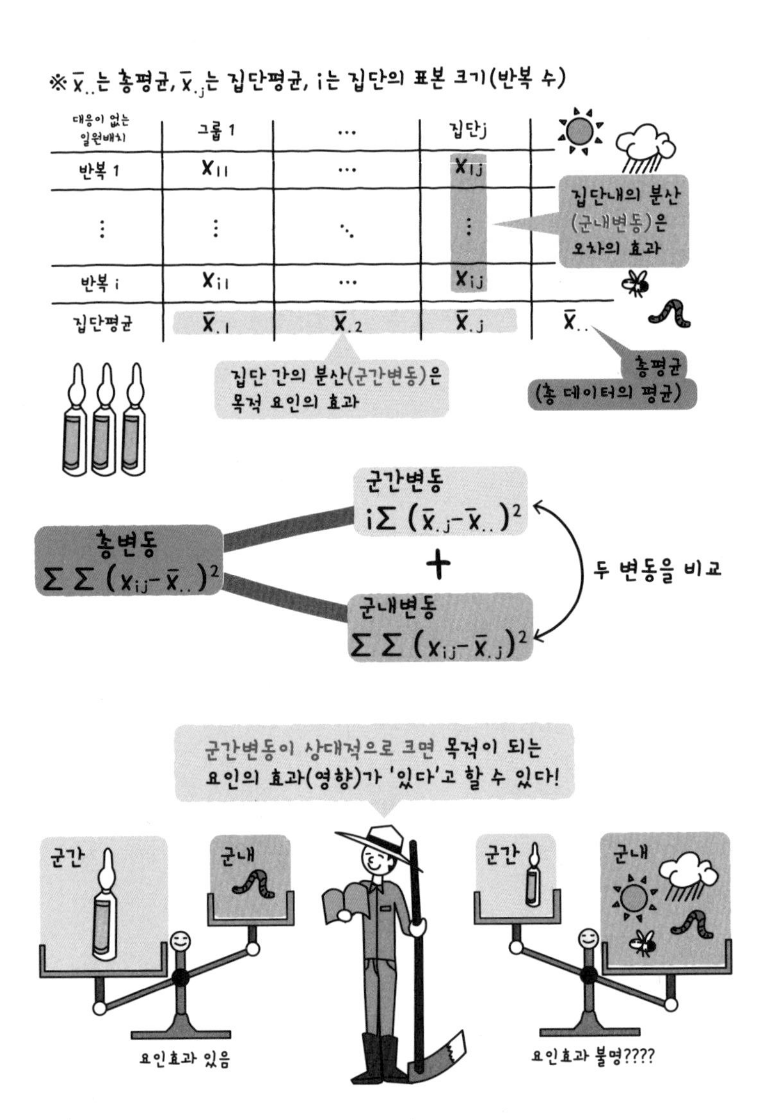

총변동(total variation) ••• 실험에서 관측된 데이터 전체의 분산(편차제곱합)으로, 목적이 되는 요인의 효과에 의한 분산(군간변동 등)과 오차효과에 의한 분산(군내변동) 모두 포함된다. 전변동이라고도 한다.

▶▶▶ 총변동의 계산

● 변동이란 편차제곱의 합을 말하는 것이므로 각 값과 총평균의 편차를 제곱해서 모두 더한다. 다만 총변동은 검정에는 사용하지 않는다.

비료 없음	비료 A	비료 B
4−12	13−12	22−12
6−12	9−12	18−12

①편차를 구한다.
각 값에서 평균(총평균=12)을 뺀다.

비료 없음	비료 A	비료 B
$(-8)^2$	1^2	10^2
$(-6)^2$	$(-3)^2$	6^2

②편차를 제곱한다.
마이너스 값을 없애기 위해

대조군 64+36+ 비료 A 1+ 9+ 비료 B 100+36
= 246 ←총변동

③총변동을 구한다.
편차의 제곱값(②)을 모두 더한다.

▶▶▶ 군간변동의 계산

● 오차의 효과가 없으면 각 집단 내의 값은 같아진다.
● 군간변동의 분산은 검정통계량(F 값)의 분자가 된다.

	비료 없음	비료 A	비료 B
	5−12	11−12	20−12
	5−12	11−12	20−12
집단평균 →	5	11	20

①편차를 구한다.
각 집단의 집단평균에서 총평균을 뺀다.

비료 없음	비료 A	비료 B
$(-7)^2$	$(-1)^2$	8^2
$(-7)^2$	$(-1)^2$	8^2

②편차를 제곱한다.

대조군 49+49+ 비료 A 1+ 1+ 비료 B 64+64
= 228 ←군간변동

③군간변동을 구한다.
편차의 제곱값(②)을 모두 더한다.

228 / (3−1) = 114
↑
자유도:집단 수(3)에서 평균의 수(=총평균 1)를 뺀다.

④불편분산까지 구한다.
검정통계량(F값)의 분자가 되는 불편분산을 구하기 위해 군간변동(③)을 자유도로 나눈다.
요인분산이라고도 한다.

6 분산분석과 다중비교 · 실험으로 효과를 확인한다

군간변동(variation between subgroup) ••• 처리의 차이, 즉 목적이 되는 요인의 효과에 의해 생기는 분산(편차제곱합)을 말한다. 이것을 자유도(집단 수−1)로 나눈 불편분산이 검정통계량(F 값)의 분자가 된다.

▶▶▶ 군내변동의 계산

- 본래 같아야 할 집단 내의 값이 흩어져 있는 것은 오차효과가 있기 때문이다.
- 군내변동 분산은 검정통계량(F 값)의 분모가 된다.

비료 없음	비료 A	비료 B
4-5	13-11	22-20
6-5	9-11	18-20
집단평균→ 5	11	20

①편차를 구한다.
각 값에서 집단평균을 뺀다.

비료 없음	비료 A	비료 B
$(-1)^2$	2^2	2^2
1^2	$(-2)^2$	$(-2)^2$

②편차를 제곱한다.

대조군 / 비료 A / 비료 B

$1+1+4+4+4+4$

$= 18$ ←군내변동

③군내변동을 구한다.
편차의 제곱값(②)을 모두 더한다.

$18 \,/\, (6-3) = 6$

자유도: 데이터 수(6) - 평균의 수(=집단 수 3)

④불편분산도 구한다.
검정통계량(F 값)의 분모가 되는 불편분산을 구하기 위해 군내변동(③)을 자유도로 나눈다. 오차분산이라고도 한다.

▶▶▶ 검정통계량(F 값)

- 군간변동의 불편분산을 군내변동의 불편분산으로 나누면 분산분석의 검정통계량(F 값)이 된다.

군내변동(variation within subgroup) ••• 처리의 차이 이외의 영향, 즉 오차의 효과에 의해 생기는 편차제곱합을 말한다. 이것을 자유도(데이터 수−집단 수)로 나눈 불편분산(오차분산)이 검정통계량의 분모가 된다.

가설

- 가설은 두 집단의 경우와 같은 내용인데, 처리를 바꾼 요인효과를 '있다/없다'로 표현하면 이해하기 쉽다.

$$\begin{cases} \text{귀무가설 } H_0 : \mu_1 = \mu_2 = \mu_3 \\ \text{대립가설 } H_1 : \mu_1 \neq \mu_2 \neq \mu_3 \end{cases}$$

귀무가설: 그룹 간의 모평균에는 차이가 없다. → 요인효과는 없다.
(= 각 집단은 같은 모집단에서 추출된 표본이다)

대립가설: 그룹 간의 모평균에는 차이가 있다. → 요인효과가 있다.
(= 각 집단은 다른 모집단에서 추출된 표본이다)

가설의 판정

- 검정통계량>한계값, 혹은 p값<α라면 귀무가설을 기각하고 대립가설을 채택한다.

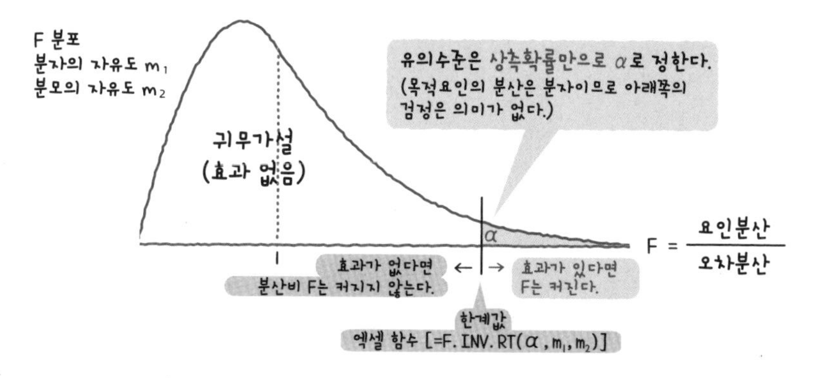

연습 사례의 수확량에 대한 비료 효과를 5% 유의수준으로 검정해 보자.
그러면 관측값에서 계산된 검정통계량(19)은 한계값(9.55)보다 크기 때문에 비료 효과는 있다고 할 수 있다. p값을 계산해도 (1.98%), α보다 작다는 것을 확인할 수 있을 것이다.

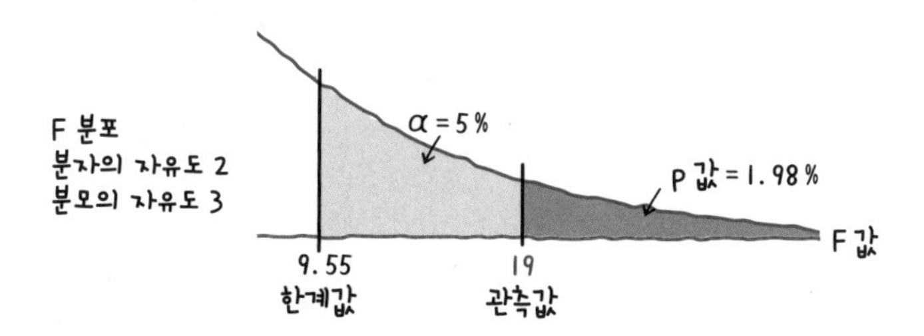

분산분석의 검정통계량(test statistic for ANOVA) ••• 목적이 되는 요인에 의해 생기는 데이터의 불편분산을 분자로 하고, 오차에 의해 생기는 불편분산(오차분산)을 분모로 한 F 값을 말한다. 상측확률만의 편측검정이 된다.

6 | 2

여러 집단의 등분산검정

바트레트 검정

분산분석도 등분산을 전제로 하고 있으므로, 먼저 검정해 두는 것이 바람직하다.

가설

귀무가설 $H_0 : \sigma_1^2 = \sigma_2^2 = \sigma_3^2$ → 각 집단의 모분산에는 차이가 없다(등분산).
대립가설 $H_1 : \sigma_1^2 \neq \sigma_2^2 \neq \sigma_3^2$ → 각 집단의 모분산에는 1쌍 이상으로 차이가 있다(이분산).

검정통계량

- x^2 분포를 따르는 '전체 집단의 분산의 치우친 정도'를 검정통계량으로 한다.

① 분산의 치우친 정도를 구한다. n_j는 집단 j의 데이터 수, $\hat{\sigma}_j^2$는 집단 j의 불편분산, ln은 자연대수이다.

$$\Sigma (n_j-1)\ln \frac{\Sigma (n_j-1)\hat{\sigma}_j^2}{\Sigma (n_j-1)} - \Sigma (n_j-1)\ln \hat{\sigma}_j^2$$

② 데이터 수에 따라 치우침의 정도도 커지기 때문에 이것을 보정할 계수를 구한다.

$$1+\frac{1}{3(j-1)}\left(\Sigma\frac{1}{n_j-1} - \frac{1}{\Sigma\frac{1}{n_j-1}}\right)$$

③ 치우침의 정도를 보정계수로 나누면 자유도가 j−1인 x^2 분포를 따르는 통계량이 된다.

연습 사례(비료와 수확량)의 등분산성을 검정해 보자(5% 유의수준).

① 분산의 치우친 정도 : $(1+1+1)\ln\frac{(1\times 2 + 1\times 8 + 1\times 8)}{(1+1+1)} - (\ln2+\ln8+\ln8) = 0.5232$

② 보정계수 : $1+\frac{1}{3(3-1)}\left\{\left(\frac{1}{1}+\frac{1}{1}+\frac{1}{1}\right) - \frac{1}{\left(\frac{1}{1}+\frac{1}{1}+\frac{1}{1}\right)}\right\} = 1.4444$

③ 검정통계량 : 귀무가설하에서 x^2 값 = 0.5262 ÷ 1.4444 = 0.3622

④ 검정 결과 : 자유도가 2인 x^2 분포에 있어서 상측확률 5%의 한계값은 5.991이므로 각 집단의 분산이 같다고 하는 귀무가설은 기각할 수 없다(p값 = 0.8343).
따라서 사례의 데이터에 분산분석을 적용하는 데 문제는 없다.

바트레트 검정(Bartlett's test) ••• 분산분석에서는 각 그룹 간의 분산이 같다고 가정되어 있기 때문에 등분산을 귀무가설로 한 본 검정을 실시하는 것이 바람직하다. 이 외에도 정규성의 전제가 까다롭지 않은 루벤 검정이 있다.

HELLO I AM...

로널드 피셔

Ronald Aylmer Fisher (1890~1962)

통계학을 배운 사람들에게 '가장 위대한 통계학자 한 사람을 말해 보라'고 하면 누구나 피셔를 꼽지 않을까? 피셔는 이 장에서 소개한 분산분석뿐 아니라 가설검정이나 p값, 자유도라는 현대의 추측통계학에 없어서는 안 되는 방법과 개념, 그리고 모수추정법의 하나인 최대우도법을 생각해냈다.

1890년 런던 이스트핀칠리에서 태어난 피셔는 어려서부터 수학을 좋아했다. 의사가 야간 독서를 금지할 정도로 심한 근시인데다 병약했지만, 6세경부터 수학과 천문학에 관심을 가졌고 난해한 수리통계학 문제를 해결하는 데 몰두했다. 그 후 부모의 가업이 파탄나자 장학금을 받고 1909년에 케임브리지대학에 입학했고, 학생시절부터 몇몇 뛰어난 논문을 발표했다. 피셔의 통계학상 업적이 꽃을 피운 것은, 칼 피어슨의 제의를 거절하고 영국 로담스테드 농업시험장 통계연구실에서 일하던 때다(1919년~1933년). 피셔에게 주어진 일은 고수확량 품종과 효과 있는 비료를 선택하는 일이었다. 그는 그때까지 90년에 걸쳐 시험장이 축적해온 데이터를 조사한 결과, 비료의 효과보다도 기후 등의 영향이 크며 더구나 교락(交絡)되어 있기 때문에 이들 데이터가 쓸모없다는 것을 밝혀냈다. 교락이란 두 개 이상의 요인효과가 혼합되어 있어 어느 쪽이 결과에 영향을 미쳤는지 알 수 없는 것을 말한다. 이런 경험을 한 후 피셔는 마구 데이터를 모을 것이 아니라 효과를 확인할 수 있게 사전에 계획된 실험을 해야 한다고 역설했다.

그런데 피셔는 상당히 공격적인 성격의 소유자로도 알려져 있다. 칼 피어슨과의 평생에 걸친 불화는 유명하다. 그 불씨는 피어슨이 참여한 학회지 『Biometrika』에 피셔가 투고한 2권째의 논문이 게재되지 않은 데서 시작되었다. 피셔의 논문 내용이 지나치게 수학적이어서 피어슨이 이해하지 못했는지도 모른다.

애연가였던 피셔는 만년에 흡연과 폐암의 인과관계를 주장하는 연구에 계속 의문을 보인 것으로도 유명하다. 피셔는 이들 연구 데이터가 부족한데다 암에 걸리기 쉬운 유전자와 담배를 좋아하는 유전자가 교락되어 있을 가능성이 있다고 지적했다. 사실 이 연구에는 피셔가 가장 싫어하는 베이즈 통계학이 사용되었고 담배회사의 지원을 받았다…. 물론 현재는 담배와 폐암의 사이에 인과관계가 있다는 것이 증명되었다.

6 | 3

개체 차이를 고려한다

대응이 있는 일원배치 분산분석

각 조건하에서 동일 개체를 측정하는 경우에는 대응이 있는 일원배치 분산분석을 실시해야 개체 차이가 고려된 검정을 할 수 있다.
다만, 개체 차이가 작은 경우에는 요인효과를 검출하기 어려울 수도 있다.

대응이 있는 일원배치	집단1	…	집단j	개체평균
개체 1	x_{11}	…	x_{1j}	$\bar{x}_{1.}$
⋮	⋮	⋱	⋮	⋮
개체 i	x_{i1}	…	x_{ij}	$\bar{x}_{i.}$
집단평균	$\bar{x}_{.1}$	$\bar{x}_{.2}$	$\bar{x}_{.j}$	$\bar{x}_{..}$

개체 차이에 의한 분산

대응이 없는 경우의 군내변동(오차에 의한 분산)은 개체 차이에 의한 변동(피험자 간 변동)을 포함하고 있으나 대응이 있는 경우에는 그것을 제거해야 정밀도를 높일 수 있다.

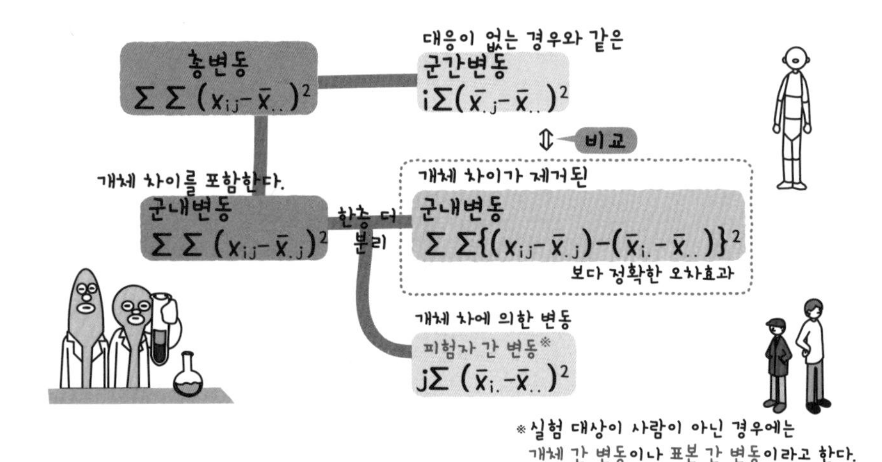

대응이 있는 일원배치 분산분석(one-way ANOVA, repeated measurement) ••• 목적요인이 하나이고, 동일 개체를 각 조건 아래에서 측정하는 데이터에 실시하는 분산분석. 개체 차이가 큰 경우에는 보다 높은 정밀도를 기대할 수 있다.

▶▶▶ 피험자 간 변동의 계산

사례 : 요산 생산 억제약과 요산값(mg/dl)의 관계

	투약 없음	투약 1회째	투약 2회째	피험자 평균
A씨	22	13	4	13
B씨	18	9	6	11
집단평균	20	11	5	총 평균 12

- 각 피험자의 평균 분산을 개인차에 의한 변동이라고 생각할 수 있다(자유도는 피험자 수－1이 된다).
- 피험자 평균(13과 11)에서 총평균(12)을 빼고 편차를 구해 제곱한다. 개인차만의 변동이므로 모든 집단이 같다고 본다.

	투약 없음	투약 1회째	투약 2회째
A씨	$(13-12)^2$	$(13-12)^2$	$(13-12)^2$
B씨	$(11-12)^2$	$(11-12)^2$	$(11-12)^2$

→ 피험자 간 변동 =1+1+1 +1+1+1 =6
자유도=2－1=1

▶▶▶ (대응이 있는 경우의) 군내변동의 계산

- 대응이 없는 경우의 군내변동에서 피험자 간 변동을 빼면 개인차가 제거된 군내변동을 얻을 수 있다. 자유도도 뺄셈이 된다는 점에 주의한다.

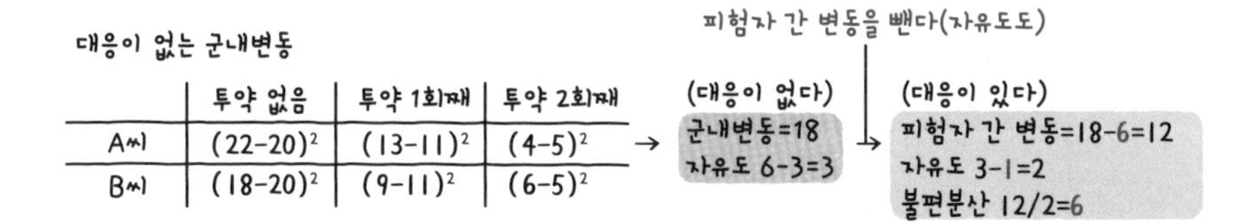

▶▶▶ 검정통계량과 귀무가설의 판정

- 사례의 요인효과인 군간변동(114)은 대응이 없는 경우와 같으므로 귀무가설하에서의 검정통계량 F 값은 114÷6=19가 되고, 5% 유의수준의 한계값인 $F_{(2,2)}$와 값이 같다. 보수적으로 생각하면 귀무가설을 수용하고 약의 효과는 불확실하다고 해 두는 편이 좋을 것이다.

피험자 간 변동(intersubject variation) ••• 개체 차이에서 생기는 데이터의 편차 제곱합이다. 일반적으로 검정 대상이 되지 않는다. 개체 간 변동이나 표본 간 변동이라고도 한다.

6 4

교호작용을 찾아낸다

이원배치 분산분석

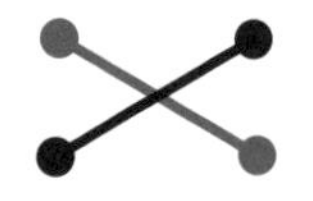

목적이 되는 요인이 둘(이원배치) 이상인 분산분석에서는 각 요인의 주효과 외에 교호작용의 존재에 대해서도 검정할 수 있다.

반복이 있는 이원배치	요인 B 수준1	…	수준j	행의 평균
요인 A 수준1	$x_{111}, \cdots, x_{11k}$	…	$x_{1j1}, \cdots, x_{1jk}$	$\bar{x}_{1..}$
⋮	⋮	⋱	⋮	⋮
수준i	$x_{i11}, \cdots, x_{i1k}$	…	$x_{ij1}, \cdots, x_{ijk}$	$\bar{x}_{i..}$
열의 평균	$\bar{x}_{.1.}$	…	$\bar{x}_{.j.}$	$\bar{x}_{...}$

교호작용을 검정하기 위해서는 각 수준의 조합 내에서 실험을 반복한다. (반복시킬 필요가 있다.) (이 표에서는 k회)

총변동은 요인효과에 의한 변동(군간변동)과 오차효과에 의한 변동(군내변동)으로 나눌 수가 있다. 또한 요인효과에 의한 변동은 각 주효과에 의한 변동(모두 군간변동)과 교호작용에 의한 변동으로 나눌 수가 있다.

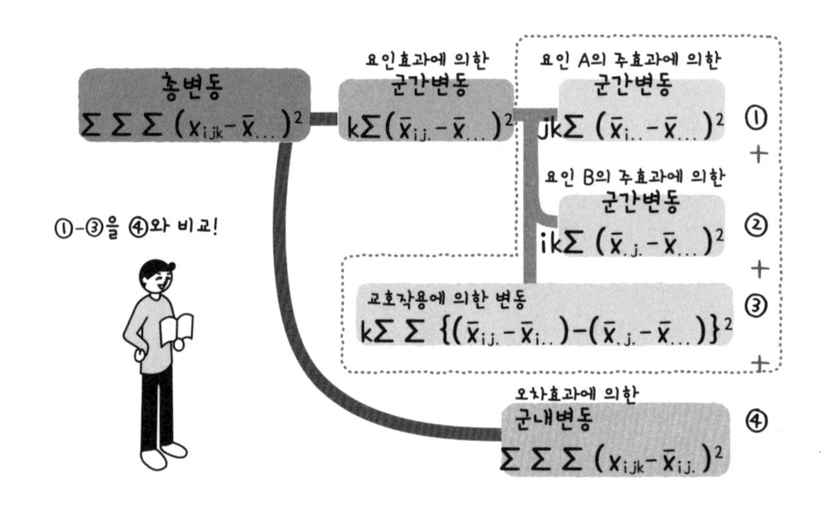

이원배치 분산분석(two-way ANOVA) ••• 목적이 되는, 즉 실험에서 실증하고 싶은 요인이 둘인 경우의 분산분석이다. 일원배치에 비해 두 요인의 교호작용을 검정할 수 있는 점이 특징이다.

▶▶▶ 교호작용

- 한쪽 요인이 취하는 수준에 따라 다른 한쪽 요인이 받는 요인의 조합 효과를 말하는 것으로 상승효과와 상쇄효과가 있다.
- 아래와 같이 관측값을 세로축으로 하고, 다른 한쪽의 요인을 가로축으로 해서 그래프로 나타내면 교호작용이 있을 경우(핑크색 배경)의 선은 평행이 되지 않는다.

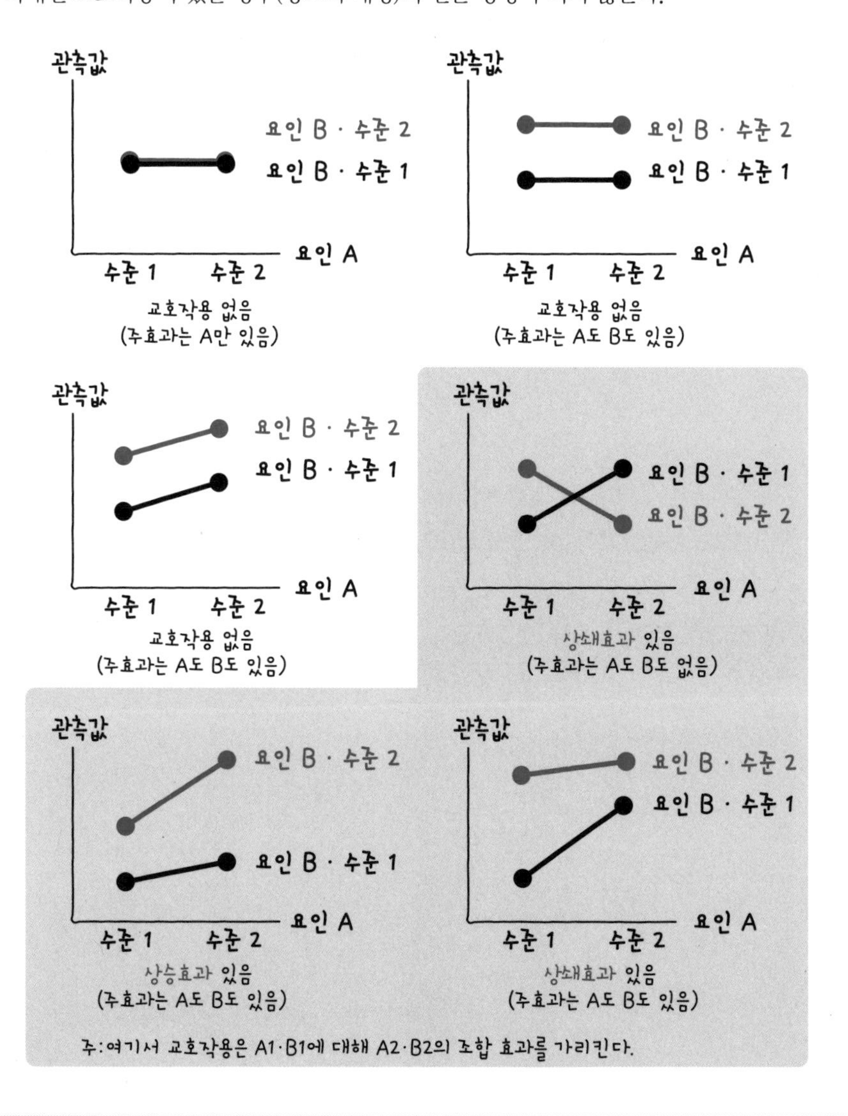

교호작용(interaction effect) ••• 여러 요인 사이에서 특정 수준이 조합되었을 때 생기는 상승이나 상쇄효과를 말한다.
주효과(main effect) ••• 각 요인이 발휘하는 효과. 이원배치 이상에서 사용하는 용어이다.

▶▶▶ 요인효과에 의한 (군간) 변동의 계산

이원배치분산용
연습용 데이터

		요인 B 수준1	요인 B 수준2	행의 평균
요인 A	수준1	0	8	5
		2	10	
	수준2	6	9	9
		8	13	
	열의 평균	4	10	총평균 7

각 수준의 조합 내에서 실험을 2회 반복한다. (반복이 있는 이원배치 분산분석)

교호작용을 검정하지 않는다면 반복할 필요는 없다.

- 먼저 주효과와 교호작용을 합친 '요인효과'에 의한 변동을 계산한다. 이를 위해서는 오차 이외의 요인에 의한 변동을 생각해야 한다.
- 만약 오차가 없다면 요인 A와 요인 B의 각 수준의 조합 내 값은 모두 같을 것이다.

요인 A·B의 각 수준의 조합 평균 (1, 7, 9, 11)에서 총평균(7)을 빼고 제곱한다.

		요인 B 수준1	요인 B 수준2
요인 A	수준1	$(1-7)^2$	$(9-7)^2$
		$(1-7)^2$	$(9-7)^2$
	수준2	$(7-7)^2$	$(11-7)^2$
		$(7-7)^2$	$(11-7)^2$

요인 A의 수준2와 요인 B의 수준1의 조합실험의 관측값인 6과 8의 평균값

요인효과에 의한 변동 = 112
자유도 = 4 − 1 = 3

↑ 요인 A의 수준 수(2) × B의 수준 수(2) −총평균의 수(1)

※그 이후에 각 주효과와 교호작용으로 분해되므로 불편분산까지 구할 필요는 없다

반복이 있는 분산분석(ANOVA with replication) ••• 교호작용을 검정할 때는 각 수준의 조합 내에서 실험을 두 번 이상 반복할 필요가 있다. 영어로는 '대응 있음'의 repeated measurement와 혼동하지 않도록 주의한다.

▶▶▶ 요인 A의 주효과에 의한 (군간) 변동의 계산

- 데이터 분산의 원인이 요인 A의 주효과뿐이라면 요인 A의 각 수준 내 값은 모두 같을 것이다.

① 요인 A의 각 수준(행)에서 행의 평균에서 총평균을 빼고 제곱한다.

요인 A			
	수준1	$(5-7)^2$	$(5-7)^2$
		$(5-7)^2$	$(5-7)^2$
	수준2	$(9-7)^2$	$(9-7)^2$
		$(9-7)^2$	$(9-7)^2$

→ ② 왼쪽에서 계산한 편차의 제곱을 모두 더한 값이 요인 A의 주효과에서 생긴 변동이 된다.

$16+16=32$

수준1 수준2 주효과에 의한 변동

→ ③ 자유도로 나눈 불편분산을 계산하면, 통계량의 분자가 된다.

$32/(2-1)=32$

자유도 : 수준 수 2 - 총평균 수 1

▶▶▶ 요인 B의 주효과에 의한 (군간) 변동의 계산

- 데이터 분산의 원인이 요인 B의 주효과뿐이라면 요인 B의 각 수준 내 값은 모두 같을 것이다.

① 요인 B의 각 수준(열)에서 열의 평균에서 총평균을 빼고 제곱한다.

요인 B	
수준1	수준2
$(4-7)^2$	$(10-7)^2$
$(4-7)^2$	$(10-7)^2$
$(4-7)^2$	$(10-7)^2$
$(4-7)^2$	$(10-7)^2$

→ ② 왼쪽에서 계산한 편차의 제곱을 모두 더한 값이 요인 B의 주효과에서 생긴 변동이 된다.

$36+36=72$

수준1 수준2 주효과에 의한 변동

→ ③ 자유도로 나눈 불편분산을 계산하는, 통계량의 분자가 된다.

$72/(2-1)=72$

자유도 : 수준 수 2 - 총평균 수 1

▶▶▶ 교호작용에 의한 변동 계산

- 요인효과에 의한 변동에는 요인 A · B의 주효과에 의한 변동도 포함되므로 거기서 요인 A · B의 변동을 뺀 값이 교호작용에 의한 변동이 된다(119쪽 ⓐ).
- 자유도도 요인효과의 자유도에서 요인 A · B의 주효과 자유도를 뺀다.

$112 - 32 - 72 = 8$ ← 교호작용에 의한 변동

112: 요인효과에 의한 변동 / 32: 요인 A의 주효과에 의한 변동 / 72: 요인 B의 주효과에 의한 변동

자유도 = 3-1-1 = 1
불편분산 = 8/1 = 8

제곱합 타입(types of sums of squares) ••• 요인 변동에서 주효과를 뺀 나머지가 교호작용이 되기 때문에 균형이 맞지 않는 데이터의 경우도 빼는 순서가 영향을 미친다. 이를 조정하는 방법의 종류를 가리킨다(119쪽 칼럼).

▶▶▶ 오차효과에 의한 (군내) 변동의 계산

- 각 수준의 조합 내 값이 분산되어 있는 것은 오차에 의한 효과이다.

각 값에서 요인 A·B의 각 수준의 조합 평균을 빼고 제곱한다.

		요인 B 수준1	요인 B 수준2
요인 A	수준1	$(0-1)^2$	$(8-9)^2$
		$(2-1)^2$	$(10-9)^2$
	수준2	$(6-7)^2$	$(9-11)^2$
		$(8-7)^2$	$(13-11)^2$

총합 →

오차효과에 의한 변동 = 14
자유도 = 8−4 = 4
불편분산 14/4 = 3.5

↑ 검정통계량의 분모가 된다.

▶▶▶ 검정통계량과 귀무가설의 판정

- 요인 A와 요인 B의 주효과, 그리고 교호작용의 세 효과에 대해 검정한다. 어느 쪽도 '효과 없음'이 귀무가설이 된다.
- 세 통계량(F 값)의 자유도는 분모, 분자 모두 1이므로 5% 유의수준의 한계값은 7.7이 된다.

요인 A의 통계량 : 32/3.5 = 9.1 > 5% 한계값 F(1, 1) : 7.7 → 귀무가설은 기각

요인 B의 통계량 : 72/3.5 = 20.6 > 5% 한계값 F(1, 1) : 7.7 → 귀무가설은 기각

교호작용의 통계량 : 8/3.5 = 2.3 < 5% 한계값 F(1, 1) : 7.7 → 기각할 수 없다.

- 이 사례의 요인 A와 요인 B의 주효과 존재는 모두 통계적으로 5% 수준에서 인정되었지만, 교호작용의 존재는 확인되지 않았다.

오른쪽 표는 엑셀에 무료 탑재되어 있는 '분석 도구'인 '분산분석 : 반복이 있는 이원배치'로 사례를 분석한 결과이다. 열은 요인 A, 표본은 요인 B, 관측된 분산비는 검정통계량의 F 값이다.

	A	B	C	D	E	F	G
1	변동요인	변동	자유도	분산	관측된 분산비	P 값	F 경계값
2	표본	32	1	32	9.14	0.04	7.71
3	열	72	1	72	20.57	0.01	7.71
4	교호작용	8	1	8	2.29	0.21	7.71
5	반복오차	14	4	3.5			
7	합계	126	7				

풀링(pooling) ••• 이 책에서는 설명하지 않았지만, 효과가 없다고 판단되는 교호작용 변동이나 자유도를 오차에 더하면 주효과 검정통계량을 크게 할 수 있다. 직교계획법에서는 주효과도 대상이 된다.

교호작용에 의한 변동을 다른 방법으로 구해 보자.

117쪽에서는 교호작용에 의한 변동을, 요인효과에 의한 변동에서 각 주효과에 의한 변동을 빼고 구했으나 114쪽의 식(아래에 다시 제시함)에 따라 구할 수도 있다. 사례를 계산해 보자.

$$k\Sigma\ \Sigma\ \{(\bar{x}_{ij.}-\bar{x}_{i..})-(\bar{x}_{.j.}-\bar{x}_{...})\}^2$$

		요인 B 수준1	요인 B 수준2
요인 A	수준1	$\{(1-5)-(4-7)\}^2$	$\{(9-5)-(10-7)\}^2$
		$\{(1-5)-(4-7)\}^2$	$\{(9-5)-(10-7)\}^2$
	수준2	$\{(7-9)-(4-7)\}^2$	$\{(11-9)-(10-7)\}^2$
		$\{(7-9)-(4-7)\}^2$	$\{(11-9)-(10-7)\}^2$

총합 → 교호작용에 의한 변동 8

사례에서는 어느 조합도 데이터가 2개(반복 횟수가 두 번) 있었으나 실제로는 같은 크기가 되지 않는 경우도 많다(이러한 상황을 언밸런스 또는 불균형이라고 한다).

불균형 데이터를 취급할 경우에는 주의해야 한다. 분산분석이 원래 전제하고 있는 '각 요인은 직교해 있다(무상관이다)'라는 조건이 깨져 버리는 일이 많기 때문이다. 좀더 자세히 말하자면 요인 간에 상관이 있으면 먼저 계산한 요인과 교호작용의 제곱합(변동)이 나중에 계산하는 요인의 제곱합(변동)보다 좀 커져 버린다. 즉, 계산하는 순서에 따라 각 주효과나 교호작용의 검정결과가 달라진다. 계산하는 순번이 영향을 미치지 않도록 상관의 분량을 조정하는 방법이 몇 가지 있다. 그것이 바로 제곱합 타입(Type)인데, I 에서 Ⅳ까지 있다. 사용 방법만 간단히 소개한다.

· 타입 Ⅰ : 계산하는 순서에 영향을 받으므로 잘 사용하지 않는다.
· 타입 Ⅱ : 주효과만 조정하고 교호작용은 조정하지 않는 방법이다.
· 타입 Ⅲ : 주효과와 교호작용 양쪽이 조정되므로 소프트웨어에서는 표준 지정이다.
· 타입 Ⅳ : 결손 셀(데이터가 전혀 없는 조합)이 있는 경우에 사용한다.

6 5

검정을 반복해서는 안 된다

다중성

분산분석에서는 어느 그룹 간의 평균에 차이가 있는지를 알 수 없기 때문에 두 집단의 평균 검정(예를 들면 t 검정)을 반복하고 싶어지겠지만 해서는 안 된다. 동일 실험으로 얻어진 데이터에 대해 검정을 반복하면 비록 하나하나의 검정에서는 5%의 유의수준으로 실시해도 전체로 보면 몇몇 검정에서는 잘못될 확률이 높아지기 때문이다.

분산분석의 결점

- 분산분석에서는 여러 집단의 평균을 비교하지만, 어느 집단 간에 차이가 있는지는 특정할 수 없다(한 쌍이라도 차이가 있으면 귀무가설은 기각된다).

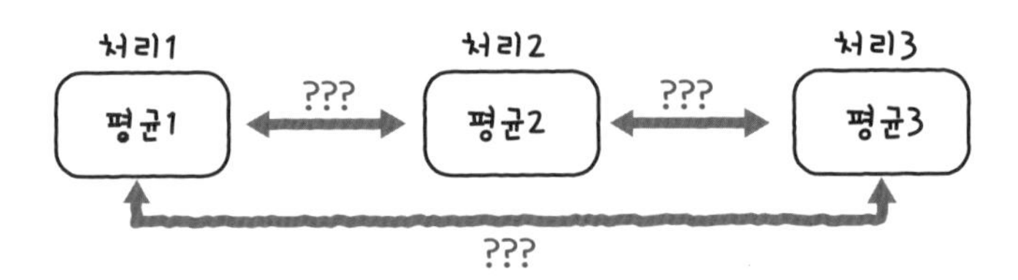

다중비교

- 어느 집단 간의 평균에 차이가 있는지 찾기 위해 '두 집단의 평균 차이 검정'을 각 집단에서 반복(다중비교)하려고 할 수는 있으나 같은 데이터를 가지고 검정을 반복해서는 안 된다.

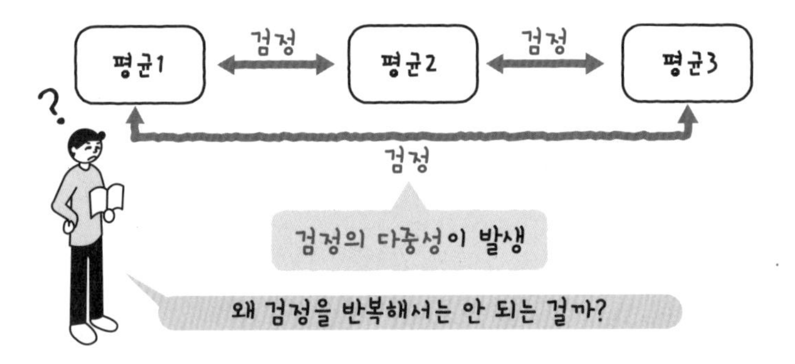

다중비교(multiple comparison) ••• 분산분석은 여러 집단 간의 평균 차이를 검정하는데, 어느 집단 간에 의미 있는 차이가 있는지는 알 수 없다. 그래서 한 쌍씩 평균을 비교해서 의미 있는 차이가 있는 쌍을 특별히 지정하는 것을 다중비교라고 한다.

▶▶▶ 검정의 다중성

- 검정을 반복한다는 것은 동시에 이들의 귀무가설이 기각되는 것을 원한다는 것이다. '동시'라는 것은 확률론적으로는 곱셈을 의미한다.
- 검정 기준이 되는 것은 제1종 과오를 범하지 않을 확률$(1-\alpha)$이므로, 검정을 n회 반복하면 기준이 되는 $(1-\alpha)$도 n제곱되어 작아진다.
- 검정의 기준$(1-\alpha)$이 작아지면 그 보수$(1-(1-\alpha))$였던 유의수준이 커져, 귀무가설이 기각되기 쉽다.

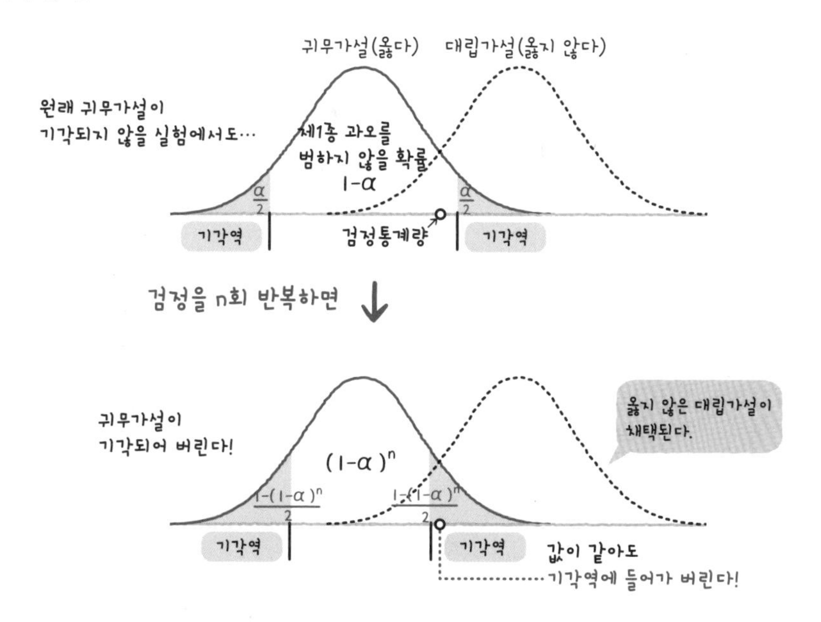

세 집단의 다중비교 예(편측검정)

다중성 문제(multiplicity problem) ••• 같은 데이터 세트에 대해 여러 번 검정을 반복하면 제1종 과오를 범할 확률이 높아진다는 것. 다시 말하면 처음에 생각했던 것보다도 큰 유의수준으로 검정을 하게 된다는 것이다.

6 | 6

반복할 수 있는 검정(다중비교법) ①

본페로니법과 셰페법

같은 데이터에 대해 검정을 반복하고 싶은 경우에는 다중비교법을 이용한다.
다중비교법은 검정 다중성의 보정 대상에 따라 20종류 이상 되는데, 크게 세 가지로 분류할 수 있다.

다중성 보정 타입

- 검정을 반복해도 검정통계량이 기각역에 쉽게 들어가지 않도록 엄격하게 만든 보정 방법은 대상에 따라 크게 세 가지로 분류할 수 있다.

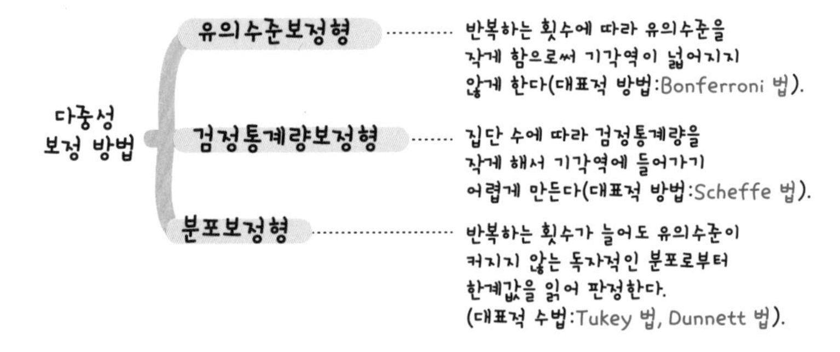

본페로니(Bonferroni)법(유의수준을 보정)

- 미리 반복 횟수(비교 대상 수)로 나눈 유의수준으로 검정하는 방법이다.
- ABC 세 집단의 경우, AB, AC, BC 세 쌍을 비교하기 때문에 원래의 α를 3으로 나눈 새로운 α'로 검정한다(오른쪽 그림).
- 방법이 아주 간단해서 수동으로도 쉽게 실행할 수 있고, 통계량 자체는 관계없기 때문에 대응이 있는 데이터나 질적 데이터에도 사용할 수 있다.
- 다섯 집단을 초과하면 너무 보수적이 되는 결점도 있다.

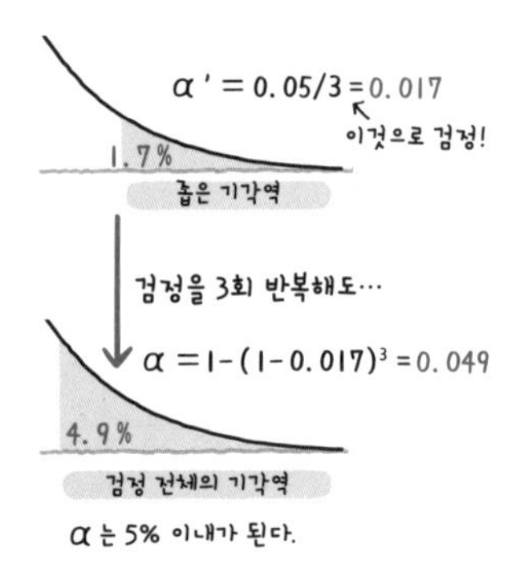

본페로니법(Bonferroni's method) ••• 미리 유의수준을 반복하는 수로 나눠 작게 수정해 둠으로써, 검정을 반복해도 유의수준이 처음에 상정한 기준 내에 머물게 하는 방법이다.

▶▶▶ 셰페(Scheffe)법(검정통계량을 보정)

- 본페로니법처럼 집단 간을 한 쌍씩 비교(쌍대비교)하는 것이 아니라 여러 집단을 정리해서 두 집단으로 나누고, 이들을 비교한다(대비).
- 검정통계량(F값)의 분자를 '집단수－1'로 나눈다.
- 한계값을 F(1, ∞;α)로 하면 순위 데이터에도 이용할 수 있다.

▶▶▶ 대비

- 대비란 집단 수가 j이고, 각 집단의 모평균을 μ_i라고 했을 경우, 아래의 형태로 정의된다.

여기서 c_j는 각 집단에 걸친 상수(대비계수)로 이것을 적당하게 정해두면 대비의 총합을 제로로 해서 여러 귀무가설을 표현할 수 있다.

예를 들면, 아래와 같은 대비를 생각할 수 있다.

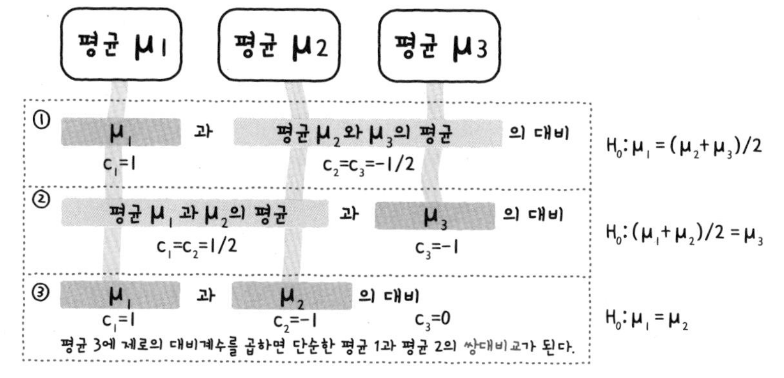

※대비계수에 따라 이외에도 무수히 많은 대비를 생각할 수 있는데, 일반 소프트웨어에서는 (③과 같은) 대비의 조합밖에 검정하지 않는다.

▶▶▶ 셰페(Scheffe)법의 검정통계량

- 아래의 검정통계량 F를 임계값인 F(j－1, n－j;α)와 비교한다. j는 집단 수, $\bar{x}_j$는 j집단의 평균, $\hat{\sigma}_e^2$는 불편오차분산, n_j는 집단 j의 표본 크기, N은 전표본 크기이다.

$$F = \frac{(\Sigma c_j \bar{x}_j)^2 / (j-1)}{\hat{\sigma}_e^2 \Sigma c_j^2 / n_j}$$

(j-1) ← 엄격화

다만 $\hat{\sigma}_e^2 = \frac{\Sigma(n_j-1)\hat{\sigma}_j^2}{N-j}$, $\hat{\sigma}_j^2 = \frac{\Sigma(x_{ij}-\bar{x}_j)^2}{n_j-1}$

셰페법(Scheffe's method) ••• 여러 집단을 두 집단으로 정리해서 비교(대비)하는 방법이다. 원래는 무수히 많은 조합을 대상으로 할 수 있다. 검정통계량(F 값)의 분자를 '집단 수－1'로 나눠 만들었다.

6 | 7

반복할 수 있는 검정(다중비교법) ②

튜키법과 튜키·크레이머법

두 집단의 t 검정을 여러 집단에도 사용할 수 있게 만든 방법이다.
검정통계량인 t값을 스튜던트화된 범위의 분포로부터 q(한계값)와 비교한다.
불균형인 경우에도 사용할 수 있도록 개선한 방법이 튜키·크레이머 법이다.

▶▶▶ 튜키(Tukey)법의 검정통계량

- 집단 1과 집단 2의 쌍대비교 경우에서, 어느 집단도 표본 크기는 n으로 같은 경우의 검정통계량은 대응이 없는 두 집단의 평균 차이에 대한 t 검정을 조금 변형한 내용이다.

$$t_{\bar{x}_1-\bar{x}_2}=\frac{\bar{x}_1-\bar{x}_2}{\sqrt{\dfrac{\hat{\sigma}_e^2}{n}}}$$

모든 집단에 공통의 불편분산, 즉 분산분석의 검정통계량 F 값의 분모가 되는 불편오차분산

▶▶▶ 한계값(q값)

- 다중비교에서는 몇 개의 쌍대비교를 실시하는데, 가장 큰 평균의 집단과 가장 작은 평균의 집단을 비교할 때 검정통계량이 가장 커진다. 이 쌍의 통계량 분포가 스튜던트화된 범위의 분포이며, 거기서부터 도출된 한계값을 q라고 한다.

$$q=\frac{\bar{x}_{최대}-\bar{x}_{최소}}{\sqrt{\hat{\sigma}_e^2/n}}$$

모든 쌍에 이 범위의 분포를 사용하고, 임의의 유의확률 한계값으로 하면 빈틈없는 검정이 된다.

튜키법(Tukey's test) ••• 가장 일반적인 다중비교법으로, 불편오차분산을 사용한 검정통계량 t값을 '스튜던트화된 범위의 분포'에서 도출한 q값을 한계값으로 해서 검정한다.

▶▶▶ 튜키(Tukey)법의 판정

- 전용 분포표(277쪽)에서 임의의 유의확률(보통은 $\alpha = 5\%$)로 취한 q(자유도 ν는 전표본 크기 N − 집단수 j)를 한계값으로 해서 모든 쌍의 검정통계량을 판정하면 가장 빈틈없는 검정이 된다.

Tukey 법의 검정통계량 (t의 절댓값)	← 비교 → (>로 귀무가설을 기각)	한계값(부록의 q분포표에서 읽는다)

▶▶▶ 튜키・크레이머(Tukey-Kramer)법의 검정통계량(불균형도 OK)

$$t_{\bar{x}_1 - \bar{x}_2} = \frac{\bar{x}_1 - \bar{x}_2}{\sqrt{\hat{\sigma}_e^2 \left(\frac{1}{n_1} + \frac{1}{n_2}\right)}}$$

쌍대비교하는 양 집단의 표본 크기로 불편오차분산을 가중한다.

한계값(q)의 수정

Tukey 법의 유의 판정

$$\frac{|\bar{x}_1 - \bar{x}_2|}{\sqrt{\hat{\sigma}_e^2 / n}} > q$$

↓ 양쪽 분모를 $\sqrt{2}$로 나눈다.

Tukey-Kramer 법에서, 두 집단의 표본 크기가 같은 경우의 유의 판정

$$\frac{|\bar{x}_1 - \bar{x}_2|}{\sqrt{2\hat{\sigma}_e^2 / n}} > \frac{q}{\sqrt{2}}$$

불균형일 때도 $\sqrt{2}$로 나눈 한계값을 유용한다.

▶▶▶ 튜키・크레이머(Tukey-Kramer) 법의 판정

Tukey-Kramer 법의 검정통계량(t의 절댓값)	← 비교 → (>로 귀무가설을 기각)	한계값(부록의 q분포표에서 읽은 값을 $\sqrt{2}$로 나눈다)

스튜던트화된 범위란?

'스튜던트화된 범위의 분포'라는 말 자체가 이해하기 어려울 수 있다. 스튜던트화란 t 분포에서 생긴 준표준화를 말한다. 그러니까 이 분포는 가장 강한 검정이 되는 최대의 범위를, 불편표준오차로 나눈 값의 분포라고 보면 된다. 물론 이 분포의 함수도 정의되어 있지만 너무 어려우므로 이 책에서는 생략한다. F 분포와 비슷한 형태를 취한다고 알아두면 좋다.

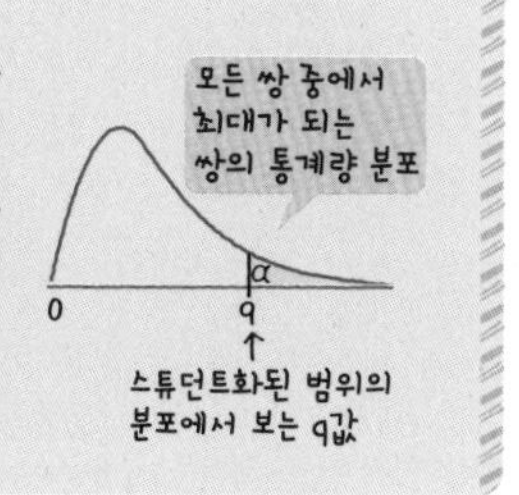

튜키・크레이머법(Tukey−Kramer method) ••• Tukey 법을 불균형 데이터에도 사용할 수 있도록 개선한 다중비교법이다. 다만 q분포표에서 한계값을 읽을 때 $\sqrt{2}$로 나누어야 한다.

사료 첨가물과 소의 성장 속도

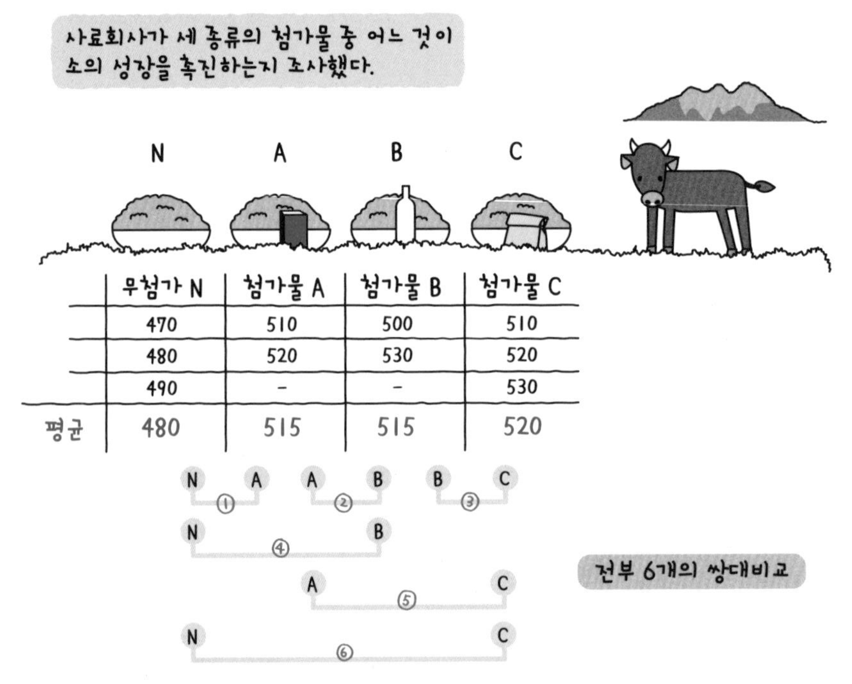

	무첨가 N	첨가물 A	첨가물 B	첨가물 C
	470	510	500	510
	480	520	530	520
	490	-	-	530
평균	480	515	515	520

이 데이터에 '대응이 없는 두 집단의 평균 t 검정'을 6회 실시하면…

t값	A	B	C
N	4.2*	2.6	4.9**
A		0.0	0.6
B			0.4

주 : *는 $p < 5\%$, **는 $p < 1\%$

대조군 집단인 무첨가 N과 첨가물 A, 마찬가지로 N과 C와의 사이에도 유의차가 있다는 것이 검출되었다!

따라서 A나 C 중 어느 한쪽의 첨가물(예를 들면 비용이 적은 쪽)을 채용하게 될 것이다.
그러나 이 검정에서는 다중성이 발생할지도 모른다.

스튜던트화된 범위의 분포(studentized range distribution) ••• 모든 쌍 중에서 평균의 차이(범위)가 가장 커지는 쌍의 통계량 분포이다.

연습 사례의 6쌍 중, 무첨가 N과 첨가물 A의 쌍에 튜키 · 크레이머법을 실시해 보자. 물론 다른 쌍도 같은 방법으로 계산할 수 있다.

① 우선은 군내변동의 불편분산(오른쪽의 식)을 모두 네 집단으로 해서 계산한다.

$$\hat{\sigma}_j^2 = \frac{\Sigma(x_{ij} - \bar{x}_j)^2}{n_j - 1}$$

$$\hat{\sigma}_N^2 = \frac{\Sigma(x_{iN}-480)^2}{3-1} = 100 \qquad \hat{\sigma}_A^2 = \frac{\Sigma(x_{iA}-515)^2}{2-1} = 50$$

$$\hat{\sigma}_B^2 = \frac{\Sigma(x_{iB}-515)^2}{2-1} = 50 \qquad \hat{\sigma}_C^2 = \frac{\Sigma(x_{iC}-520)^2}{3-1} = 100$$

② 각 군내변동의 불편오차분산을 대입해서 전체의 불편오차분산 $\hat{\sigma}_e^2$을 계산한다.

$$\hat{\sigma}_e^2 = \frac{\Sigma(n_j-1)\hat{\sigma}_j}{N-j} = \frac{\Sigma(n_j-1)\hat{\sigma}_j}{10-4} = 150$$

오차의 자유도(ν) : 전표본 크기 N에서 집단 수 j를 뺀 값

③ 전체의 불편오차분산을 대입해서 검정통계량을 계산한다.

$$t_{\bar{x}_1-\bar{x}_2} = \frac{\bar{x}_A - \bar{x}_N}{\sqrt{\hat{\sigma}_e^2\left(\frac{1}{n_A}+\frac{1}{n_N}\right)}} = \frac{515-480}{\sqrt{150\left(\frac{1}{2}+\frac{1}{3}\right)}} = 3.1$$

④ 검정통계량을 q분포표의 값($\div\sqrt{2}$)과 비교한다.

집단 수(j)가 4, 오차 자유도(ν)가 6인 q분포표(277쪽)의 값과 통계량 3.1을 비교한다. 5%의 q분포표의 값은 4.896이지만, 이것을 $\sqrt{2}$로 나눈 3.462를 한계값으로 한다. 3.1은 3.462보다 작으므로 유의차는 검출할 수 없다.

같은 방법으로 전체를 비교하면 아래와 같다.

t값	A	B	C
N	3.1	3.1	4.0*
A		0.0	0.4
B			0.4

주 : *는 p<5%

모평균에 차이가 있다고 말할 수 있는 것은 N과 C의 집단 뿐이었다. 즉, 첨가물 A는 채용하지 않는 것이 좋다.

q값(q, Q) ••• 스튜던트화된 범위의 분포를 따르는 통계량이다. 통계량이 최대가 되는 쌍의 한계값(즉 q값)을 다른 쌍의 검정에도 사용하면 가장 엄격한 기준으로 검정하게 된다.

6 | 8

반복할 수 있는 검정 (다중비교법) ③

던넷법

대조군과 쌍대비교하기만 하면 되는 경우에는 유의차를 검출하기 쉬워진다. 다만 전용표가 무수히 많아 실제로는 소프트웨어를 사용한다.

126쪽의 사례	무첨가 N	첨가물 A	첨가물 B	첨가물 C
평균	480	515	515	520

N N N ① A ② B ③ C

대조군과 유의차가 있는지 없는지만 알고 싶은 경우에 사용

▶▶▶ 가설

- 귀무가설 : $\mu_N = \mu_A$, $\mu_N = \mu_B$, $\mu_N = \mu_C$ ← 비교하는 쌍이 6에서 3으로 줄기 때문에 다중성이 경감된다.

- 대립가설 : 비교 대상이 대조군뿐이므로 세 패턴을 생각할 수 있다.
  - 패턴 1 (양측검정) $\mu_N \neq \mu_A$, $\mu_N \neq \mu_B$, $\mu_N \neq \mu_C$
  - 패턴 2 (편측검정) $\mu_N > \mu_A$, $\mu_N > \mu_B$, $\mu_N > \mu_C$
  - 패턴 3 (편측검정) $\mu_N < \mu_A$, $\mu_N < \mu_B$, $\mu_N < \mu_C$

  } 편측검정이 되기 때문에 패턴 1보다 유의차가 나오기 쉽다.

▶▶▶ 검정통계량과 판정

- 검정통계량은 튜키·크레이머법과 완전히 같다.
- 비교할 쌍의 수가 튜키·크레이머법과는 다르므로 던넷(Dunnett) 법 전용표에서 한계값을 읽어들일 필요가 있다. 전용표는 여러 수의 쌍대비교 통계량 사이에 발생하는 상관계수 분을 나누고 뺌으로써 다중성이 보정된다. 따라서 전용표는 예를 들면 유의수준이 같은 5%이라도 양쪽/상측의 차이뿐만 아니라 상관계수마다 무수하게 존재한다(따라서 이 책에는 게재하지 않는다).
- 아래에는 126쪽의 사례를 패턴 1의 대립가설로 검정한 결과이다. ABC 모든 집단과 N집단 사이에 유의차가 인정되었다.

t값	A	B	C
N	3.1※	3.1※	4.0※

주 : ※는 $p < 5\%$

모든 집단은 같은 크기의 상관계수

$$\rho = \frac{n_2}{n_2 + n_1}$$

던넷법(Dunnett's test) ••• 대조군과 처리군의 비교만 한다. 기본적으로는 튜키 법과 같지만, 집단 간 표본 크기가 달라 계산된 상관계수별로 검정표가 준비되어 있어야 한다.

칼럼

처음부터 두 집단이었던 것으로 하면? (& 최적의 다중비교 방법 선택)

"맨 처음부터 (차이를 검출할 수 있는) 두 집단만 있었던 것으로 하면 좋지 않을까요?" 다중비교법을 가르치다 보면 곧잘 이런 질문을 받는다. 그 기분은 충분히 알지만 미리 이런 이런 내용으로 한다고 말하고, 그대로 실시하는 것이 실험이다. 그러니까 실험이 끝난 후에 유의차를 찾아볼 수 없었던 집단만을 '없었던 것으로 한다'고 선언하는 것은 있을 수 없는 편법이며 속임수다.

이 장에서는 기본적인 다중비교법만 소개했지만, 최근 통계분석용 소프트웨어에는 20가지가 넘는 방법이 탑재되어 있어, 어느 것을 사용해야 좋을지 모를 때가 많다. 하지만 모두 다 검출력이 떨어지는 장면에서도 사용할 수 있게 개선되어 있으므로 크게 고민할 필요는 없다. 어떤 간이 소프트웨어에도 Tukey-Kramer 법이 수록되어 있고, Bonferroni 법이라면 한계값을 분포표에서 엄격한 유의수준으로 읽기만 하면 되기 때문에 어느 것을 사용해도 문제가 되지 않는다. 다만, Bonferroni 법은 다섯 집단을 넘으면 너무 복잡해지므로 주의가 필요하다. 그리고 만약 R-E-G-W의 Q(F)라는 어려운 이름의 방법이 탑재되어 있다면, 이것이 스텝와이즈법이라는 검출력이 가장 높은 방법이므로 우선 권하고 싶다. 그리고 다중성이 조정되어 있지 않은(Waller-)Duncan과 student-Newman-Keuls가 탑재되어 있는 소프트웨어도 있는데, 이것은 사용하지 않는 것이 좋다.

끝으로, Tukey-Kramer 이외의 방법에 대해서 아래의 표에 정리해 둔다. 참고하기 바라며, 대개 왼쪽에 위치하는 수법일수록 검출력이 높다고 할 수 있다.

대조군과의 비교	Williams※1	Dunnett	Holm	Bonferroni	Scheffe
이(異)분산※2	Tamhane의 T2	Games-Howell	Dunnett 의 T3(C)		
대응 있음※3	Sidak	Holm	Bonferroni		
순위 데이터※4	Shirley-Williams※1	Steel (-Dwass)	Holm	Bonferroni	Scheffe

※1 : 집단 간에 단순하고 변화가 없는 성질($\mu_1 < \mu_2 < \mu_3$ 등)이 상정되는 경우에 사용한다.

※2 : 다른 다중비교법은 모든 집단의 분산이 비슷하다는 점이 상정되어 있다.

※3 : 이들 이외의 다중비교법은 집단 간에 '대응이 있는' 경우에는 적합하지 않다.

※4 : 순위 데이터 검정 방법을 비모수 통계이라고 한다.

이 데이터는 비모수 통계를 따른다.

제7장

비모수 통계

7 | 1

분포에 의존하지 않는 검정

비모수 검정

'모집단이 특정의 확률분포를 따른다'고 하는 전제가 필요 없는 통계방식을 통틀어 이르는 말이다. 일반적으로는 '비모수'라는 약칭으로 불린다.

▶▶▶ 모수 검정과 비모수 검정

- 모수 검정인 t 검정이나 분산분석은 모집단이 정규분포를 따른다는 전제가 있는 경우이므로 귀무가설하에서 실험 결과가 일어나는 확률을 계산할 수 있었다.

t 검정의 개념도
(실제로는 평균의 차이를 취한 분포로 검정한다.)

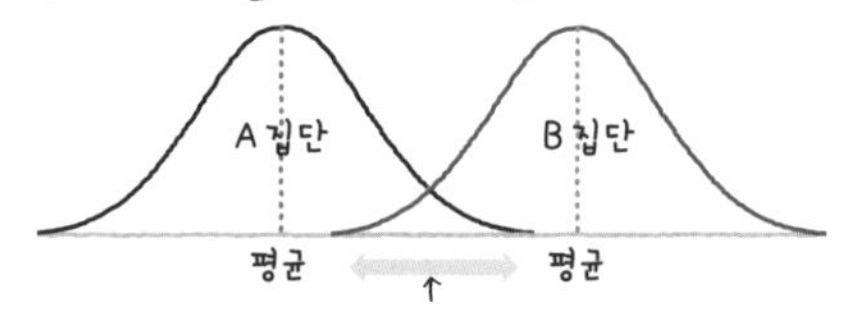

양쪽 다 정규분포(또는 등분산)를 따르면 평균값에서 벗어난 값 정도에 따라 양 집단이 같은지 아닌지 판정할 수 있다.

모집단에 아무런 확률분포도 전제할 수 없다면…

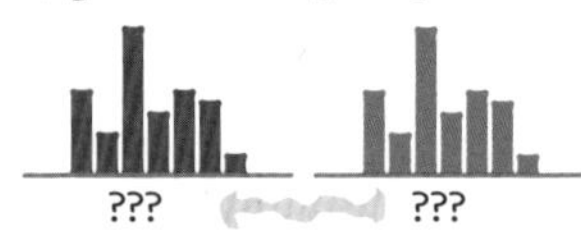

분포의 형태가 분명하지 않으면 양 집단의 평균값에서 벗어난 값 정도를 평가할 방법이 없다(원래 질적 데이터 등은 평균을 계산할 수 없다).

어떤 분포 상태인지 모르면 양쪽 집단이 가까운지 떨어져 있는지 조사할 수가 없잖아요.

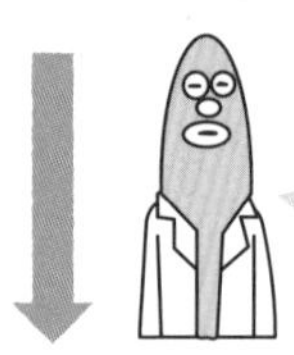

모집단의 분포에 의존하지 않는 검정방법이 필요하지!

(귀무가설하에서) 실험결과가 일어날 확률을 '간접적'으로 계산하는 비모수 방식으로 검정한다.

모수 검정(parametric methods) ••• 모집단이 특정 확률분포를 따른다는 전제가 되어 있는 통계 방식을 통틀어 이르는 말이다. 예를 들면 t 검정이나 분산분석에서는 모집단이 정규분포를 따를 필요가 있다.

비모수 검정이 유효한 경우 ① : 질적 데이터의 경우

명목 척도나 순서 척도에서 측정된 질적 데이터의 경우,
애초에 취할 값이 확률변수가 아니기 때문에 확률분포를 모집단에 가정할 수가 없다.

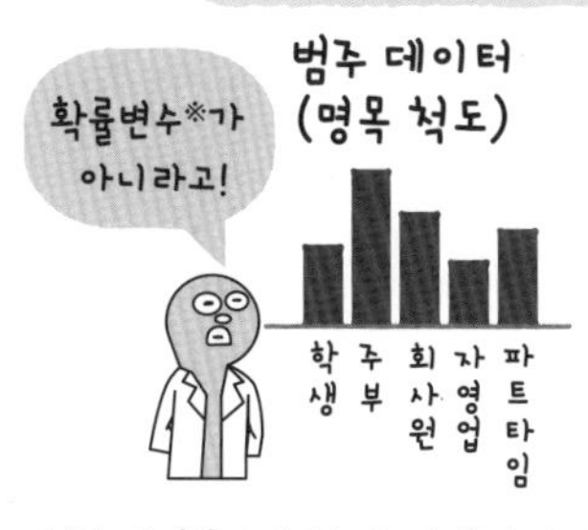

※ 그 값을 취하는 확률이 정해져 있는 변수를 말하는 것으로 양적 척도로 측정되어 있어야 된다. 척도 수준에 대해서는 135쪽에서 설명한다.

비모수 검정이 유효한 경우 ② : 극단적인 값이 있는 경우

사례 : 사료 속의 리신 농도와 돼지 등심 지방률

	리신 농도 0.4%	리신 농도 0.6%
돼지 등심 지방률	7.0	4.1
	6.5	4.8
	6.2	3.9
	7.1	5.2
	30.0	4.9
평균	11.4	4.6

극단적으로 높은 값 (30.0)

대응이 없는 두 집단의 평균 차이에 대해 t 검정을 실시하면 t 값 = 1.5, 양측 p 값 = 0.2 가 되어 유의차를 검출할 수 없다.

'돼지의 사료에 포함되어 있는 리신이라는 아미노산의 농도를 제한하면 근육 속의 지방률이 높아진다'는 것을 확인하기 위해 실험한 데이터이다. 아무리 보아도 유의차가 나올 법한 데이터지만, 극단적으로 높은 값이 있기 때문에 t 검정에서는 유의차가 나오지 않았다. 하지만 입력 오류나 계측기기에 대한 오류도 아니라면 제외시킬 수도 없다.

t 검정은 극단적인 값이 있으면 검출력이 떨어지는구나…

비모수 검정(non-parametric methods) ••• 모집단에 대해 아무런 확률분포도 가정하지 않는 통계적 방식이다. 줄여서 '비모수'라고 부른다. 질적 데이터나 극단적인 값이 있는 양적 데이터 등에 유효하다.

여러 가지 비모수 검정

비모수의 명칭	집단수*1	대응*1	데이터	거의 대응하는 모수 통계, 혹은 목적
독립성 검정(피어슨의 x^2 검정)	여러 집단	없음	질적	대응이 없는 여러 집단의 비율 차이 검정
(피셔의) 정확확률검정	두 집단	없음	질적	대응이 없는 두 집단의 비율 차이 검정(소표본)
맥네마 검정*2	두 집단	있음	질적	대응이 있는 두 집단의 비율 차이 검정
코크란의 Q검정	여러 집단	있음	질적	대응이 있는 여러 집단의 비율 차이 검정
맨-휘트니 U 검정	두 집단	없음	양적·순위	대응이 없는 두 집단의 평균 차이 검정
부호검정	두 집단	있음	양적·순위	대응이 있는 두 집단의 평균 차이 검정
윌콕슨의 부호순위검정	두 집단	있음	양적	대응이 있는 두 집단의 평균 차이 검정
크러스칼·월리스 검정	여러 집단	없음	양적·순위	대응이 없는 일원배치 분산분석
프리드먼 검정	여러 집단	있음	양적·순위	대응이 있는 일원배치 분산분석
Steel-Dwass 법*2	여러 집단	없음	양적·순위	다중비교법(집단간 비교)
Steel 법*2	여러 집단	없음	양적·순위	다중비교법(대조군 비교)
Shirley-williams 법*2	여러 집단	없음	양적·순위	다중비교법(대조군 비교, 또는 집단 간에 단순하고 변화가 없는 성질이 있는 경우)

*1 : 두 집단의 데이터를 여러 집단용 방식으로 검정하거나 대응이 있는 데이터를 대응이 없는 방식으로 검정할 수는 없다(다만, 후자에서는 정밀도가 떨어질 수가 있다).

*2 : 이 책에서는 다루지 않는다.

칼럼

어떤 양적 데이터에도 비모수가 가능할까?

질적 데이터라면 망설일 것이 없지만 양적 데이터의 경우에는 비모수를 사용할지 말지 판단이 서지 않는 경우가 있다. 표본 크기와 모집단의 분포는 관계없기 때문에 소표본이라고 해서 비모수라는 법칙도 옳다고는 할 수 없다.

최근, 모집단이 정규분포를 하고 있는 표본에 대해 비모수를 사용했다고 해도 검출력이 떨어지는 일은 아주 적은 것으로 알려졌다. 즉, 어떤 양적 데이터에 대해서도 비모수를 사용해도 좋다는 말이다.

질적 데이터란? –척도 수준이란–

스탠리 스미스 스티븐스(Stanley Smith Stevens)라는 심리학자는 데이터를 측정하는 척도를 네 가지로 분류했다. 아래 표는 각 척도와 측정된 데이터의 특징과 사례 등을 정리한 것이다.

이와 같이 데이터에는 측정된 척도 수준에 따라 허용되는 계산과 허용되지 않는 계산이 있다. 이를테면 명목 척도나 순위 척도에서 측정된 질적 데이터(각 범주 데이터, 순위 데이터)는 평균을 계산할 수 없기 때문에 그 차이를 검정하려면 비모수 방법을 이용해야 한다.

	데이터의 종류	척도 수준	값의 의미	직접 할 수 있는 계산	사례
질적 데이터	범주 데이터	명목 척도	값은 구별과 분류를 하기 위해서만	도수 세기	성별, 혈액형
	순위 데이터	순서 척도	값의 대소 관계에 의미가 있다.	> =	만족도, 선호도
양적 데이터	간격 데이터	간격 척도	값의 간격이 일정하다.	+ −	섭씨온도, 지능지수
	비율 데이터	비율 척도	원점(0)이 정해져 있다.	+ − × ÷	질량, 길이, 금액

측정 척도에 따라 계산이 허용되는 통계량이 다르다.

	범주 데이터	순위 데이터	간격 데이터	비율 데이터
최빈값	○	○	○	○
중앙값	×	○	○	○
평균값	×	×	○	○

주 : ○은 허용 가능, ×는 허용 불가

평균을 계산할 수 없다는 것은
t 검정이나 분산분석을 사용할 수 없다는 것이다. ← 비모수를 할 차례!!

7

척도 수준(level of measurement) ••• 데이터가 갖는 정보의 성질에 기초하여 통계학적으로 분류한 기준이다. 스탠리 스티븐이 1946년에 사이언스(Science)지에 발표한 "On the Theory of Scales of Measurement"를 토대로 한 것이다.

7 | 2

질적 데이터의 검정

독립성 검정 (피어슨의 x^2 검정)

크로스 집계표의 행변수와 열변수가 관련되어 있는지 독립되어 있는지 판정한다. 즉, 행변수와 열변수, 두 변수의 관계 유무를 검증한다.
2×2(분할표) 4셀의 경우에는 비율의 차이 검정(98쪽)이나 피셔의 정확확률검정(142쪽)과 목적이 같다.
원래의 데이터가 없어도 집계표만 있으면 검정할 수 있으므로 '집계표 검정'이라고 하며, 발안자의 이름을 따서 '피어슨의 x^2 검정'이라고도 한다.

숲이 잘 관리되고 있다고 생각하는가?(2010년 농수산성 조사에서 발췌)

독립? 관련?

행변수 \ 열변수	홋카이도	도호쿠	간토	호쿠리쿠	도카이
생각한다	19	18	89	9	16
생각하지 않는다	17	51	336	31	64
생각하는 비율	0.53	0.26	0.21	0.23	0.20

생각하는 비율에 지역 차가 있는지 어떤지 검정하고 싶다!

피어슨의 χ^2 검정(Pearson's chi-square test) ••• 칼 피어슨이 발표한 비모수 검정으로 관측도수는 기대도수의 분포를 따른다고 하는 귀무가설을 χ^2 분포를 사용해 검정한다. 독립성 검정과 적합도 검정 등에 활용한다.

▶▶▶ 기대도수

- 귀무가설이 옳을 경우, 즉 행변수와 열변수가 독립되어 있을 경우에 기대되는 도수분포를 생각하고 이것과 관측된 도수분포를 비교한다.
- 양쪽 분포의 괴리가 크면 독립되어 있는 귀무가설을 기각할 수 있다.

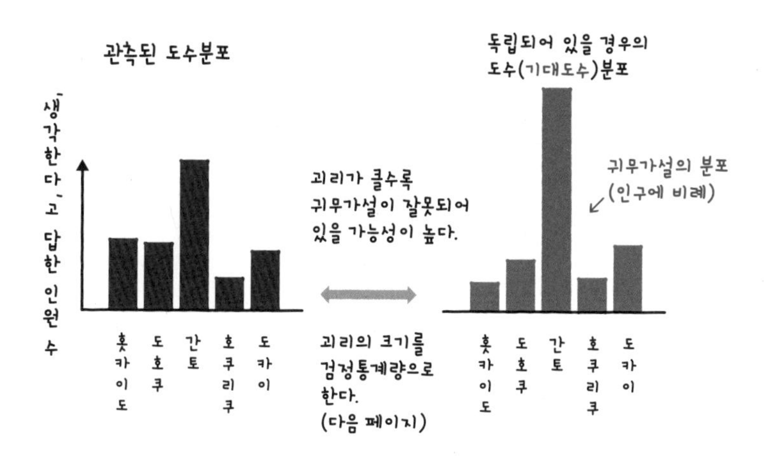

관측도수의 표

	홋카이도	도호쿠	간토	호쿠리쿠	도카이	계
생각한다	19	18	89	9	16	151
생각하지 않는다	17	51	336	31	64	499
계	36	69	425	40	80	650

기대도수의 표

	홋카이도	도호쿠	간토	호쿠리쿠	도카이	계
생각한다	8.4	16.0	98.7	9.3	18.6	151
생각하지 않는다	27.6	53.0	326.3	30.7	61.4	499
계	36	69	425	40	80	650

모든 지역이 151:499의 도수

기대도수(expected frequency) ••• 독립성 검정에서, 집계표의 행변수와 열변수가 독립되어 있다는 귀무가설하에서 기대되는 행렬의 도수로, 관측도수 행렬의 합계 비율을 역산해 구한다.

▶▶▶ 검정통계량(x^2 값)

- 귀무가설하에서 기대되는 도수분포와 관측된 도수분포의 괴리 크기를 x^2 분포에 근사적으로 따르는 통계량으로 나타내고, 그 값을 검정한다.
- 이 통계량은 엄밀하게는 x^2 값이 아니지만, 총도수가 클 경우에는 x^2 분포에 근사적으로 따르기 때문에 편의적으로 x^2 값이라고 한다.

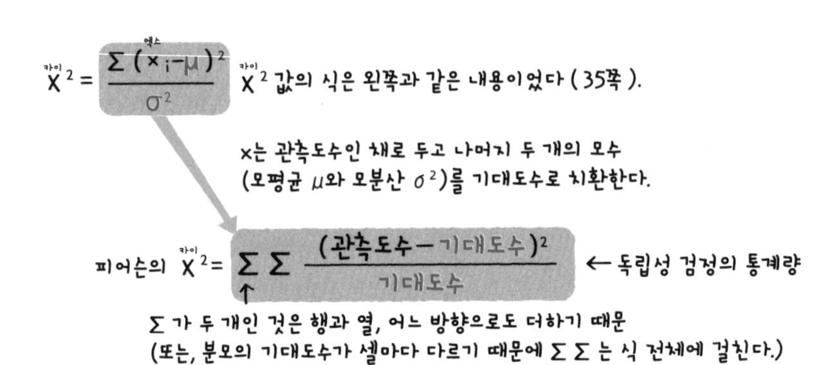

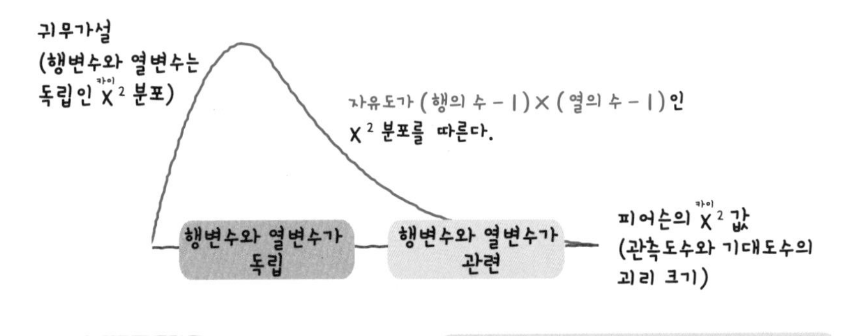

피어슨의 카이 χ^2 검정에는 또 하나,
적합도 검정이라는 검정 방식도 포함된다.
적합도 검정은 독립성 검정과 기본적으로
같지만, 어느 특정 이론상의 도수(=기대도수)
분포와 관측된 도수분포가 적합한(→귀무가설)지
어떤지를 카이 χ^2 통계량으로부터 검정한다.

독립성 검정(test of independence) ••• 집계표의 행변수와 열변수, 즉 두 변수가 독립되어 있다는 것을 귀무가설로 한 비모수 검정이다. 한편, 어느 셀에서 관측도수와 기대도수의 괴리가 큰지를 정하는 방법으로서 잔차분석이 있다.

연습 136쪽 사례의 데이터를 이용해 독립성 검정을 해 보자.

관측도수	홋카이도	도호쿠	간토	호쿠리쿠	도카이
생각한다	19	18	89	9	16
생각하지 않는다	17	51	336	31	64

$$\frac{(\text{관측도수} - \text{기대도수})^2}{\text{기대도수}} = \frac{(19-8.4)^2}{8.4} = 13.4$$

기대도수	홋카이도	도호쿠	간토	호쿠리쿠	도카이
생각한다	8.4	16.0	98.7	9.3	18.6
생각하지 않는다	27.6	53.0	326.3	30.7	61.4

각 셀의 통계량	홋카이도	도호쿠	간토	호쿠리쿠	도카이
생각한다	13.4	0.2	1.0	0.0	0.4
생각하지 않는다	4.1	0.1	0.3	0.0	0.1

행렬 10셀을 모두 더하면 $\sum\sum \frac{(\text{관측도수} - \text{기대도수})^2}{\text{기대도수}}$ =19.6이 된다.

카이 χ^2 검정을 실시

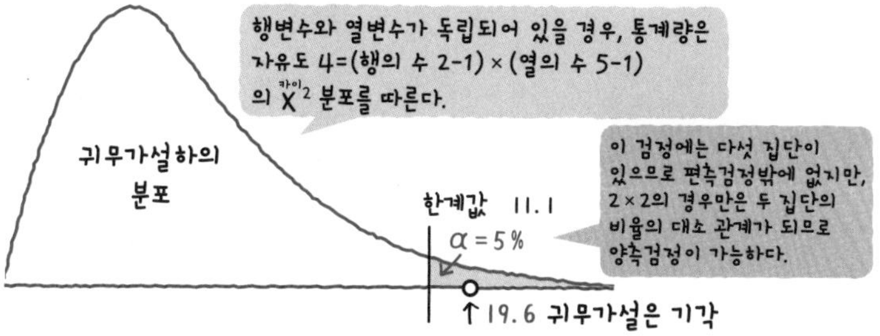

답: 검정통계량인 19.6이 5% 유의수준의 한계값인 11.1보다도 크므로 지역에 따라 비율에 차이가 있다고 말할 수 있다.

적합도 검정(goodness of fit test) ••• 관측도수분포가 이론상의 기대도수분포와 같은지(적합한지) 어떤지를 검정하는 비모수 통계 방식이다. 예를 들면 요일에 따라 손님 수가 다른지를 검정할 수 있다(기대도수는 모든 요일이 균일).

▶▶▶ 독립성 검정의 약점과 보정

- 4셀(2행×2열의 분할표)에 소표본인 경우, p값이 원래보다 작아져 제1종 과오를 과소평가해 버리므로 처음부터 검정통계량을 좀 작게 보정해둔다(연속성 보정). 검정통계량이 이산형 데이터인데도 불구하고 가정하는 x^2 분포가 연속형이기 때문이다.
- 또한 소표본의 정의는 일반적으로 총도수 n이 20 미만, 혹은 n이 40 미만이며, 기대도수에 5 미만의 셀이 있는 경우이다.

독립성 검정의 통계량 χ^2(카이) $= \sum\sum \dfrac{(\text{관측도수}-\text{기대도수})^2}{\text{기대도수}}$

분자(관측도수와 기대도수의 차)에서 0.5를 빼서 통계량을 작게 한다.

예이츠(Yates)의 연속성 보정을 한 통계량 $\chi^2 = \sum\sum \dfrac{(\text{관측도수}-\text{기대도수}-0.5)^2}{\text{기대도수}}$

사례 : 어떤 수업과 시험결과 (n = 25)

관측도수	수강	비수강
합격	4명	6명
불합격	1명	14명

→ 기대도수 → 관측도수가 5보다 작은 셀

기대도수	수강	비수강
합격	2명	8명
불합격	3명	12명

→ 통계량 → 보정하지 않은 검정통계량

관측도수	수강	비수강
합격	2.0	0.5
불합격	1.3	0.3

χ^2값=4.1, p=0.03

→ 보정 → Yates 보정을 한 검정통계량

관측도수	수강	비수강
합격	1.13	0.28
불합격	0.75	0.18

χ^2값=2.34, p=0.13

보정 전에는 5% 유의수준으로 기각하게 되어 있던 귀무가설이 (보정 후) 기각할 수 없게 되었다.

주: 지나치게 작게 보정하는 경향이 있어 소표본의 2×2 분할표에는 '피셔의 정확검정'을 이용하는 것이 좋다고 하는 지적도 있다.

연속성 보정(continuity correction) ••• 실제의 통계량이 이산형인데 근사시킨 연속형 확률분포로 검정하면 제1종 과오를 범하기 쉽다. 이를 막기 위해 검정통계량을 약간 작게 보정해 둔다.

▶▶▶ 관련계수(독립계수)

- 독립성 검정통계량인 x^2 값은 총도수나 셀의 수가 늘어남에 따라 커지기 때문에 단순히 행변수와 열변수의 관련성 정도를 알고자 한다면 이들에 좌우되지 않는 관련계수를 계산할 필요가 있다.
- 관련계수에도 여러 가지가 있으나 여기서는 대표적인 크라메르 관련계수 V를 소개한다(!).

$$\text{크라메르 관련계수 } V=\sqrt{\frac{X^2}{X^2\text{의 이론최댓값}}}$$

↑ 총도수 n×'행의 수 또는 열의 수 중 작은 쪽-1'

숲의 관리 사례에서는, 19.6÷650×(2−1)의 제곱근이므로 V=0.17이 된다. 관련계수는 상관계수와 마찬가지로 0~1의 값을 취하며, '얼마 이상이면 강하다'는 기준은 없다. 그렇기는 하지만, 0.17이라면 '약한 관련성이 있다'고 해도 좋을 것이다.

연속성 보정의 필요성

원래는 통계량이 이산형 데이터인데도 검정에서 가정하는 분포가 연속성인 경우에는 주의해야 할 것이 있다.

예를 들면 아래 그림과 같이 통계량이 '4'가 된 경우, 귀무가설하에서 이 통계량이 일어날 확률(p값)은 원래 회색 부분을 더한 값('3.5'보다 상측)이다. 그러나 연속형 확률분포를 따른다고 가정해서 p값을 계산하면 '4'보다 상측인 분홍색의 면적이 되어 버린다. 즉, 제1종 과오를 과소평가하게 된다. 따라서 처음에는 통계량 자체를 조금 작게 보정해 둘 필요가 생긴다.

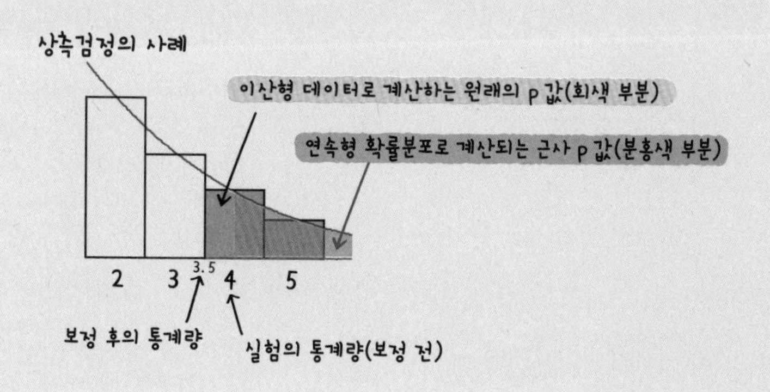

관련계수(coefficient of association) ••• 독립성 검정에서 열변수와 행변수 표측의 강한 관련성을 나타내는 지표로, 크라메르 관련계수가 유명하다.

크라메르 관련계수(Cramer's coefficient of associtation) ••• x^2 값을 '행 수나 열의 수가 작은 쪽−1'로 나눈 값의 제곱근. 0~1로, 1에 가까울수록 강한 상관이다.

7 | 3

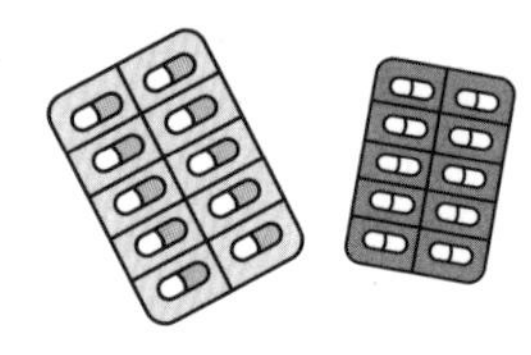

2×2 분할표 검정

피셔의 정확검정

소표본의 범주 데이터용 검정 방식이다. 독립성 검정에서 예이츠 보정을 한 경우보다도 옳은 결과를 얻을 수 있다.
대표본의 경우나 셀의 수가 많으면 계산량이 방대해지므로 보통은 소표본의 2×2 분할표에만 사용한다.

▶▶▶ 가설

사례 : 진짜 약과 가짜 약의 유효율

	가짜 약	진짜 약
효과 있음	1명	6명
효과 없음	5명	2명
유효율	0.17	0.75

비율의 차이 검정(98쪽)에서는 표본비율(여기서는 유효율)의 차이 분포를 생각해 보았으나, 정확검정에서는 2×2 분할(크로스)표의 도수를 이용한다.

● 모비율에 차이가 없을 때는 관측도수 배치가 치우치지 않는다. 반대로 모비율에 차이가 있을 때는 도수 배치에 치우침이 생긴다.

H_0 : 유효율(모비율)에 차이가 없다.
(귀무가설의 도수 배치)

	가짜 약	진짜 약
효과 있음	3	4
효과 없음	3	4
유효율	0.50	0.50

H_1 : 유효율(모비율)에 차이가 있다.
(가장 극단적인 대립가설의 도수 배치)

	가짜 약	진짜 약
효과 있음	0	7
효과 없음	6	1
유효율	0.00	0.875※

치우침 소(小) ◀ 관측된 도수 배치는 어느 쪽에 가까운가? ▶ 치우침 대(大)

실제로 관측된 도수 배치가 귀무가설보다 대립가설 패턴에 가깝다면 모비율에 차이가 있다고 해도 좋다.

※ 관측된 도수로 행의 합을 고정(1·2행 모두 7명)하지 않으면 확률 계산이 어려우므로 (있음 8:없음 0)은 생각하지 않는다.

피셔의 정확검정(Fisher's exact test) ••• 치우친 기대도수나 소표본의 2×2 분할표에 유효하다. 주변 도수를 고정한 상태에서, 관측된 도수 배치보다 치우침이 커지는 확률을 직접 구해 유의수준과 비교한다.

특정의 도수 배치가 얻어질 확률

- 주변 도수(행 · 열의 각 합계)를 고정하면 귀무가설하에서 특정 도수 배치가 관측되는 확률 p를 계산할 수 있다.

	가짜 약	진짜 약	계
효과 있음	a	b	a+b
효과 없음	c	d	c+d
계	a+c	b+d	n

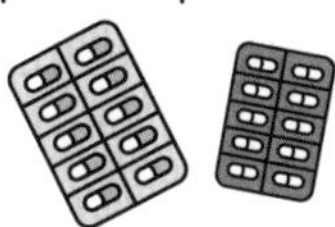

전체 n에서 제 1 행을 고르는 조합 ${}_{n}C_{(a+b)}$ 중에서 제1열에서 a 개 고르고 제2열에서 b 개 고를 확률을 계산한다.

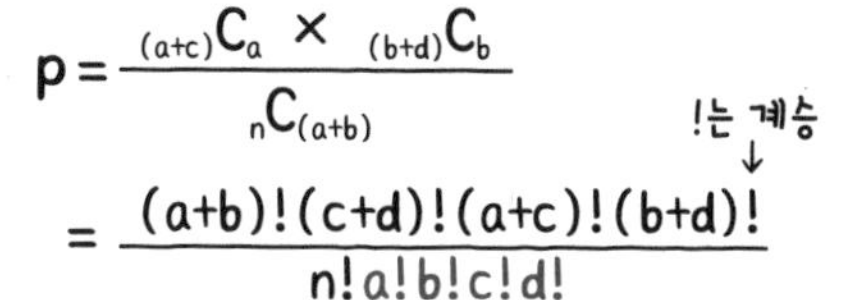

$$p = \frac{{}_{(a+c)}C_{a} \times {}_{(b+d)}C_{b}}{{}_{n}C_{(a+b)}}$$

$$= \frac{(a+b)!(c+d)!(a+c)!(b+d)!}{n!a!b!c!d!}$$

!는 계승

귀무가설의 판정

- 관측된 주변 도수를 고정한 경우에 생각할 수 있는 도수 배치 속에서 관측된 도수 배치보다 치우침이 큰 도수 배치 확률의 합을 계산한 다음, 유의수준과 비교한다.

여기서는 편측만의 배열 패턴을 설명하지만, 양측검정에서는 왼쪽 열의 비율이 커지도록 치우친 도수 배치도 생각한다.

H_0 : 모비율에 차이가 없다 (치우침 소)

	가짜 약	진짜 약	계
효과 있음	3	4	7
효과 없음	3	4	7
계	6	8	14

$$p = \frac{7!7!6!8!}{14!3!4!3!4!} = 0.408$$

귀무가설하에서는 치우침이 작은 배치의 확률이 높아진다.

고확률

	가짜 약	진짜 약	계
효과 있음	2	5	7
효과 없음	4	3	7
계	6	8	14

$$p = \frac{7!7!6!8!}{14!2!5!4!3!} = 0.245$$

관측된 도수 배치

	가짜 약	진짜 약	계
효과 있음	1	6	7
효과 없음	5	2	7
계	6	8	14

$$p = \frac{7!7!6!8!}{14!1!6!5!2!} = 0.049$$

↑↓ 합쳐
p = 0.051 > 유의수준 α /2 : 0.025
귀무가설을 채택
(진짜 약의 유효성은 확인할 수 없었다.)

저확률

H_1 : 모비율에 차이가 있다 (치우침 대)

	가짜 약	진짜 약	계
효과 있음	0	7	7
효과 없음	6	1	7
계	6	8	14

$$p = \frac{7!7!6!8!}{14!0!7!6!1!} = 0.002$$

주변 도수(marginal frequency) ••• 크로스 집계표의 행 방향과 열 주변에 기입되어 있는 행 · 열의 도수 합계. 정확검정 등에서는 이것을 고정함으로써 무한에 가까운 도수 배치 조합을 대폭으로 한정한다.

7 4

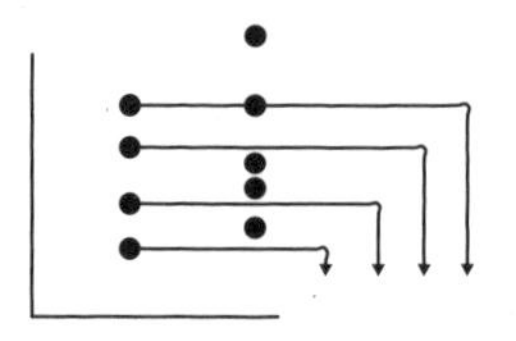

대응이 없는 두 집단의 순서 데이터 검정 맨·휘트니의 U 검정

대응이 없는 두 집단의 평균 차이 검정(t 검정)의 비모수판이다.
순위 데이터로 변환해 분포가 겹치는 정도를 나타내는 통계량(U 값)을 계산한다.
만족도 등의 순위 데이터나 극단적인 값이 있는 양적 데이터에 이용한다.
윌콕슨의 순위합 검정이라고도 한다.

▶▶▶ 검정통계량(U 값)

- 먼저 원래 데이터를 양 집단을 합친 순위로 변환한다(같은 값에는 순위의 평균값을 부여한다).
- 그런 다음, 한쪽 집단의 순위를 기준으로 해서 그보다도 순위가 작은 또 하나의 데이터 수를 합친 것이 U 값이 된다.

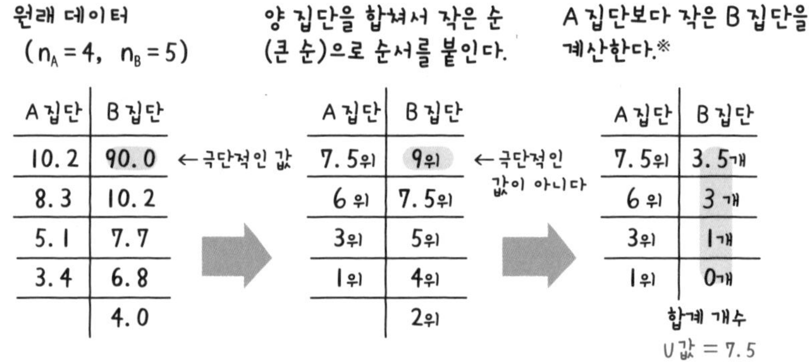

그림으로 나타내면…

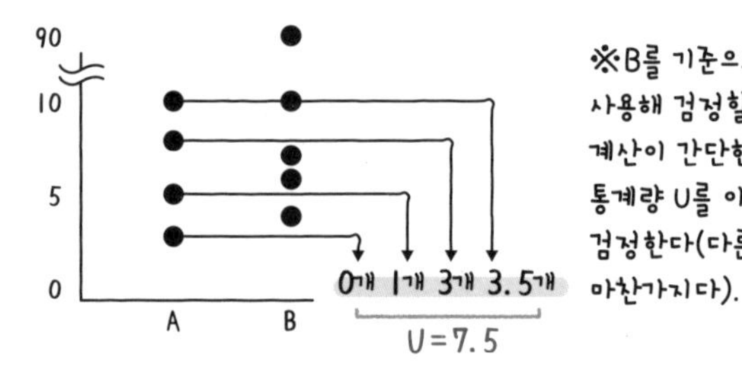

※B를 기준으로 한 U 값(=12.5)을 사용해 검정할 수도 있지만, 계산이 간단한 값의 작은 쪽의 통계량 U를 이용해 하측에서 검정한다(다른 비모수 검정도 마찬가지다).

맨 · 휘트니 U 검정(Mann–Whitney U test) ••• 대응이 없는 순위 데이터에서, A 집단의 순위보다 작은 B 집단의 순위를 계산하고, 합계한 값을 검정통계량 U로 한다. 두 집단의 순서 관계에 치우침이 없는 것이 귀무가설이다.

▶▶▶ U 분포(소표본)

- 양 집단 모두 표본 크기가 20 미만인 경우, U값은 제로에서 양 집단의 크기를 곱한 값 ($n_A \times n_B$) 사이에서 좌우대칭으로 분포한다.
- 양 집단의 순위 배치가 가까울수록 중앙에, 반대로 다를수록 양측에 분포한다.

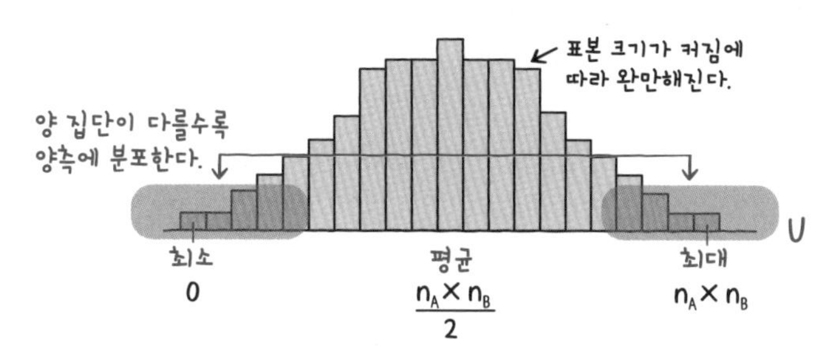

▶▶▶ U 검정(소표본)

귀무가설 H_0 : 양쪽 표본이 같은 모집단에서 추출되었다.
대립가설 H_1 : 양쪽 표본이 다른 모집단에서 추출되었다.

278쪽의 U 검정표 (양측 5%)의 일부, 행변수를 크기가 작은 집단 (A 집단)으로 한다.

	4	5	6	7
3	-	0	1	1
4	0	1	2	3
5		2	3	5

이 표에서 한계값을 취한다.

귀무가설의 원래의 U 분포

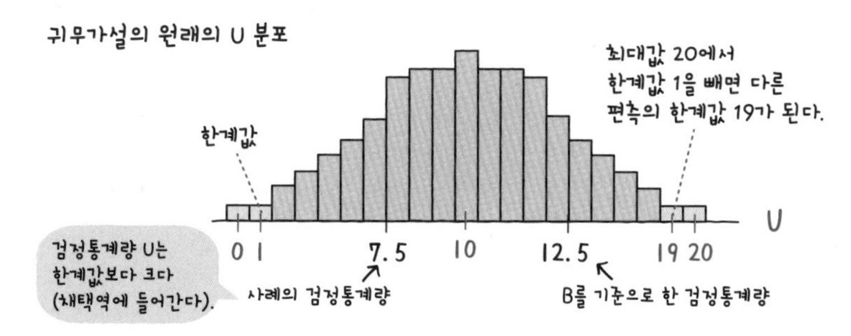

- 사례의 검정결과 : 양쪽 5%의 유의수준으로는 귀무가설을 기각할 수 없다(→ 시험 삼아 t 검정을 실시해도 t=0.9, p=0.4가 되어 기각할 수 없다).

중앙값의 차이 검정(testing for difference medians) ••• 순위 데이터 검정의 비교 대상은 평균이 아니라 분포의 전체적인 위치를 나타내는 중앙값이다. 중앙값 검정은 편요인을 둘로 분할한 독립성 검정을 가리키므로 주의해야 한다.

▶▶▶ U 검정(대표본)

- 어느 집단이 20보다 클 경우, U값은 근사적으로 정규분포를 따르므로 z 검정을 이용할 수 있다.
- 다만, 한계값을 표준정규분포표에서 구하려면 U 값도 표준화해 두어야 한다.

$$U의\ 표준화변량\ z_U = \frac{U - \mu_U}{\sigma_U}$$

U의 평균 $\frac{n_A \times n_B}{2}$

U의 표준오차 $\sqrt{\frac{n_A \times n_B (n_A + n_B + 1)}{12}}$

주 : 표준오차가 충분히 크기 때문에 연속성은 보정하지 않는 경우가 많다.

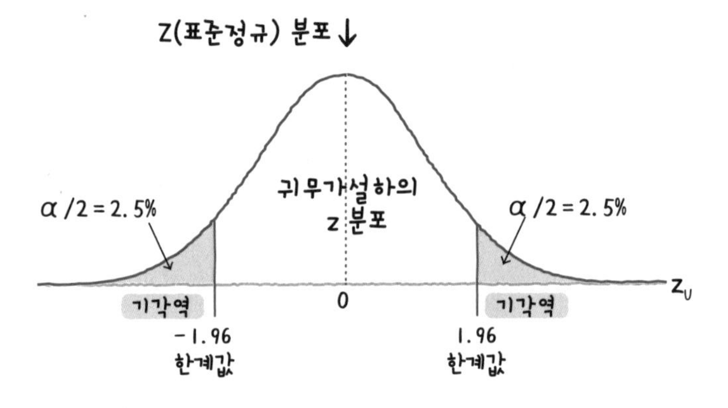

▶▶▶ 동점(tie)

- 처음부터 순위 데이터의 경우(만족도를 5단계로 조사했을 때 등)는 동점이 되는 경우도 있다.
- 동점이 많으면 U의 표준화변량 z_u의 절댓값이 작게 계산되어 검출력이 떨어지므로 아래 식에서 표준오차를 조금 작게 계산해서 z_u의 절댓값을 조금 크게 보정한다. 다만, n은 두 집단을 합친 데이터 수, w는 동점이 발생하는 순위의 수, t는 어떤 순위에서 동점인 데이터 수이다.

$$\sigma'_U = \sqrt{\frac{n_A \times n_B}{n(n-1)} \left(\frac{n^3 - n - \sum_{i=1}^{w} (t_i^3 - t_i)}{12} \right)}$$

동점(tie) ••• 순위 데이터 검정에서는 동점이 많으면 검정통계량의 분모인 표준오차가 작게 계산되어 검출력이 떨어진다. 이를 피하기 위해서는 미리 표준오차를 조금 크게 보정해 둔다.

비모수 검정법을 생각해낸 사람은 통계학자도 수학자도 아닌 화학자(F. 윌콕슨)와 경제학자(H. B. 맨)다. 미국인 부모 아래 1892년에 아일랜드에서 태어난 윌콕슨은 코넬대학에서 물리화학 박사학위를 받은 후 화학 플랜트연구소 연구자로 사회에 첫발을 내딛었다. 그 후 여러 민간화학회사에서 일하면서 추측통계학에 관련된 수많은 업적을 남겼다. 그 중에서도 특히 알려진 것이 그의 이름이 붙은 순위합검정(U 검정)과 부호순위검정(150쪽)이다. 특정 온도에서 활성화하는 효소를 취급하는 화학실험에서는 종종 극단적인 값이 관측되는데, 확실히 효과가 있는 처리를 해도 종래의 t 검정이나 분산분석으로는 차이를 검출할 수 없는 경우가 있다. 이를 고민하던 윌콕슨은 시행착오 끝에 극단적인 값에 좌우되지 않는 순위로 변환한 다음, 그 조합의 확률을 사용해 검정하는 방법을 생각해냈다. 때마침 경제학자 맨도 통계학부 대학원생이었던 휘트니와 함께 두 시점의 임금 차이를 검정하기 위해 같은 방법을 생각해냈다. 비모수 검정에 의한 통계분석의 문을 연 것이다.

칼럼 극단적인 값이 있어도 모수 검정을 사용하고 싶다!

극단적인 값이 있어 정규분포를 따른다는 가정을 할 수 없을 때 비모수 검정이 도움이 된다. 하지만 무슨 일이 있어도 t 검정 같은 모수 검정을 하고 싶은 경우에는 데이터의 자연대수를 취하는 비법(?)이 이용된다. 다시 말해 정규분포하지 않은 데이터라도 그 자연대수를 취하면 정규분포에 가까워지기 때문에 t 검정 등을 할 수 있게 된다(52쪽의 피셔의 z 변환도 마찬가지다).

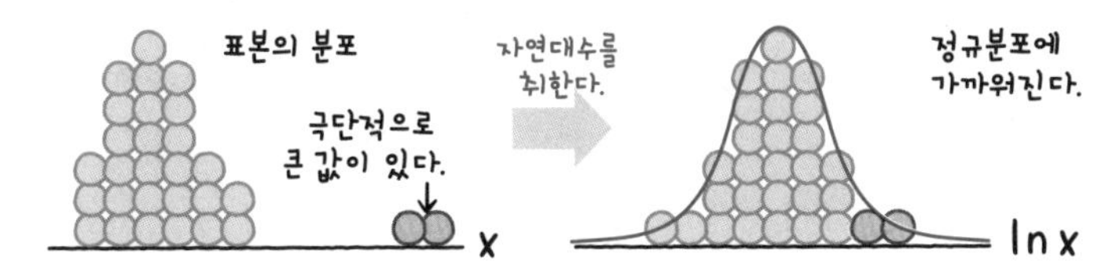

7 | 5

대응이 있는 두 집단의 순서 데이터 검정 부호검정

대응이 있는 두 집단의 평균값 차이 검정(t 검정)의 비모수 검정판이다.
각 쌍마다 취한 차이의 부호 수에 주목해 검정한다.
차이의 대소는 문제 삼지 않기 때문에 순위 데이터에 이용할 수 있다.
양적 데이터에는 차이의 크기를 검정에 이용하는 윌콕슨의 부호순위검정(150쪽)을 이용하는 쪽이 정밀도가 높다.

검정통계량(r 값)

- 각 쌍마다 차이를 구해서 그 부호의 수를 플러스, 마이너스별로 계산한 다음(차이가 0인 쌍은 계산하지 않는다), 적은 쪽을 검정통계량 r로 한다.

사례 : 대행업체에 대한 만족도

	a사	b사	차이(a-b)
A씨	5	3	+2
B씨	4	3	+1
C씨	4	1	+3
D씨	5	1	+4
E씨	3	2	+1
F씨	2	4	-2

+는 5개, -는 1개 → 비교해서 적은 쪽 → r=1

적은 쪽의 부호 수를 검정통계량 r로 한다. (하측으로 검정)

부호검정(sign test) ••• 대응이 있는 두 집단의 순위 데이터 비모수 검정이다. 각 집단마다 차이를 구해 그 부호의 수를 +-별로 계산한 다음, 적은 쪽을 검정통계량 r로 하면 이항분포를 따른다.

부호검정(소표본)

- 귀무가설(양 집단에 차이가 없다)이 옳을 때, +와 −가 나타날 확률은 각각 2분의 1이므로 통계량 r은 시행 횟수 n, 모비율(출현율) 2분의 1인 이항분포를 따른다.
- 쌍의 수 n이 25 이하일 때에는, r값보다 작아질 확률을 직접 계산하거나 확률 1/2의 이항분포표(279쪽)를 이용해 검정한다. 여기서는 전자를 설명한다.

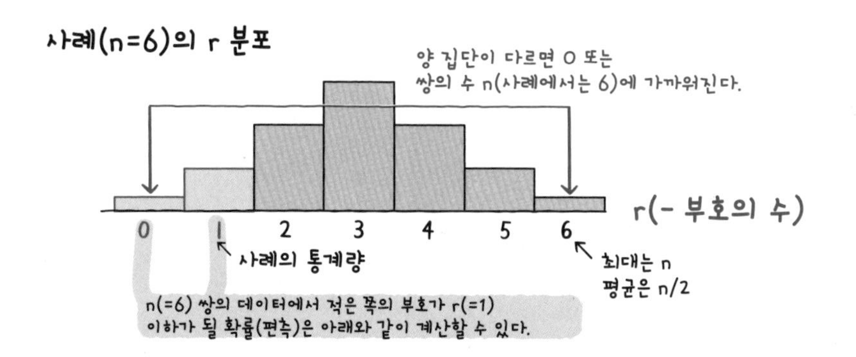

$$({}_nC_0+{}_nC_1)\left(\frac{1}{2}\right)^n=({}_6C_0+{}_6C_1)\left(\frac{1}{2}\right)^6=(1+6)\left(\frac{1}{64}\right)=0.11$$

복습: 이항분포의 확률 식
n회의 시행으로 m회 성공할 확률은
출현율을 p로 하면…

$${}_nC_m\cdot p^m\cdot(1-p)^{n-m}$$

사례를 검정해 보면 양측의 p 값은 0.22
(편측이라도 p = 0.11)가 되기 때문에 5 %
유의수준으로는 귀무가설을 기각할 수 없다.

부호 검정(대표본)

- 쌍의 수 n이 25보다 클 때, 통계량 r은 근사적으로 정규분포를 따르기 때문에 z검정을 이용할 수 있다.
- 맨 · 휘트니의 U 검정과 마찬가지로, r을 표준화한 값을 z 분포표에서 한계값과 비교해 작으면 귀무가설을 기각한다.

r의 표준화변량 (보정 후)

$$z_r=\frac{r-\mu_r+0.5}{\sigma_r}=\frac{r-\frac{n}{2}+0.5}{\frac{\sqrt{n}}{2}}$$

일반적으로 0.5를 더해 연속성을 보정해 둔다.

소표본과 대표본의 구별 ••• 모수 검정에서는 소표본일 때에는 검정표를, 대표본일 때는 확률분포를 따른다는 것을 이용해서 검정을 실시하지만, 몇 개 이상을 대표본으로 할지는 검정의 종류에 따라 달라진다.

7 | 6

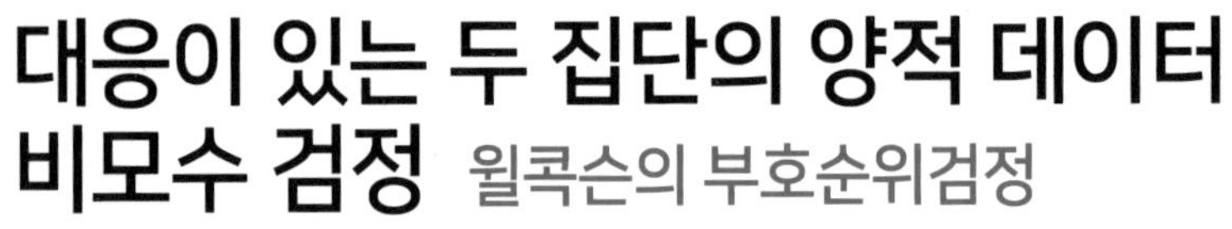

대응이 있는 두 집단의 양적 데이터 비모수 검정 윌콕슨의 부호순위검정

부호검정과 마찬가지로 대응이 있는 두 집단의 차이를 검정한다.
검정통계량 계산에 집단 간 차이 크기를 이용하기 때문에 양적 데이터밖에 이용할 수 없다(순위 데이터에는 부호검정을 사용한다).

▶▶▶ 검정통계량(T 값)

- 각 쌍의 차이를 구해서 그 절댓값이 작은 순으로 순서를 붙인다.
- 순서에 부호를 되돌려 수가 적은 쪽의 부호에서 순위의 합(순위합)을 구해서, 검정통계량으로 한다(차이가 0인 쌍은 계산에서 제외시킨다).

사례 : 체중 감량 전후의 중성지방(mg/dl)

	감량 전	감량 후	차이
A 씨	250	120	+130
B 씨	180	155	+25
C 씨	160	145	+15
D 씨	145	125	+20
E 씨	130	135	−5
F 씨	120	130	−10

① 차이의 절댓값이 작은 순으로 순위를 매긴다.

	차이의 절댓값 →	순위
A	130	6
B	25	5
C	15	3
D	20	4
E	5	1
F	10	2

② 순위에 부호를 되돌린다.

	부호가 붙는 순위
A	+6
B	+5
C	+3
D	+4
E	−1
F	−2

③ 수가 적은 쪽의 부호순위합을 구한다.

	−의 순위
A	
B	
C	
D	
E	1
F	2

순위 합(T 값) 1+2=3

윌콕슨의 부호순위검정(Wilcoxon signed-rank test) ••• 대응이 있는 두 집단의 양적 데이터 비모수 검정이다. 각 쌍마다 차이의 절댓값 순위에 붙인 부호 중 적은 쪽의 부호순위합을 검정통계량 T로 한다.

그림 풀이:

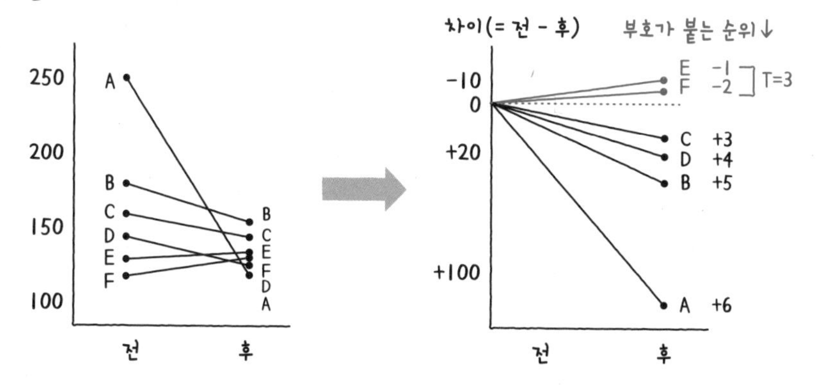

▶▶▶ 부호순위검정(소표본)

- 양 집단의 분포가 다를수록 통계량 T가 작아진다는 사실을 이용한다(하측으로 검정).
- 쌍의 수 n이 25 이하일 때는 전용 표(280쪽)를 이용해 검정한다.

귀무가설의 분포: T 값은 0~n(n+1)/2 사이에 분포한다.

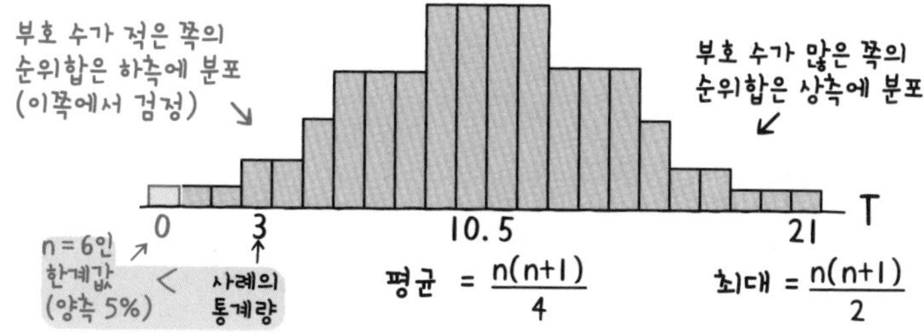

→ 사례에서는 한계값 0보다 통계량 3이 크기 때문에 귀무가설은 기각되지 않는다.

▶▶▶ 부호순위검정(대표본)

- 쌍의 수 n이 25보다 클 때, 통계량 T는 근사적으로 정규분포를 따르기 때문에 z 검정을 이용할 수 있다. 표준오차(분모)가 충분히 크기 때문에 연속성 보정은 하지 않아도 된다.

T의 표준화변량 $$z_T = \frac{T-\mu_T}{\sigma_T} = \frac{T-\left\{\frac{n(n+1)}{4}\right\}}{\sqrt{\frac{n(n+1)(n+2)}{24}}}$$

한계값보다 작으면 귀무가설을 기각한다.

7 | 7

대응이 없는 여러 집단의 순서 데이터 검정 크러스컬·월리스 검정

대응이 없는 여러 집단의 차이(일원배치 분산분석)의 비모수 검정판이다.
순위 데이터나 극단적인 값이 있는 경우에는 물론, 집단 간에서 등분산을 가정할 수 없는 경우나 데이터 수가 극단적으로 다른 경우에 유효하다.
맨 · 휘트니 U 검정을 여러 집단에 확장하는 방식으로, x^2 분포에 근사적으로 따르는 통계량을 구한다(통계량의 명칭에서 'H 검정'이라고도 한다).

▶▶▶ 순위합의 치우침

- 전 집단을 정리해서 순위를 붙이고, 각 집단마다 순위합을 계산한다.
- 각 집단마다 분포의 전체적인 위치가 다르면(귀무가설), 각 집단의 순위합의 치우침이 커진다는 점을 이용한다.

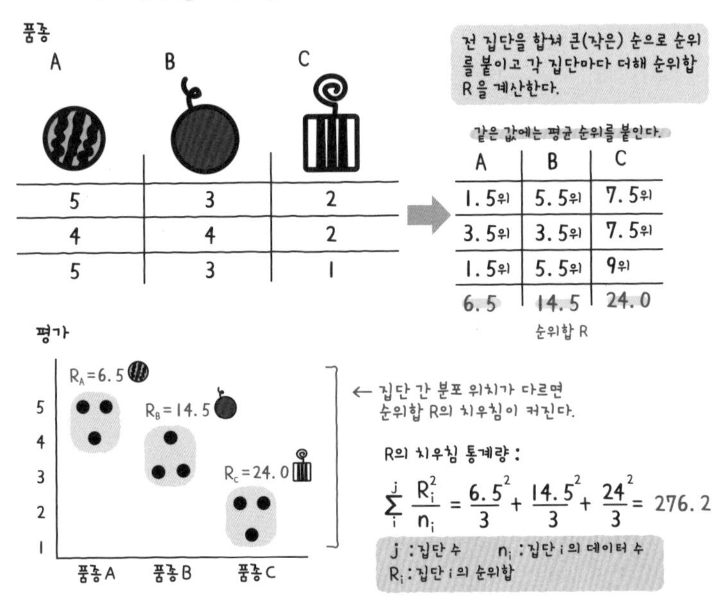

크러스컬 · 월리스 검정(Kruskal–Wallis Test) ••• 대응이 없는 여러 집단의 비모수 검정이다. 집단 간 분포가 다를수록 각 집단의 순위합 R의 치우침이 커진다는 점을 이용한다. R의 치우침을 x^2 분포를 따르도록 보정한 것이 검정통계량 H다.

▶▶▶ 검정통계량(H 값)

- 순위합 R의 치우침에 대한 통계량에 대해 아래와 같이 보정함으로써 근사적으로 x^2 분포를 따르는, 검정통계량 H(T나 K 기호가 사용되기도 한다)를 구한다.

$$H = \frac{12}{n(n+1)} \sum_{i}^{j} \frac{R_i^2}{n_i} - 3(n+1) = \frac{12}{9(9+1)} \times 276.2 - 3(9+1) = 6.82$$

← 사례의 통계량

보정항 (n은 총데이터 수)

소프트웨어에 따라서는 동점이 있을 때 H의 값을 약간 크게 수정한다.

▶▶▶ H 검정(소표본)

- 소표본의 경우에 그대로 x^2 검정을 하면 약간 검출력이 떨어지기 때문에 전용 표(281쪽)를 이용한다.
- x^2 검정이므로 상측만 검정한다(H>한계값으로 귀무가설을 기각).
- 소표본은 세 집단일 때 17 이하, 네 집단일 때 14 이하로 한다.

크러스컬·월리스 검정의 일부

n_1	n_2	n_3	p=0.05
3	3	3	5.600
2	2	6	5.346
2	3	5	5.251

← 세 집단의 데이터 수 n_i 가 모두 3일 경우 5% 유의수준의 한계값

사례의 검정 결과:
검정통계량 H(6.82)는 5% 유의수준의 한계값(5.6)보다 크기 때문에 귀무가설을 기각할 수 있다.
→ 수박은 품종에 따라 단맛에 차이가 있다.

▶▶▶ H 검정(대표본)

- 대표본의 경우에는 x^2 분포표에서 한계값을 취한 후, 그보다 H가 클 경우에 귀무가설을 기각하고 집단 간(의 중앙값)에 차이가 있다고 하는 대립가설을 채택한다.
- x^2 분포의 자유도는 집단 수에서 1을 뺀 값이 된다.

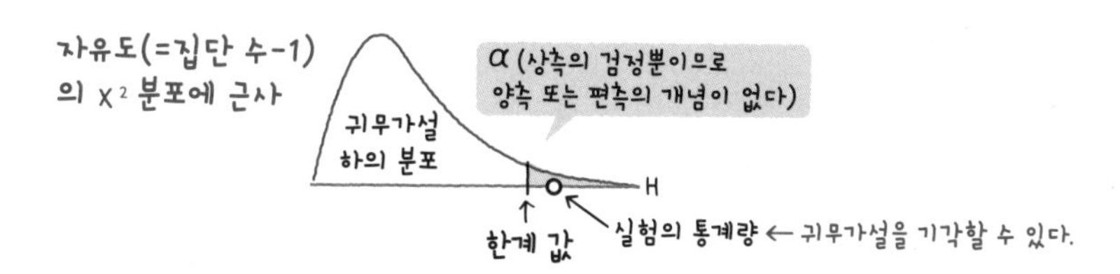

7 | 8

대응이 있는 여러 집단의 순서 데이터 검정 프리드먼 검정

대응이 있는 여러 집단의 차이(일원배치 분산분석)의 비모수판이다.
순위 데이터나 극단적인 값이 있는 양적 데이터에 유효하다.
두 집단으로 실시한 경우에는 부호검정과 같은 결과가 나온다.

▶▶▶ 순위합의 치우침

● 크러스컬 · 윌리스 검정과 마찬가지로 각 집단마다 순위합의 치우침을 나타내는 통계량 R을 구하지만, 피험자(개체) 내에서 순위를 붙이는 점이 크게 다르다.

사례 : 어떤 수업에 대한 만족도 조사 (5단계 평가)

전 집단 합쳐 큰 (작은) 순으로 순위를 붙이고 각 집단마다 더해 순위합 R을 계산한다.

	1학기	2학기	3학기
A 집단	3	4	5
B 집단	1	3	5
C 집단	1	2	4

➡

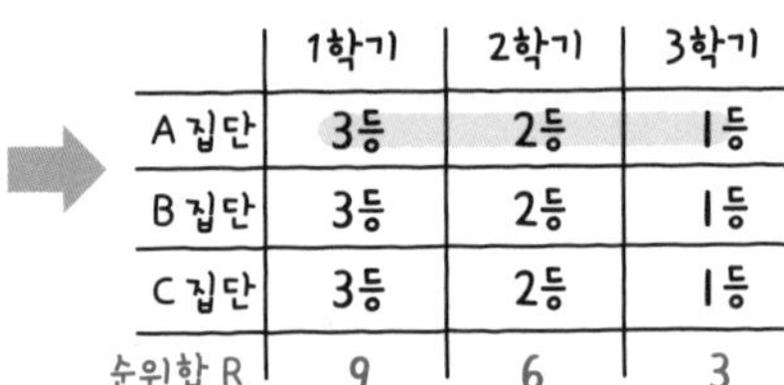

	1학기	2학기	3학기
A 집단	3등	2등	1등
B 집단	3등	2등	1등
C 집단	3등	2등	1등
순위합 R	9	6	3

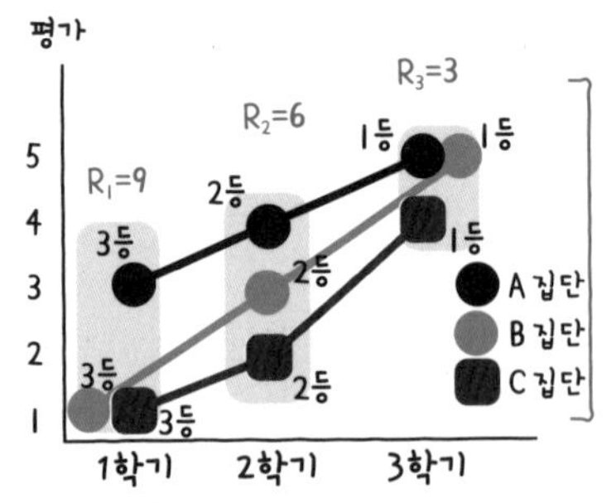

← 집단 간 분포 위치가 다르면 순위합 R의 치우침이 커진다.

R의 치우침 (R_i는 집단 i의 순위합) :

$$\sum_i^j R_i^2 = 9^2+6^2+3^2=126$$

어느 집단도 같은 데이터 수이므로 크러스컬 · 윌리스 검정일 때와 달리 R_i를 n_i로 나눌 필요가 없다.

프리드먼 검정(Friedman test) ••• 대응이 있는 여러 집단의 비모수 검정이다. 크러스컬 · 윌리스와 거의 같은 내용이지만, 개체 내에서 붙인 순위를 사용해 순위합 R을 계산하기 때문에 개체 차이를 고려할 수 있다. 검정통계량은 Q.

▶▶▶ 검정통계량(Q값)

- 순위합 R의 치우침에 대해 아래와 같이 보정해서 χ² 분포에 가깝게 한다.

$$Q = \frac{12}{n \times j(j+1)} \sum_{i}^{j} R_i^2 - 3n(j+1) = \frac{12}{3 \times 3(3+1)} \times 126 - 3(3+1) = 6.0$$

← 사례의 통계량

보정 항 (n은 쌍의 수, j는 집단의 수)

소프트웨어에서는 일반적으로 동점이 있을 때는 Q의 값을 약간 크게 수정한다.

▶▶▶ 프리드먼 검정(소표본)

- 소표본의 경우에 그대로 x^2 검정을 하면 집단 수나 데이터 수에 따라 검출력이 떨어질 수 있으므로 전용 표(282쪽)를 이용한다.
- Q가 표의 한계 값보다 클 때 귀무가설을 기각한다.
- 소표본은 세 집단일 때 9 이하, 네 집단일 때 5 이하로 정의한다.

프리드먼 검정표(세 집단)의 일부

n	p = 0.05
3	6.00
4	6.50
5	6.40
6	7.00

좀 까다롭게 조정한 예이다.

세 집단이므로 쌍(페어)의 수 n이 3인 경우 5% 유의수준의 한계값

사례의 검정 결과:
검정통계량 Q(6.0)는 5% 유의수준의 한계값(6.0) 이상이기 때문에 귀무가설을 기각할 수 있다.
→ 학기에 따라 수업평가에 차이가 있다.

▶▶▶ 프리드먼 검정(대표본)

- 대표본의 경우에는 x^2 분포표에서 한계값을 취한 후, 그보다 Q가 클 경우에 귀무가설을 기각하고 집단 간(의 중앙값)에 차이가 있다고 하는 대립가설을 채택한다.
- x^2 분포의 자유도는 집단 수에서 1을 뺀 값이 된다.

▶▶▶ 켄달의 일치계수 W

- 각 피해자 내에서 붙인 순위의 일치도를 나타낸 통계량으로, 0~1의 값을 취한다. 사례에서는 세 명 모두 각 학기마다 순위가 완전히 일치하므로 '1'이 된다.

집단이 아니라 피험자별(사례표의 행별)
↓

$$W = \frac{\text{피험자별 순위합의 분산}}{\text{피험자별 순위합 분산의 이론 최댓값}}$$

$$\frac{\text{집단 수(피험자 수}-1)}{12}$$

켄달의 일치계수(Kendall's coefficient of concordance) ••• 피험자 간의 순위 일치도를 나타낸다. 피험자별로 순위합의 분산을 그 이론의 최댓값으로 나눈다. 0~1까지이며, 1에 가까울수록 높게 일치한다. 관능검사관의 평가정합도 등에 이용된다.

각각 - 나머지

제8장
실험계획법

피셔의 3원칙 ①

반복

실험계획법이란 성공하는 실험을 계획하기 위한 규칙 모음집이다.
R · 피셔는 그 규칙을 3가지 원칙(반복, 무작위화, 국소관리)으로 정리했다.
또한, 실험계획법에는 부분적인 실험으로 마치거나 분석에 필요한 최소 데이터 수를 정하는 법 등 효율적인 실험 계획 방법도 포함된다.

▶▶▶ 피셔의 3원칙

- 실험의 실패란 실험 후 분산분석에서 효과가 없는데 있다고 오인하거나, 효과가 있는데 이를 알아채지 못하는 것을 말한다. 반대로 실험에서 성공했다는 것은 요인효과가 있을 때 그것을 정확히 검출한 것을 말한다.
- 실험의 실패는 피셔가 제창한 3가지 원칙을 따르면 막을 수 있다.

피셔의 3원칙(basic principles of experimental designs) ••• 있어야 할 효과를 정확히 검출할 수 있는 실험을 해 내기 위해 피셔가 제안한, 공간과 시간의 배치에 관한 규칙이다. 반복, 무작위화, 국소관리.

반복의 원칙

- 분산분석에 필요한 오차분산을 평가하기 위해 같은 수준(집단, 처리) 내에서 실험을 반복하는 것이다. 이러한 반복 없이는 분산분석을 할 수 없다.

$$\text{분산분석의 검정통계량 } F = \frac{\text{요인분산}}{\text{오차분산}} = \frac{\text{군간변동}/\text{자유도}(=\text{집단 수}-1)}{\text{군내변동}/\text{자유도}(=\text{데이터 수}-\text{집단 수})}$$

↖ 복수의 데이터가 없으면 계산할 수 없다.

사례 : 3단계의 비료 주기 현장실험

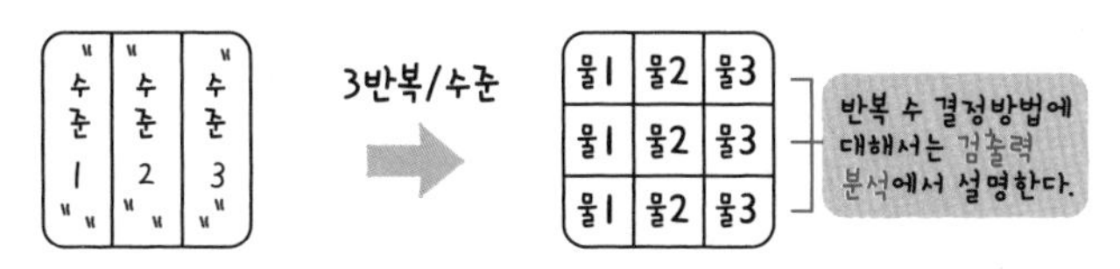

반복의 이점

- F 값의 변동 계산에서 이용하는 평균값의 측정오차가 작아져 실험 통계량(나아가서는 검정)의 정밀도가 향상된다.
- 분자의 군간변동이 커지고 F 값도 커진다. 더불어 분모의 자유도가 커지기 때문에 한계값이 작아져 검출력이 높아진다.

정밀도가 향상된다　　분자의 변동이 커진다

$$F\text{값} = \frac{\text{군간변동}/(\text{집단 수}-1)}{\text{군내변동}/(\text{데이터 수}-\text{집단 수})}$$

자유도가 커진다

유사반복

- 실험을 한 번밖에 하지 않고 같은 개체에서 반복 측정하면(유사반복), 큰 자유도용 한계값을 사용하게 되므로 검정이 허술해진다.

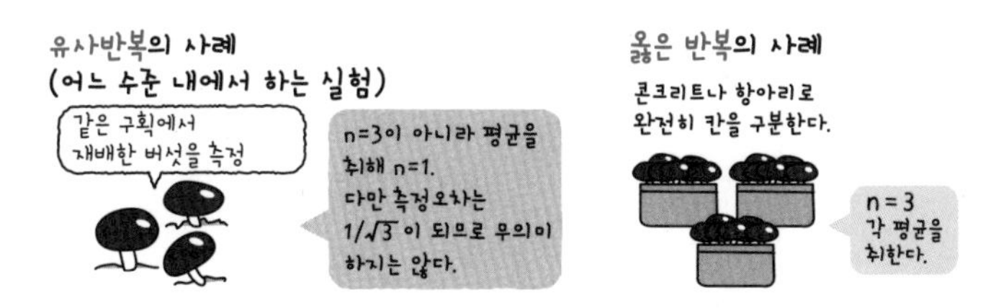

반복(replication) ••• 독립된 실험을 반복하는 것을 말한다. 분산분석의 필수조건으로 검정 정밀도나 검출력이 향상된다.
유사반복(pseudoreplication) ••• 같은 개체로 측정을 반복하는 등, 실험이 독립되지 않은 경우에는 반복이라 할 수 없다.

8 | 2

피셔의 3원칙 ②

무작위화

무작위화란 본래는 오차라 해야 할 요소가, 방향성을 가지고 실험결과에 들어가지 않도록 실험공간 배치나 시간의 순서를 무작위로 배열하는 것을 말한다.

▶▶▶ 무작위화의 원리

무작위화를 실시하지 않은 사례 : 세 수준의 비료 사용 효과를 확인한 현장실험(1~3은 시비 수준)

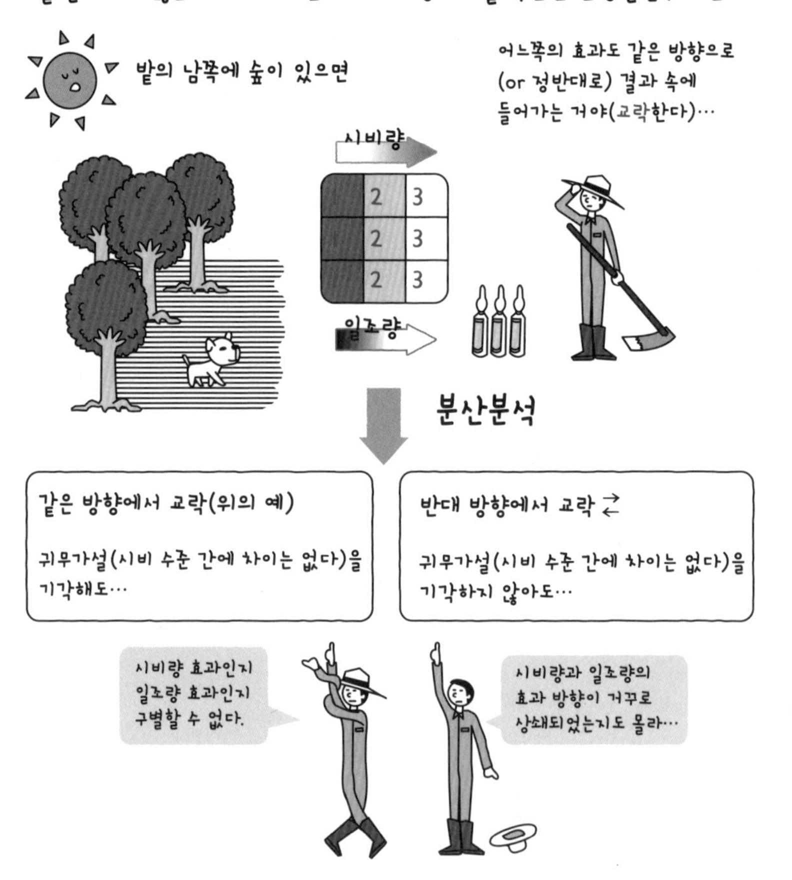

무작위화(randomization) ••• 분산분석에서 효과를 잘못 판정하지 않도록 공간이나 시간을 아무렇게나 배치해서 계통오차를 무작위 오차로 바꾼다. 순서가 효과에 영향에 주는 요인 모두가 대상이 된다.

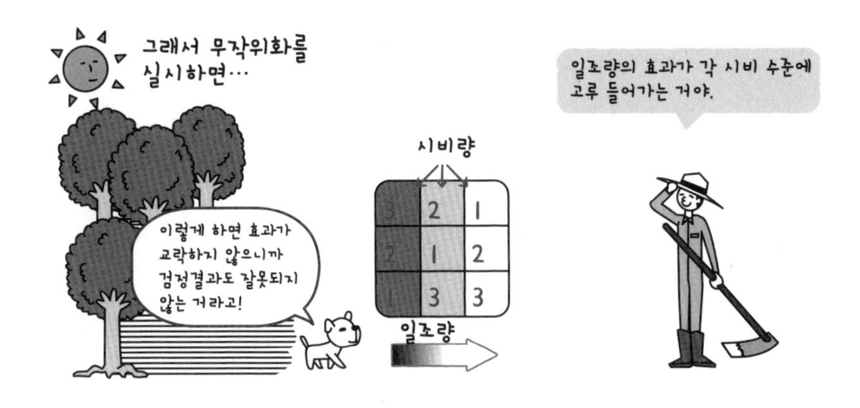

● 무작위화란 계통오차(54~55쪽)를 우연오차로 바꿔 주는 것을 말한다.

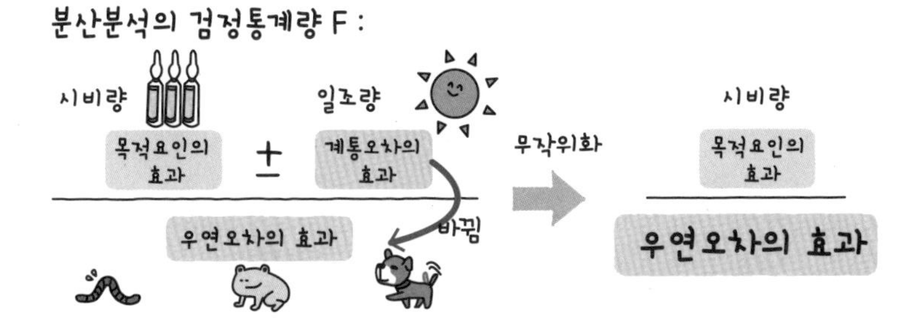

▶▶▶ 무작위화의 대상

● 농장 같은 공간뿐 아니라 실험 순서(시간)도 무작위화의 대상이다.

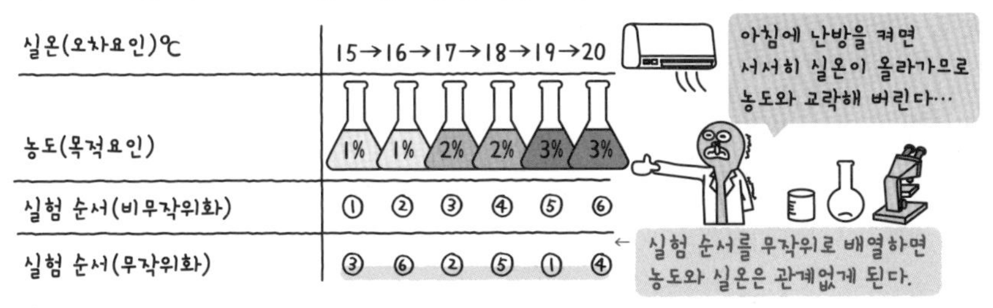

교락(confounding) ••• 여러 요인이 결과에 영향을 준다는 것은 알지만, 각각의 요인이 어느 정도로 영향을 주는지를 분리할 수 없는 상태를 말한다.

8 | 3

피셔의 3원칙 ③

국소관리

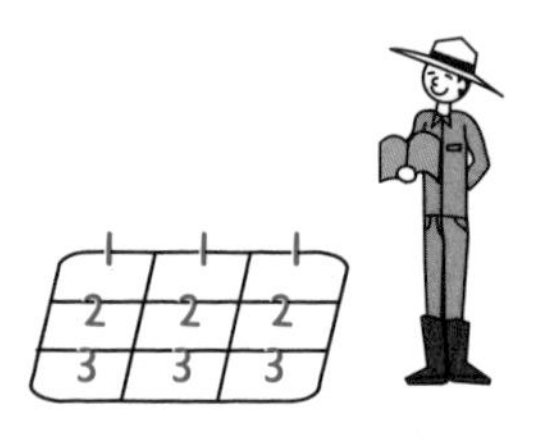

국소관리란 공간적 · 시간적인 실험의 장을 작게 나누고(블록화), 그 속에서 실험을 실시하고 분석하는 것을 말한다.

무작위화와 마찬가지로 목적이 아닌 요인이 방향성을 갖고 실험결과에 교락하지 않도록 하는 방법인데, 우연오차로 바꾸는 것이 아니라 계통오차 자체를 하나의 요인으로 취급함으로써 계통오차 자체를 없앤다.

▶▶▶ 국소관리의 원칙

비료 효과를 확인하는 농장실험(무작위화와 동일)의 사례 :

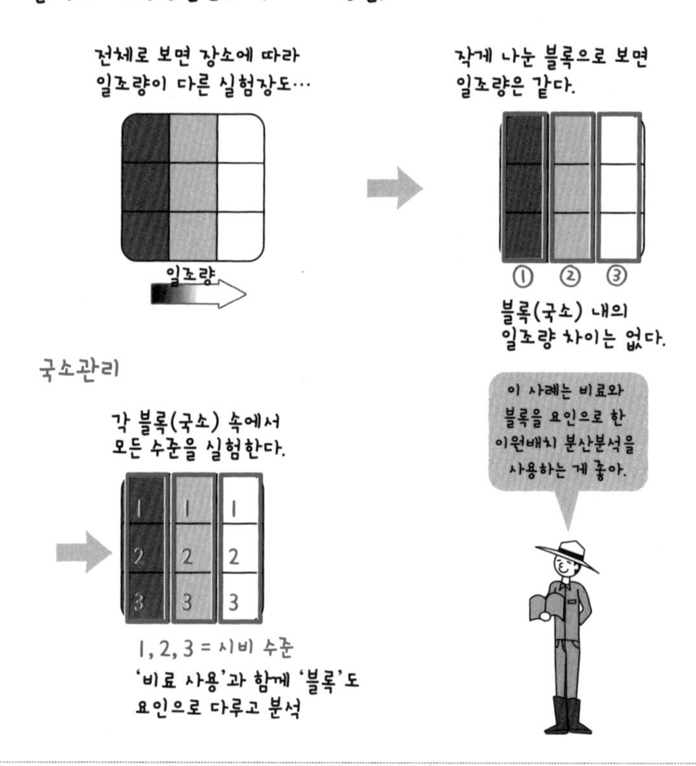

국소관리(local control) ••• 실험 전체의 공간이나 시간의 장을 작게 나눠(블록화) 그 속에서 실험을 실시하고 분석하는 일. 특히 대규모 실험에서 계통오차의 영향을 줄이는 데 효과적이다.

▶▶▶ 국소 관리한 실험의 검정

- 목적요인에 더해 계통오차도 하나의 요인으로 취급하는 것으로, 각각 독립된 검정이 가능해진다. 즉, 목적요인의 효과검정에서 계통오차의 효과 영향이 없어진다.

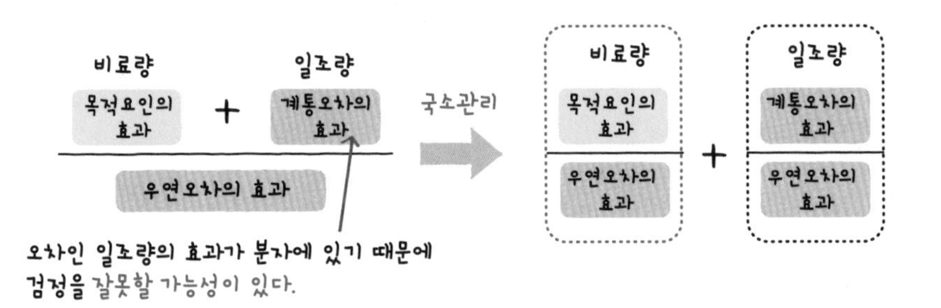

▶▶▶ 소분할(블록화)의 대상

- 계통오차로서 실험에 들어갈 요인 전체(시간, 장소)가 대상이다.
- 실험이 크고(반복이 많고), 전체를 무작위화하면 오히려 오차가 커질 것 같을 때 도입한다. 예를 들면 한 사람의 검사원이나 한 대의 제조라인만으로 많은 데이터를 취하면 피로나 마모 등 새로운 오차가 더해지기 때문이다.

정리하면 다음과 같은 요인이 블록화의 대상이 된다.

- 관능검사 : 검사원(목적요인의 효과보다도 개인차에 의한 영향이 커지는 일이 흔하다).
- 공장실험 : 제조라인, 원료 수량, 일, 작업자, 출하 수량, 작업시간대
- 농장실험 : 농장의 구획, 식물공장의 선반, 과수 개체, 파종일, 수확일
- 설문이나 청취조사 : 조사원, 방문 지역, 설문 회수일

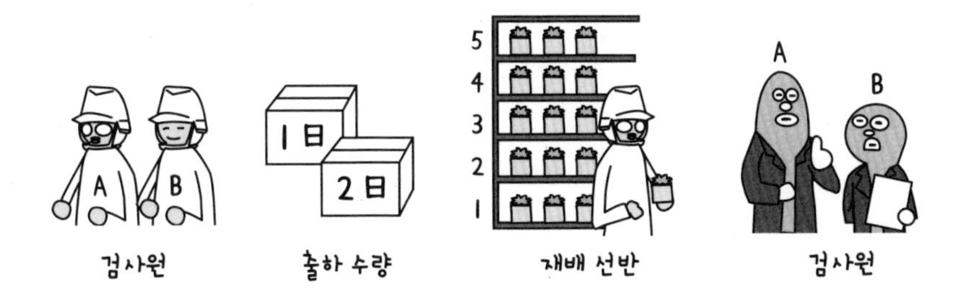

블록(block) ••• 국소관리에서 작게 나눈 공간이나 시간을 말하는 것으로, 블록 자체를 하나의 오차요인(블록 요인)으로 생각한다. 대응이 있는 분산분석의 각 개체(피험자)에 해당한다.

8 | 4

여러 가지 실험 배치

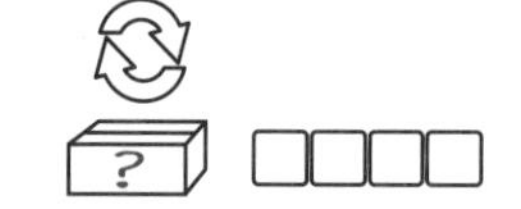

피셔의 3원칙을 모두 충족시킨 실험을 '난괴법(亂塊法)', 반복과 무작위화만을 충족시킨 실험을 '완전무작위화법'이라고 한다.

어느 쪽을 써서 실험계획을 세울 것인가는 실험의 규모나 교락이 예상되는 계통오차의 성질, 해당 분야의 관례 등에 따라 결정한다.

이 외에도 라틴 방격법이나 분할구법(分割區法) 등 계통오차의 성질이나 수에 따라 여러 가지 실험시간이나 공간의 배치 방법이 제안되고 있다.

▶▶▶ 완전무작위화법과 난괴법

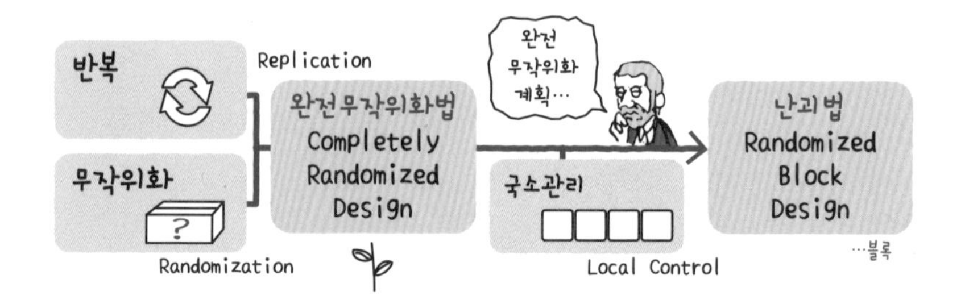

농장의 사례(1~3은 목적요인의 수준)

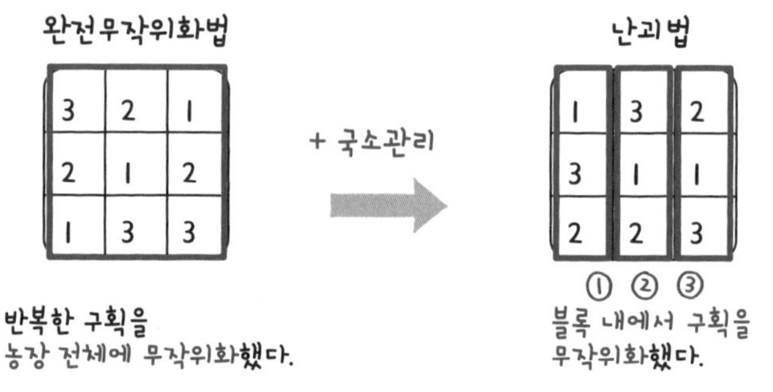

요령 : 규모가 큰(반복이 많은) 실험이나 개인차 등의 효과가 크고, 또한 무작위화가 어려운 계통오차의 교락이 예상되는 경우에는 국소관리를 도입한 난괴법을 선택하는 것이 좋다.

완전무작위화법(completely randomized block design) ••• 반복과 무작위화를 실시하는 실험 배치로, 소규모 실험에 적합하다. 오차변동은 커지지만, 자유도는 줄기 때문에 난괴법보다도 오차분산이 작아지는 일도 있다.

난괴법(randomized block design) ••• 반복, 무작위화에 국소관리를 더하여 세 원칙 모두를 도입한 실험 배치이다. 블록 요인의 영향이 크고 반복 수가 많은 대규모 실험에 적합하다.

라틴 방격법

- 난괴법을 발전시키고 블록 요인을 두 가지 도입한 실험을 라틴 방격법이라고 한다. 라틴 방격이란 n행 n열인 표의 각 행열에 n개의 다른 숫자나 기호가 1회만 나오도록 한 표를 말한다.
- 목적요인에 더하여 두 개의 블록 요인을 도입한 것으로, 삼원배치가 된다(교호작용은 없는 것을 전제로 한다).

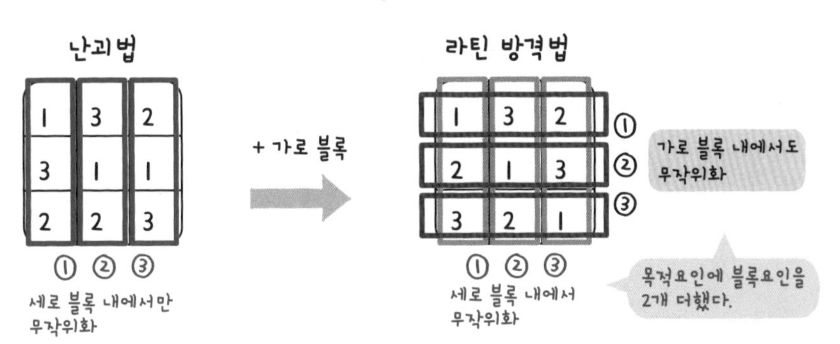

분할구법

- 둘 이상 되는 요인 중에 수준 변경이 쉽지 않은 요인이 있을 경우, 실험을 몇 단계로 분할하여, 단계별로 완전무작위화법이나 난괴법, 라틴 방격법을 적용하면 무리가 없는 실험을 할 수 있다.
- 아래의 각 예는 요인이 두 개(관수와 시비)인데, 1차 요인에 완전무작위화법을 사용하고, 2차 요인에 난괴법을 사용했다.

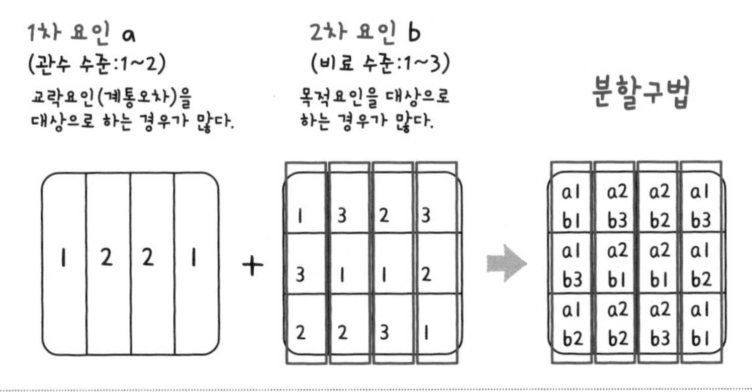

라틴 방격법(latin square design) ••• 블록 요인을 두 개 도입한 실험 배치로 교호작용이 없는 삼원배치 실험이다.
분할구법(split-plot design) ••• 수준 변경이 어려운 요인이 있는 경우에 실험을 몇 단계로 분할해 실시하는 방법이다.

실험을 간추려 실시한다

직교계획법

효과를 확인하고 싶은 요인이 너무 많아 실험 조합이 방대해질 경우, 그 일부만 실험하는 방법이다.
직교표를 이용해 요인과 수준의 조합을 간추리고, 관측한 데이터로 분산분석을 실시한다.
품질공학이나 마케팅 분야에서 응용하고 있다.

▶▶▶ 직교계획법의 역할

공업분야나 하나하나 감으로 찾는 초기 실험 등에서는 효과를 확인하고 싶은 요인의 후보가 많이 나오기 마련이다.

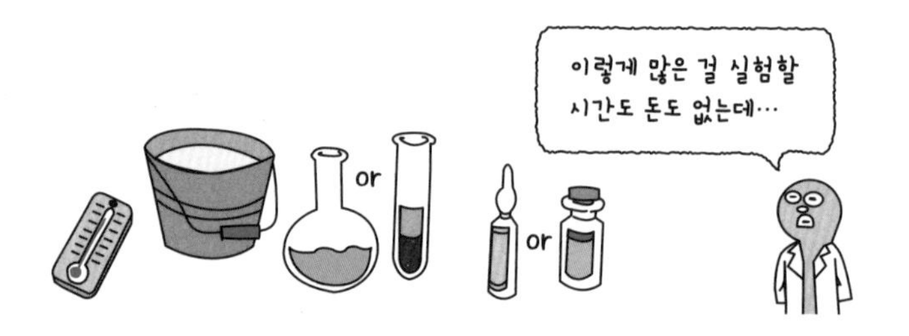

예를 들면 2수준밖에 없는 요인이라도 4개 있으면 2^4로 16가지 조합이 되기 때문에, 실험을 최소(반복하지 않는 경우라도) 16회 해야 한다.

절반인 8개의 실험만 실시하면 된다.

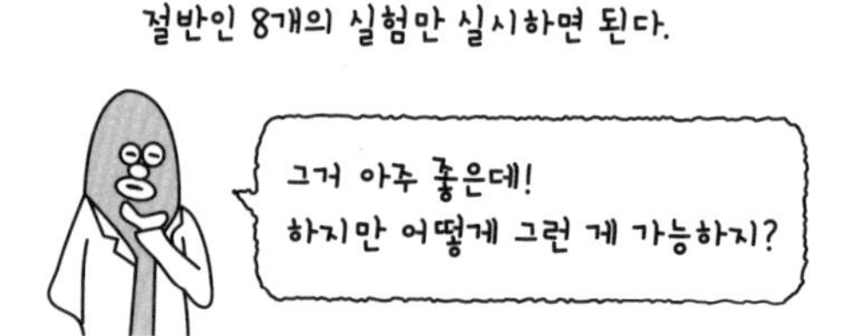

직교계획법(orthogonal design method) ••• 직교표에 요인을 할당해 실험 조합 수를 줄여 효율화를 꾀하는 방법. 효과를 검증하고 싶은 요인이 많이 있는 실험에 유효하다. 다만 요인 사이에는 무상관이 전제 조건이다.

▶▶▶ 직교표란?

- 직교(배열)표란 어떤 2열을 취해도 수준의 모든 조합이 같은 횟수가 되도록 배열한 표를 말한다. 이 직교표에 요인을 할당함으로써 실험 횟수를 줄일 수 있다.
- 직교란 각 요인이 독립되어 있음을 의미하므로 요인 간의 상관계수는 제로가 된다.

주효과나 교호작용, 오차를 배치

실험 수(조합 수)

$L_8(2^7)$	열 1	열 2	열 3	열 4	열 5	열 6	열 7
①	1	1	1	1	1	1	1
②	1	1	1	2	2	2	2
③	1	2	2	1	1	2	2
④	1	2	2	2	2	1	1
⑤	2	1	2	1	2	1	2
⑥	2	1	2	2	1	2	1
⑦	2	2	1	1	2	2	1
⑧	2	2	1	2	1	1	2

수준값

★모든 열에서 수준 1과 수준 2가 4회씩 나타나 있다.

★어느 2열을 봐도 수준 1과 수준 2의 조합(1·1, 1·2, 2·1, 2·2)이 2개씩 나타나 있다.

▶▶▶ 여러 가지 직교표

- 이외에도 수준의 수나 요인의 수에 따라 여러 종류의 직교표가 고안되어 있다(자신이 직접 만들 수도 있다).
- 혼합계에서는 교호작용 검정은 할 수 없다.

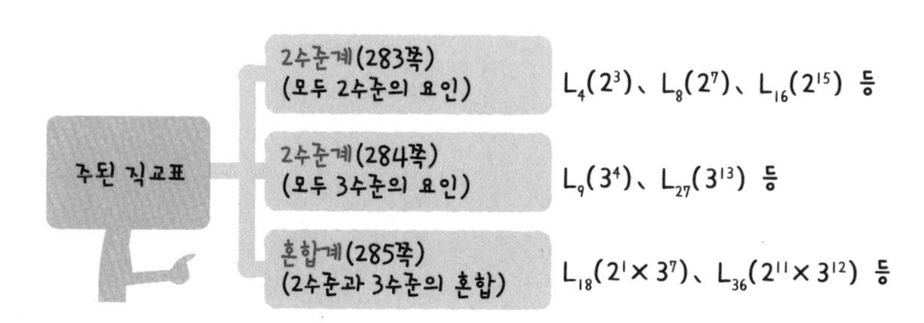

직교표(orthogonal table) ••• 어떤 2열(열에는 요인을 할당한다)을 취해도 수준의 모든 조합이 같은 횟수로 나타나도록 배열한 표이다. 모든 열에서 같은 수준 수가 나타나는 표와 다른 수준 수의 열이 혼재되어 있는 표가 있다.

▶▶▶ 직교표의 원리

- 가장 기본적인 $L_4(2^3)$형 직교표를 사례로 원리를 설명하겠다. 앞 페이지의 $L_8(2^7)$형 직교표의 1, 3, 5, 7행을 왼쪽 3열에서 추출하면 이 표가 된다.
- 이 표는 2수준의 요인이 2개 있는 경우, 즉 이원배치를 기본으로 만든 것이다.

$L_4(2^3)$	열 1	열 2	열 3
실험①	1	1	1
실험②	1	2	2
실험③	2	1	2
실험④	2	2	1
	요인 A	요인 B	교호작용 (오차 포함)

2수준의 요인을 3개까지 (교호작용 포함) 할당할 수 있는 표로, 본래 8개 필요한 실험을 4개까지 줄일 수 있다.

2개의 요인을 A, B로 하면 왼쪽부터 맨 처음 열에 요인 A, 2열에 요인 B, 3열에 교호작용(A×B)을 할당한다. 다만, 마지막 열에는 오차도 포함된다(주 1, 2)

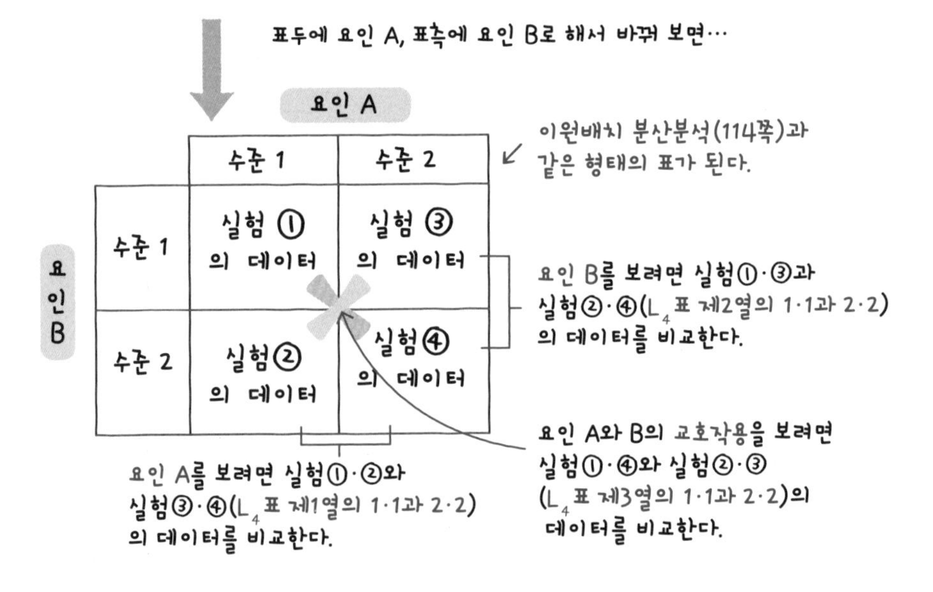

주1: $L_4(2^3)$형 직교표의 데이터는 '반복이 없는 이원배치 분산분석'으로 요인 A와 B의 주효과를 검정할 수 있지만, 교호작용에 대해서는 오차와 교락하기 때문에 반복하지 않으면 검정할 수 없다.

주2: 교호작용 A×B가 없다는 것이 가정되어 있다면 제3열에 3번째의 요인을 배치할 수도 있다(165쪽의 라틴 방격법이 바로 이것이다).

선점도(linear graphs) ••• 실험에서 검증하고 싶은 요인의 주효과를 '점'으로 나타내고, 그것들을 연결하여 교호작용을 '선'으로 나타낸 그림이다. 각 직교표에 몇 가지 준비되어 있다. 실험과 같은 구조의 선점도가 있으면 할당이 용이하다.

L8 직교표로의 할당

- 2수준형이나 3수준형에서는 열에 할당하는 요인이 정해져 있다(혼합형은 어느 열에 어느 요인을 할당해도 OK).
- 많이 사용되는 $L_8(2^7)$형 직교표를 사용해 요인 할당표를 설명한다.

$L_8(2^7)$	열 1	열 2	열 3	열 4	열 5	열 6	열 7
실험①	1	1	1	1	1	1	1
⋮		2~8째 행은 생략					

- $L_8(2^7)$형은 삼원배치가 기본이다. 3개의 요인을 A, B, C라고 하면 맨 1열째에 요인 A, 2열째에 요인 B, 3열째에 이들의 교호작용 A×B, 4열째에 요인 C, 5열째에 A×C, 6열째에 B×C, 7열째에 A×B×C가 할당되어 있다.

$L_8(2^7)$	A	B	AxB	C	AxC	BxC	AxBxC
실험①	1	1	1	1	1	1	1
⋮			2~8째 행은 생략				

- 7열째에 할당되어 있는 3요인의 교호작용은 극히 작은 경우가 많으므로 보통은 그 대신에 4번째의 요인 D를 할당한다.
- 오차가 없으면 분산분석을 실시할 수 없으므로 어느 1열을 오차용으로 할당한다. 일반적으로는 관심이 없는 교호작용의 열(2열 이상이어도 좋다)을 오차로 한다.

- 아래가 L_8표에서 가장 많이 사용되는 할당 패턴이다.

$L_8(2^7)$	A	B	AxB	C	AxC	오차	D
실험①	1	1	1	1	1	1	1
⋮			2~8째 행은 생략				

←가장 정통적인 방법

- 이외에도 할당 패턴은 여러 가지를 생각할 수 있다. 극단적인 예로, 교호작용이 없다고 가정할 수 있다면 아래와 같이 6개의 요인을 할당할 수 있다(1열은 오차).

$L_8(2^7)$	A	B	C	D	E	오차	F
실험①	1	1	1	1	1	1	1
⋮			2~8째 행은 생략				

오차의 할당 ••• 효과를 검정하려면 직교표의 어느 한 열 이상을 오차에 할당할 필요가 있다. 다만 Lenth의 유사표준오차를 이용하면 오차열이 없는 포화계획으로도 검정할 수 있다.

▶▶▶ L8 직교표로의 할당(계속)

- 앞 페이지에서 소개한 할당 패턴을 이용해 실험을 계획해 보자. 이 패턴은 요인 4개(A, B, C, D)와 교호작용 2개(A×B×C×D)를 검정하기 위한 할당이다.
- 요인 B와 요인 C의 교호작용(B×C)에 관심이 없으므로 6열째에 오차를 할당했다.
- 요인 D는 A×B×C 대신에 할당했으므로 다른 요인과 교호작용을 발휘하지 않는 요인을 할당해야 한다(교락되어 버린다).

$L_8(2^7)$	A	B	AxB	C	AxC	오차	D
①	1	1	1	1	1	1	1
②	1	1	1	2	2	2	2
③	1	2	2	1	1	2	2
④	1	2	2	2	2	1	1
⑤	2	1	2	1	2	1	2
⑥	2	1	2	2	1	2	1
⑦	2	2	1	1	2	2	1
⑧	2	2	1	2	1	1	2

주효과를 확인하고 싶은 4개의 요인에서 수준의 할당을 추출한다
(교호작용이나 오차의 열은 사용하지 않는다)

$L_8(2^7)$	A	B	C	D
실험①	1	1	1	1
실험②	1	1	2	2
실험③	1	2	1	2
실험④	1	2	2	1
실험⑤	2	1	1	2
실험⑥	2	1	2	1
실험⑦	2	2	1	1
실험⑧	2	2	2	2

8개의 실험을 하면 된다.

예를 들어 가장 위의 실험①은 4요인의 수준을 모두 '1'로 한 실험이라는 의미인가?

다수준법(multi-level method) ••• 2수준계 직교표에 4수준의 요인을 할당하는 방법. 2열을 통합해서 하나의 열로 한다.
의수준법(pseudo-level method) ••• 2수준계 직교표에 3수준의 요인을 할당하는 방법으로, 다수준법을 응용한 것이다.

▶▶▶ 직교계획에 기초한 실험 데이터의 검정(L8표의 경우)

● 검정하고 싶은 주효과나 교호작용에서, 수준 1의 데이터와 수준 2의 데이터 평균으로부터 분산비(F 값)를 검정한다. 요인 A의 주효과를 검정해 보자.

$L_8(2^7)$	A	B	A×B	C	A×C	오차	D	데이터
①	1	1	1	1	1	1	1	1
②	1	1	1	2	2	2	2	4
③	1	2	2	1	1	2	2	1
④	1	2	2	2	2	1	1	5
⑤	2	1	2	1	2	1	2	3
⑥	2	1	2	2	1	2	1	8
⑦	2	2	1	1	2	2	1	4
⑧	2	2	1	2	1	1	2	9

수준 1의 집단평균 2.75
-1.625
수준 2의 집단평균 6.00
+1.625
4.375 총평균
요인 A의 군간변동

① 먼저, 총변동을 계산한다. 각 데이터와 총평균과의 편차의 제곱합이다.

복습 : 총변동 = $\Sigma\Sigma(x_{ij}-\bar{x}_{..})^2$ 다만, i는 반복 수, j는 집단(수준) 수

이 사례의 총변동 = $(1-4.375)^2 + (4-4.375)^2 + \cdots + (9-4.375)^2 = 59.875$

② 요인 A의 주효과에 의한 변동(군간변동)을 계산한다. 위 그림의 점선 화살표.

복습 : 요인(집단 간)변동 = $i\Sigma(\bar{x}_{.j} - \bar{x}_{..})^2$

수준 1(1, 4, 1, 5)의 집단평균 2.75와 총평균 4.375의 편차 = −1.625

수준 2(3, 8, 4, 9)의 집단평균 6.00와 총평균 4.375의 편차 = +1.625

군간변동(반복 수는 4) = $4\times\{(-1.625)^2 + (1.625)^2\} = 21.125$

요인분산(자유도는 집단 수2 − 총평균 수 1로 1) = 21.125 ÷ 1 = 21.125

③ 같은 방법으로, 4개의 요인과 2개의 교호작용 변동 모두를 계산한다.

요인 B가 1.125, 요인 C가 36.125, 요인 D가 0.125, A×B가 0.125, A×C가 1.125

④ 총변동에서 모든 요인변동을 뺀 나머지가 오차변동이 된다.

오차변동 = 59.875 − 21.125 − 1.125 − 36.125 − 0.125 − 0.125 − 1.125 = 0.125

오차분산 =(자유도도 총변동의 자유도 7에서 각 요인의 자유도 1을 뺀 나머지 '1'이 된다.)

= 0.125 ÷ (7 − 6) = 0.125

⑤ 요인분산÷오차분산에서 F 값을 계산하고, 한계값(자유도 1, 1)과 비교 판정한다.

요인 A의 F 값 = 21.125 ÷ 0.125 = 169.0 > 한계값(5%) = 161.45 ↙ **유의**

직교계획법의 결점 ••• 직교계획법의 결점으로는 ①교호작용이 일부 혹은 모두를 검정할 수 없고 ②반복 수가 적기 때문에 검출력이 떨어지며 ③수준 수가 많은 요인은 다루기 어렵다는 점 등이 있다.

8 | 6

직교계획법의 응용 ①

품질공학 (파라미터 설계)

품질공학은 효율적으로 기술 개발이나 신제품 개발을 하기 위해 일본인 다구치 겐이치(田口玄一) 박사가 고안한 방법론으로 다구치 메소드(TM)라고도 한다.

▶▶▶ 품질공학

● 파라미터 설계, 온라인 품질공학, MT 시스템으로 구성되며, 파라미터 설계를 할 때 직교표를 이용한다.

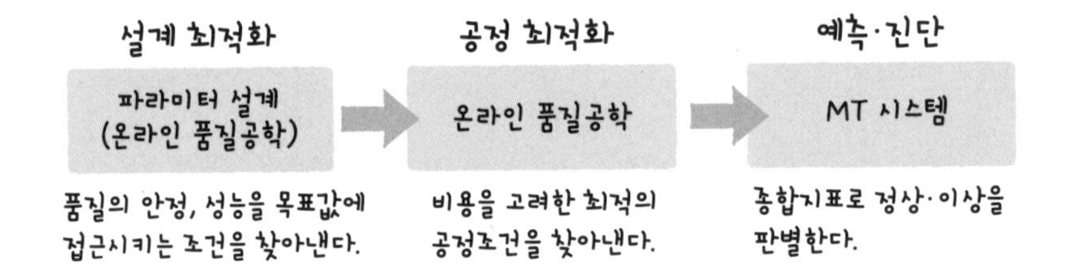

▶▶▶ 파라미터 설계의 목적

● 직교표를 이용해 품질의 편차가 가장 작아지는 제어인자(파라미터)와 수준의 조합을 찾는 것이다. 편차의 지표에는 SN비가 이용된다.

품질공학(quality engineering) ••• 기술발전에 요구되는 요건을 효율적으로 실현하는 방법론으로, 다구치 메소드라고도 한다. 품질공학을 구성하는 3시스템 중 처음 파라미터 설계를 할 때 직교계획법을 이용한다.

▶▶▶ 파라미터 설계의 개요

- 파라미터 설계에서는 설계의 실용성을 높이기 위해 교호작용을 상정하지 않는($L_{18}(2^1 \times 3^7)$ 등의 혼합계 직교표를 이용한다.
- 신호인자와 함께 오차인자를 직교표의 바깥쪽에 배치하여 오차를 발생시키는 외적 요인을 적극적으로 설계에 도입한다는 데에 특징이 있다.

	제어인자								신호인자 M_1		신호인자 M_2			
L_{18}	A	B	C	D	E	F	G	H	오차 N_1	오차 N_2	오차 N_1	오차 N_2		SN비
①	1	1	1	1	1	1	1	1	$y_{1,1,1}$	$y_{1,1,2}$	$y_{1,2,1}$	$y_{1,2,2}$	➡	η_1
②	1	1	2	2	2	2	2	2	$y_{2,1,1}$	$y_{2,1,2}$	$y_{2,2,1}$	$y_{2,2,2}$	➡	η_2
⋮	⋮	⋮	⋮	⋮	⋮	⋮	⋮	⋮	⋮	⋮	⋮	⋮	계산	⋮
⑱	2	3	3	2	1	2	3	1	$y_{18,1,1}$	$y_{18,1,2}$	$y_{18,2,1}$	$y_{18,2,2}$	➡	η_{18}

직교계획법 (내측 배치) / 파라미터 설계 특유의 배치 (외측 배치)

- 특성(y) : 안정시킬 대상, 즉 계측되는 실험 결과(예를 들면 엔진의 회전력)
- 신호인자(M) : 특성을 자유롭게 변화시킬 수 있는 요인(가솔린의 분사량)
- 오차인자(N) : 제어가 어려운 외적 인자(기온, 습도, 기압, 대기오염 등)
- SN 비(η) : 편차가 적음을 나타내는 지표(회전력의 안정성)
- 제어인자(A~H) : 제어할 수 있는 실험조건(실린더나 피스톤의 모양이나 재질, 스로틀 밸브나 연료 분사 제어 방법 등).

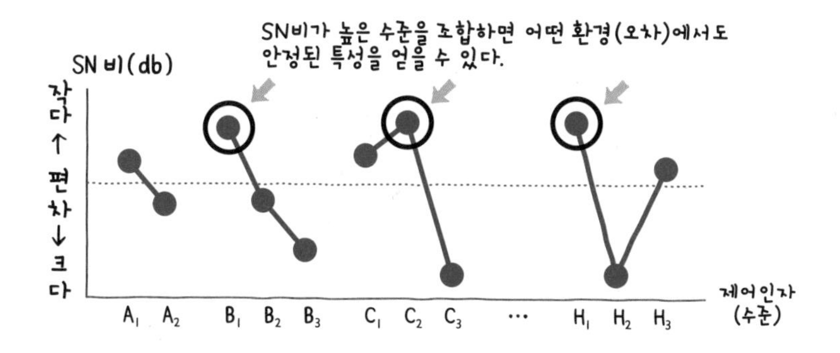

파라미터 설계(parameter design) ••• 설계(온라인) 단계에서 품질을 안정시켜, 성능이 목표에 근접하는 조건의 조합을 찾아내는 일이다. 교호작용을 전제로 하지 않는 L18 등의 혼합계 직교법이 이용된다.

직교계획법의 응용 ②

컨조인트 분석

소비자가 어떤 상품이나 서비스를 좋아하는지 조사하기(마케팅 리서치) 위한 방법이다. 소비자 실험에서 피험자의 부담을 줄이기 위해 직교계획법을 이용한다.

▶▶▶ 컨조인트 분석

- 컨조인트 분석에서는 속성(요인)과 수준을 조합한 프로파일을 직감적으로 평가하게 함으로써 어떤 속성이나 수준이 중시되는지를 밝힌다.

사례 : 스마트폰 마케팅

순서 ① : 속성(요인)과 수준의 결정

	화면	결제 기능	방수	TV
수준 1	4인치	작다	없음	없음
수준 2	5인치	크다	있음	있음

← 요인을 속성이라고도 한다.

조합을 줄이기 위해 직교표를 사용하므로 2~3수준 정도로 유지한다.

순서 ② : 프로파일(속성과 수준으로 이뤄지는 가상제품)의 작성

- 속성이나 수준 수에 적합한 직교표에 할당하고, 프로파일을 작성한다. 이 사례에서는 4개의 속성이 모두 2수준이므로 $L_8(2^7)$ 직교표의 1·2·4·7열에 할당해 보겠다.

프로파일 NO.	화면	지갑	방수	TV	평점
①	1	1	1	1	1
②	1	1	2	2	4
③	1	2	1	2	2
④	1	2	2	1	3
⑤	2	1	1	2	5
⑥	2	1	2	1	7
⑦	2	2	1	1	6
⑧	2	2	2	2	8

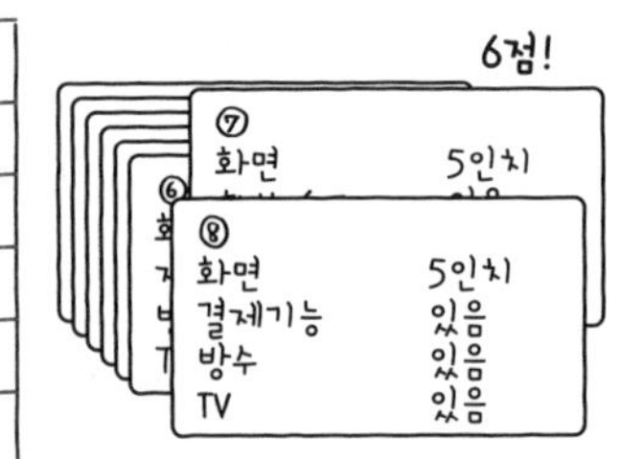

그림이나 문자로 나타낸 속성이나 수준의 조합을 나타낸 카드 8매를 소비자에게 보여 주고 얼마나 구입하고 싶은지를 점수로 평가하게 한다.

컨조인트 분석(conjoint analysis) ••• 상품에 대한 소비자 평가로부터 상품이 갖는 각 속성(요인)의 중요도(소비자의 취향)를 파악하는 동시에, 상품 전체의 매력을 시뮬레이션 하는 마케팅 방식이다.

순서 ③ : 부분효용의 계산

- 속성(4열)을 설명변수, 평점을 반응변수로 해서 중회귀분석(196쪽~)을 실시한다.
- 이 회귀계수는 컨조인트 분석에서는 부분효용이라고 하며, 수준 2를 소비했을 때의 만족도를, 수준 1을 기준(제로)로 해서 나타낸 것이다.
- 다만 이 상태로는 알기 어려우므로 평균을 0으로 한 값으로 변환한다. 화면 속성이라면 수준 1(4인치)의 부분효용을 −2.00, 수준 2(5인치)를 +2.00으로 하면 평균이 0이 된다.

중회귀분석의 결과

	회귀계수
화면	4.00
결제 기능	0.50
방수	2.00
TV	0.50
절편	-6.00

순서 ④ : 중요도의 계산

- 각 속성의 중요도는 해당 속성의 부분효용 영역(최댓값과 최솟값의 차이)을, 전체에서 차지하는 비율로 한 것이다. 예를 들면 화면속성의 부분효용 영역은 수준 2의 효용 2.00에서 수준 1의 효용 −2.00을 뺀 4.00이 된다. 마찬가지로 결제 기능의 중요성은 0.50, 방수는 2.00, TV는 0.50이며, 합계는 7.00이 된다. 따라서 화면의 중요성은 4.00÷7.00으로 57.1%가 된다.
- 부분효용이나 중요도 표현방법은 다양하지만, 사례의 결과를 다음과 같이 정리하면 이해하기 쉽다.

속성	수준	부분효용 (-2 -1 0 +1 +2)	중요도(%)
화면	5인치	+2	57.1
	4인치	-2	
결제 기능	있다	+0.25	7.1
	없다	-0.25	
방수	있다	+1	28.6
	없다	-1	
TV	있다	+0.25	7.1
	없다	-0.25	

이 소비자에게 있어 스마트폰의 사양으로 가장 중요한 것은 화면의 크기이고, 다음이 방수 기능이라는 것을 알 수 있다.

따라서 이 소비자를 타깃으로 한 매장에서는 결제 기능이나 TV 기능보다도 5인치, 방수 기능이 있는 스마트폰을 취급하는 것이 좋다.

프로파일 카드(profile card) ••• 회답자(소비자)에게 보이기 위해 각 속성과 수준을 조합해서 가상상품을 나타낸 카드. 이 카드를 작성할 때, 직교표를 사용하면 회답자의 부담을 크게 덜 수 있다.

표본 크기를 정하는 법

검출력 분석

검정의 표본 크기는 너무 작아도 너무 커도 안 된다.

실험에 앞서 검정에서 확인하고 싶은 정도의 차이(효용)를 정확히 검출할 수 있는 적합한 표본 크기를 정할 필요가 있다.

계산하기 귀찮을 수 있어, 부록 A(265쪽)에서 무료 소프트웨어 R로 계산하는 방법을 소개한다.

▶▶▶ 표본 크기와 검출력 분석

- 신뢰구간의 추정에서는 표본 크기 n은 클수록 좋지만 검정에서는 n이 너무 크면 의미 없는 작은 차이도 검출되어 버린다.
- 여기서는 검정에 적합한 표본 크기를 결정하는 방법을 소개한다.

~~표본이 너무 작다~~	충분한 차이(효과)가 존재해도 검출되지 않는다 : 검출력이 너무 낮기 때문
~~표본이 너무 크다~~	의미 없는 작은 차이라도 검출되어 버린다 : 검출력이 너무 높기 때문

↓ 적합한 표본 크기는?

검정에 따라 방법이 다르므로 여기서는 두 집단의 t 검정과 분산분석에 대해 설명 → **검출력 분석(Power Analysis)**

검출력 분석은 두 종류

- **사전분석(A priori)** 실험에 앞서 실험에서 목표로 하는 검출력을 실현하기 위한 표본 크기를 결정한다.
- **사후분석(Post hoc)** 실험 후에 실시한 검정이 어느 정도의 검출력이었는지 확인한다.

검출력 분석(power analysis) ••• 검출력을 둘러싼 표본 크기나 과오확률에 관한 분석방법을 통틀어 이르는 말. 사전에 표본 크기를 결정하는 방법 외에 사후에 효과량이나 검정력을 계산하는 방법, 과오확률 α · β를 구하는 방법 등이 있다.

유의수준과 검출력(복습)

- 검출력 분석은 이름 그대로 검출력을 중심으로 생각해간다. 여기서는 밀접한 관계에 있는 유의수준과 검출력에 대해 복습해 보자.
- 유의수준은 그 검정에서 허용할 수 있는 제1종 과오(귀무가설이 참인데도 불구하고 기각해 버리는 오류)를 범할 위험률을 말하는 것으로 α로 나타낸다.
- 검출력은 제2종 과오(대립가설 H_1가 참인데도 귀무가설 H_0을 채용해 버리는 오류, 확률은 β로 표기)를 범하지 않을 확률을 말하는 것으로 β의 보수(1－β)가 된다.

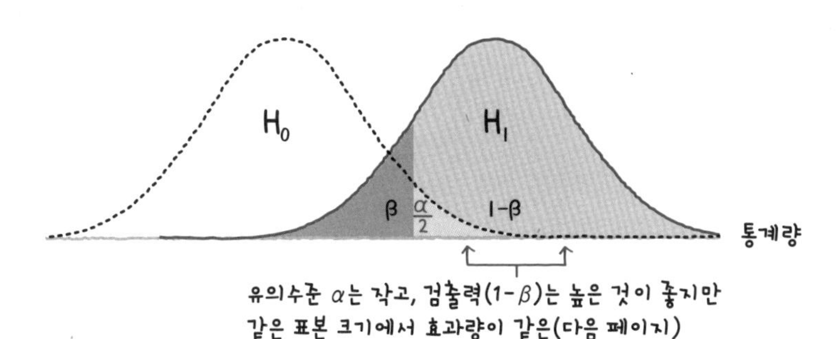

검출력을 결정하는 세 요소

- 검출력의 높이는 유의수준, 효과량, 표본 크기의 세 요소로 정해진다. 이들 관계를 정리하면 아래 그림과 같다.

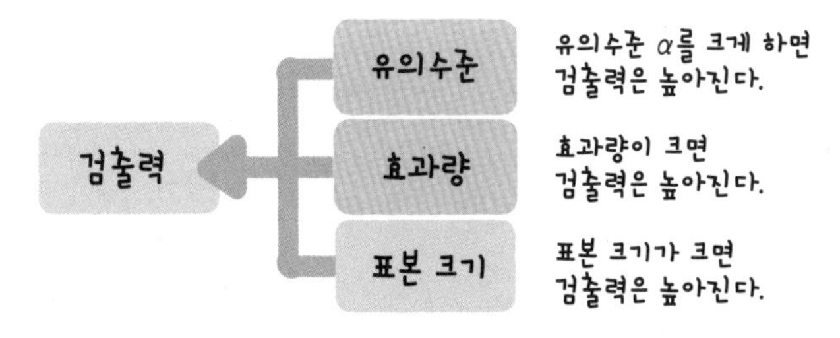

유의수준과 효과량을 사전에 추측할 수 있다면
목표로 하는 검출력을 실현할 수 있는 표본 크기를 계산할 수 있다.

표본 크기 정하는 법 ··· 그 검정에서 허용할 수 있는 제1종 과오의 확률(유의수준), 실험에서 검증하는 요인의 영향의 크기(효과량), 그 검정에 기대하는 능력(검출력)을 설정하는 것으로 사전에 구할 수 있다.

▶▶▶ 효과량

- 효과량이란 효과 그 자체의 크기(상관의 강도나 약의 효능 등)를 말한다. 다시 말하면 귀무가설이 어느 정도 옳은지 나타내는 지표이다. 같은 유의수준이고 같은 표본 크기라면 효과량이 클수록 검출력은 높아진다.
- 요인이 갖는 본래의 성질이므로 표본 크기와는 전혀 관계없다.
- p값 등 검정 결과와도 직접적인 관계가 없다. 효과량이 커도 표본이 작아 검출력이 낮기 때문에 차이가 검출되지 않는 일도 있다.

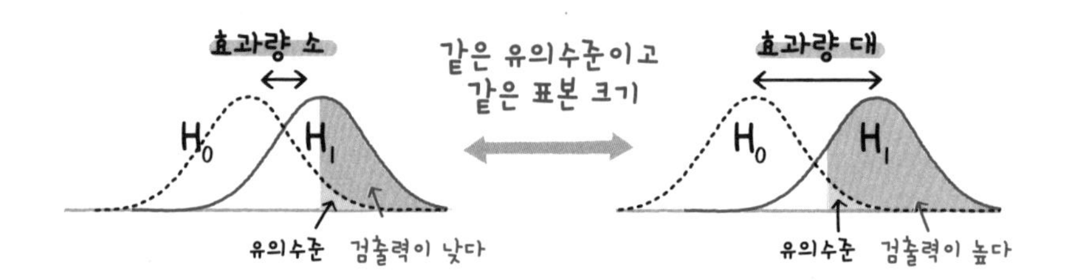

▶▶▶ 효과량의 계산

- 효과량을 계산하는 방법은 검정에 따라 다르지만(같은 검정이라도 다른 효과량의 계산방법이 있다), 모두 검정통계량에서 표본 크기와 자유도의 영향을 제외시키는 내용이다. 통계량의 주요 계산식을 소개한다.

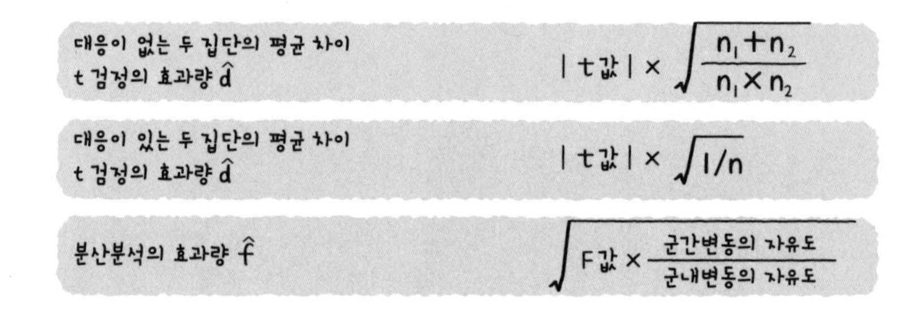

실험 결과로밖에 효과량을 계산할 수 없는데도 표본 크기를 정하려면 사전에 효과량이 필요하다. 그러므로 선행연구 등을 참고로 추정해야 하는데, 그것도 어려운 경우에는 적당한 값을 취하는 수밖에 없다. 예를 들면 t 검정에서 d의 경우, 효과량이 작을 것으로 예상되면 0.2, 중간 정도라면 0.5, 크다면 0.8 정도를 취한다. 분산분석 f의 경우는 작을 것으로 예상되면 0.1, 중간 정도는 0.25, 클 것 같으면 0.4 정도가 적당하다고 보고 있다. 위의 계산식에서는 표본에서 추정했기 때문에 ^기호가 붙어 있다.

효과량(effect size) ••• 원인이 결과에 미치는 영향 그 자체의 크기를 나타내는 통계량을 통틀어 이르는 말이다. 실제로는 진짜 (모집단의) 효과량은 분명하지 않으므로 표본에서 계산된 검정통계량에서 자유도에 의존하는 부분을 제외하고 추정한다.

연습

아래 표는 대응이 있는 두 집단의 평균 차이의 검정에서 보인 '피험자 세 명에게 혈압강하제를 투여한 전후의 혈압(수축기)' 사례이다. 여기서 효과량 $\hat{d}$를 계산해 보자. 먼저 t값을 계산해 보겠다(96쪽 참조).

피험자	투약 전(x_1)	투약 후(x_2)	차이 d (x_1-x_2)
A 씨	180	120	60
B 씨	200	150	50
C 씨	250	150	100
평균	$\bar{x}_1=210$	$\bar{x}_2=140$	$\bar{d}=70$

검정통계량인 t값은 아래 식에서 4.6이 되었다(p값 = 0.04).

$$t_{\bar{d}} = \frac{\bar{d}}{\hat{\sigma}/\sqrt{n}} = \frac{70}{26.5/\sqrt{3}} = 4.6$$

- 그러나 이 식에서는 분모에 표본 크기(n=3)가 사용되었기 때문에 표본 크기를 늘렸을 뿐, 같은 약을 사용했는데도 t값이 다시 커져 버릴(p값이 작아져 버릴) 가능성이 높아진다. 검정 결과가 아닌, 이 약의 효과 자체를 알고 싶은 경우에는 곤란하다.

- 그래서 이 t값에 $\sqrt{1/n}$를 곱해 표본 크기의 영향을 배제한 값이 효과량이다(앞 페이지 2번째 식)

$$\text{효과량 } \hat{d} = t_{\bar{d}} \times \sqrt{\frac{1}{n}} = 4.6 \times \sqrt{\frac{1}{3}} = 2.6$$

※효과량만 있으면 검정통계량이나 p값은 필요 없는가 하면, 그렇지는 않다. 효과량에는 오차나 확률의 개념이 없으므로 데이터가 우연히 효과가 큰 것인 경우에도 우연의 정도를 판정할 수는 없다.

d족과 r족 ••• 효과량에는 집단 간 차이의 크기를 나타내는 d족과, 집단 간 관련성의 크기를 나타내는 r족, 두 종류가 있다. 이 책에서 소개한 효과량은 d족(의 추정량)이며, 각종 상관계수나 관련계수 등은 r족이다.

검출력의 계산

- 사전에 표본 크기를 정하려면 '이 정도의 검출력을 원한다'는 목표값을 정해두어야 한다.
- 사전의 검출력은, 상측의 편측검정이라면 대립가설 H_1의 통계량분포 중 한계값보다도 큰 부분(확률)이다.

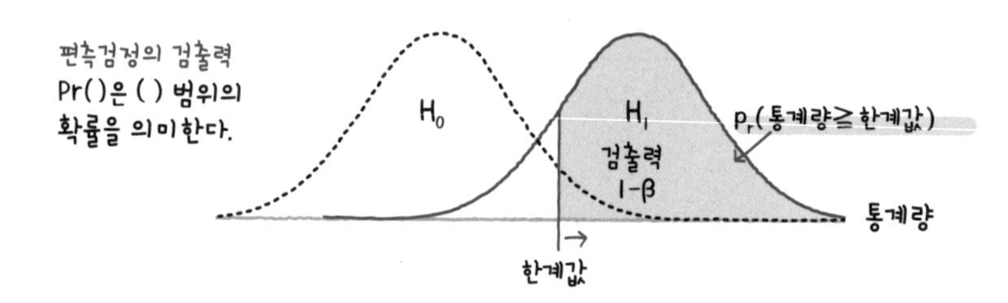

- 분산분석은 편측검정뿐이기 때문에 문제가 없지만, t 검정 같은 양측검정은 다소 번거롭다. 왜냐하면 하측의 한계값(음의 부호)보다도 작은 부분도 구해서, 이들의 합을 검출력($1-\beta$)으로 해야 하기 때문이다. 다만 '편측 $\alpha/2$ 검정'과 '양측 α 검정'의 검출력은 같다.

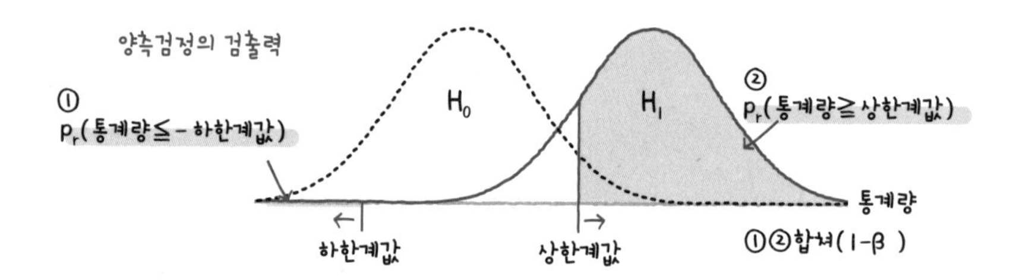

- 한계값보다도 바깥쪽 확률을 계산하려면 비심(非心)분포에 대한 지식이 필요하다. 상당히 어려운 내용이어서 이 책에서는 다루지 않았지만, 엑셀의 누적 z 분포함수(NORM.S.DIST)를 이용하면 계산할 수 있다. 또한 무료 소프트웨어 R을 사용한 산출방법을 182쪽에 소개한다.

검출력의 목푯값은 높을수록 좋지만 필요로 하는 표본 크기가 너무 커져도 곤란하므로 적당한 정도여야 한다. 예를 들면 코엔이라는 통계학자는 0.8(80%) 정도가 좋다는 지침을 제시했다.

검출력(statistical power) ••• 차이가 있을 때 정확히 차이가 있다고 판정할 수 있는 검정 능력의 높이로, 제2종 과오를 범할 확률의 보수가 된다(85쪽). 이것이 0.8 정도가 될 것 같은 검정을 상정해서 표본 크기를 구한다.

▶▶▶ 표본 크기의 계산

● 유의수준, 효과량, 검출력의 세 요소가 정해지면 표본 크기를 구할 수 있다.

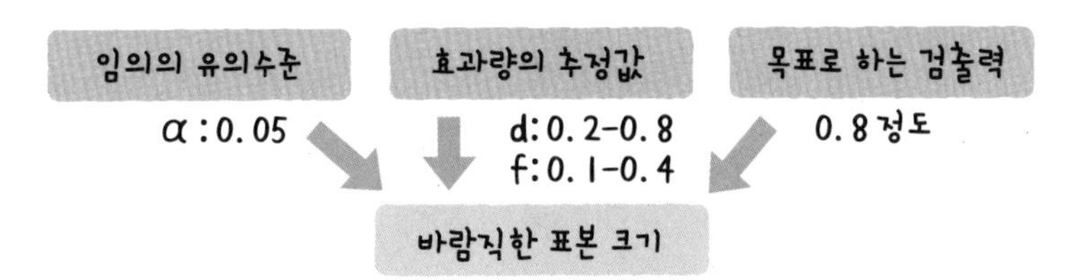

● 다만 검출력에서 역산해야 하기 때문에 근사식이나 대응표, 소프트웨어를 이용할 필요가 있다.

근사식을 이용한 t 검정의 예 :

대응이 없는 두 집단의 평균 차이 t 검정에서 표본 크기(대응이 있는 경우는 제1항의 2×를 삭제하고, 대응이 없을 때의 1/2로 한다).
→ 계산 예 : 유의수준 α = 양측 5%(z = 1.96)이고, 검출력은 0.8, 효과량은 0.5로 하면 64/집단의 크기가 필요하다.

1-β가 0.8이라면 z표에서 상측확률이 0.2가 되는 0.84를 취하고 -를 붙인다.

$$n = 2 \times \left(\frac{z_{\alpha/2} - z_{1-\beta}}{\text{효과량}} \right)^2 + \frac{z_{\alpha/2}^2}{4}$$

$$= 2 \times \left(\frac{1.96 - (-0.84)}{0.5} \right)^2 + \frac{1.96^2}{4}$$

$$= 63.7$$

대응표를 이용한 분산분석의 예 :

분산분석의 표본 크기(반복 수)는 t 검정과 같이 근삿값으로 산출하지 못하고 시행착오를 반복해야 하기 때문에 번거롭다. 오른쪽 표는 검출력 0.8을 실현하는 표본 크기에 대해 효과량과 각 집단 수를 정리한 것이다(대응이 없는 일원배치 분산분석).

집단 수	검출력 0.8을 실현하는 표본 크기/집단(α=5%)		
	효과량 소 (f = 0.10)	효과량 중 (f = 0.25)	효과량 대 (f = 0.40)
3	323	53	22
4	274	45	19
5	240	40	16
6	215	36	15

G*power ••• 검출력 분석 계산은 번거롭기 때문에 실제로는 소프트웨어를 이용한다. R 이외에도 하인리히 하이네대학의 Axel Buchner 교수가 개발한 G*power는 사용하기 편리한 무료 소프트웨어다.

R을 이용한 검출력 분석 ① ~t 검정~

앞에서 본 것처럼 검출력을 분석(검출력이나 표본 크기 계산)하는 일은 아주 번거롭다. 그래서 보통은 소프트웨어를 사용하게 된다. 'G*power'라고 하는 사용하기 쉬운 무료 소프트웨어도 있지만 여기서는 다음 장에서 이용하는 'R(알)'을 설명한다. R에 표준으로 들어 있는 power.t.test나 power.anova.test라는 함수로 검출력을 분석할 수는 있으나, 이들은 인수(설정항목)가 많아 사용하기 어렵기 때문에 여기서는 'pwr'이라는 외부 패키지를 사용하는 방법을 소개한다. 먼저 사용하기 전에 pwr를 설치해서 library(pwr)를 실행해 둔다. R의 기본적인 사용방법에 대해서는 권말 부록 A를 참고하기 바란다.

t 검정의 검출력을 분석하려면 아래의 명령어(커맨드)를 사용해야 한다.

```
> pwr.t.test(n=표본 크기, d=효과량, sig.level=유의수준, power=검출력, type
=대응 있음 · 없음, alternative=대립가설의 위치)
```

다만 대응 관계는, 대응이 없는 두 표본은 "two.sample", 모평균의 검정은 "one.sample", 대응이 있는 두 표본의 경우는 "paired"를 입력한다. 또한, 대립가설의 위치에 대해서는, 양쪽에 있는 경우에는 "two.sided", 아래쪽에만 있는 경우에는 "less", 위쪽에만 있는 경우에는 "greater"를 입력한다. 이 명령어에 n, d, sig.level, power의 네 인수 중 어느 하나를 지정하지 않고 실행하면 그 인수 값이 되돌아온다.

① 검출력의 계산 예(power를 지정하지 않는다) :
대응이 없는 두 집단의 평균 차이 t 검정에서, 효과량이 0.2밖에 없고 유의수준을 양측에서 5%로 설정했을 때 표본 크기가 60/집단인 경우의 검출력.

```
> pwr.t.test(d=0.2,n=60,sig.level=0.05,type="two.sample",alternative="two.
sided")
```

결과는 0.19…가 되며, 낮은 검출력의 검정이었음을 알 수 있다.

② 표본 크기의 계산 예(n은 지정하지 않는다) :
앞 페이지의 내용을 대응이 있는 경우로 변경해서 계산해 보자. 유의수준을 양측에서 5%, 효과량은 중간 정도인 0.5로, 목표로 하는 검출력을 0.8로 했을 경우의 표본 크기.

```
> pwr.t.test(d=0.5,power=0.8,sig.level=0.05,type="paired",alternative="two.sided")
```

결과는 33.36… 이며, 34쌍의 데이터가 필요하다는 것을 알 수 있다.

③ 효과량도 d를 지정하지 않으면 값이 되돌아오지만, 표본 데이터에서 산출하는 일은 있어도 검출력이나 표본 크기에서 효과량을 역산하는 일은 별로 없다.

R을 이용한 검출력 분석 ② ~ 분산분석 ~

일원배치 분산분석의 검출력을 분석하려면 아래의 명령어를 사용한다. 이것도 외부 패키지 pwr에 포함되어 있으므로 사용하기 전에 pwr를 설치해서 library(pwr)를 실행해 둔다.

```
> pwr.anova.test(k=집단 수, n=집단당 표본 크기, f=효과량, sig.level=유의수준, power=검출력)
```

이 명령어도 n, f, sig.level, power의 네 인수 중 어느 하나를 지정하지 않고 실행하면 그 인수 값이 되돌아온다.

① 검출력의 계산 예(power를 지정하지 않는다)
네 집단으로 각각 반복을 20회, 효과량은 중간 정도인 0.25, 유의수준은 5%로 설정했을 때의 검출력.

```
> pwr.anova.test(f=0.25,k=4,n=20,sig.level=0.05)
```

결과는 0.42…이며, 낮은 검출력의 검정이었음을 알 수 있다.

② 표본 크기의 계산 예(n은 지정하지 않는다)
처리가 5종류(집단)인 일원배치 분산분석으로, 유의수준이 5%, 효과량은 약간 큰 0.4, 목표로 하는 검출력을 0.8로 했을 경우에 필요한 반복 수(표본 크기/집단).

```
> pwr.anova.test(f=0.4,k=5,power=0.80,sig.level=0.05)
```

결과는 15.9…이며, 16(집단당)의 데이터가 필요하다는 것을 알 수 있다.

권할 만한 검출력 분석에 관한 책

pwr라는 패키지는 Clampely Bernard Lyon 1이라는 프랑스 대학 강사인 Stephane Champely 박사가 R에 표준으로 들어 있는 함수를 기본으로 작성한 것이지만, 계산 방법은 제이콥 코엔이라는 통계학자의 책(아래)을 참고로 했다. 이 책은 검출력 분석의 바이블로 평가받고 있으니 관심 있는 분들은 꼭 읽어 보기를 권한다.
Jacob Cohen (1988). Statistical Power Analysis for the Behavioral Sciences (Second Edtion). Psychology Press, Taylor & Francis Group, NY.
또, 일본어 책으로는 다음의 책을 추천한다.
오쿠보 마치아 · 오카다 켄스케(2012)『전달을 위한 심리통계 : 효과량 · 신뢰구간 · 검정력』(勁草書房)

F-it가 씌었다.

제9장
회귀분석

9 1

원인과 결과의 연관을 찾는다

회귀분석

회귀분석은 변수 x(원인)가 변수 y(결과)에 주는 영향을 알기 위한 방법이다. 변수 x와 변수 y 사이에 있는 관계를 직선 또는 곡선의 식으로 나타낸 것을 회귀선이라고 한다.

▶▶▶ 회귀선

- 회귀분석을 이용하면 원인이 결과에 주는 영향의 정도를 수치화할 수 있고 예측 등에 응용할 수 있다.
- 추정된 관계(회귀선)가 통계적으로 의미 있는 것인지 아닌지를 확인할 수 있다.

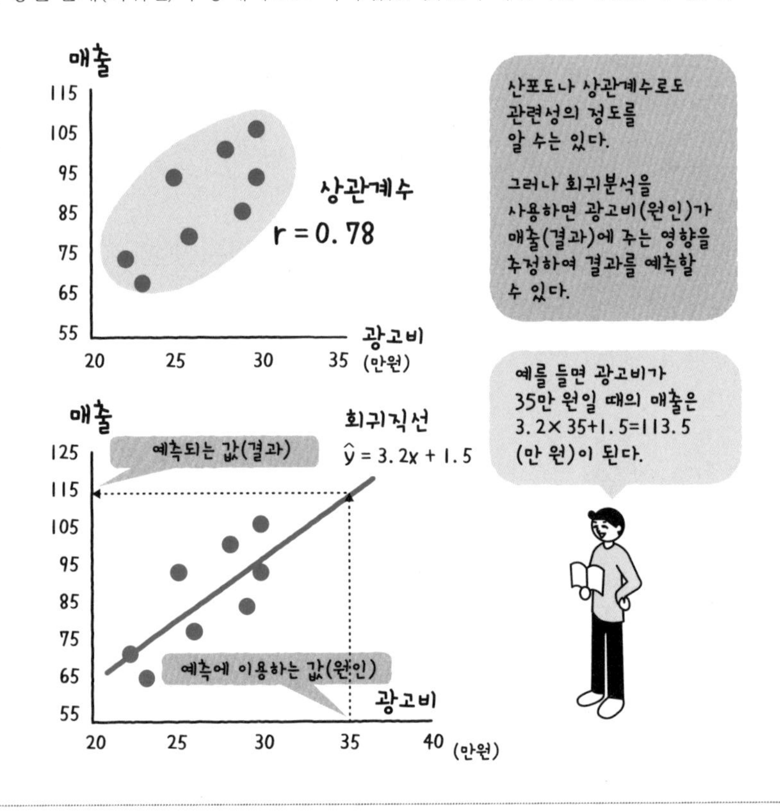

회귀분석(regression analysis) ••• 원인(설명변수)과 결과(반응변수) 사이에 있는 관계를 밝히는 것.
회귀선(regression line) ••• 데이터에 의해 추정된 함수. 회귀직선, 회귀평면, 회귀곡선이라고도 한다.

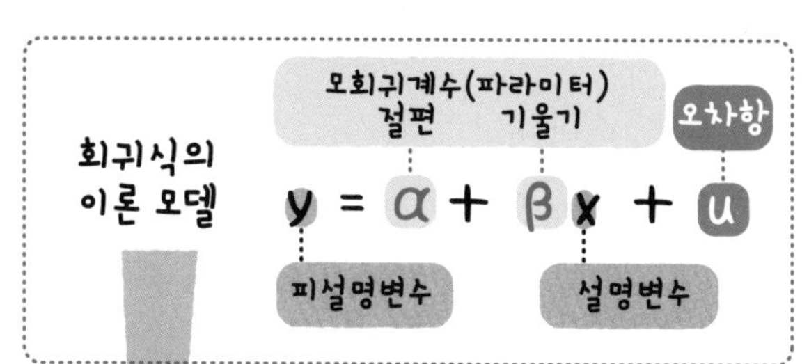

- 오차항은 변수 x 이외의 요인이 변수 y에 주는 영향을 나타낸다.
- 오차항은 확률변수로 취급된다.

최소제곱법

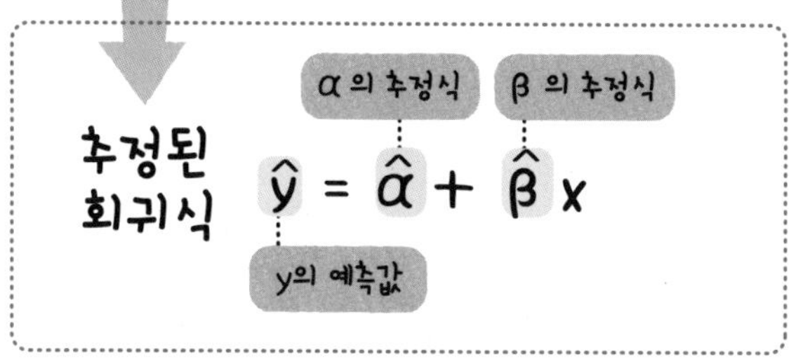

- 설명변수가 하나인 회귀식은 단회귀식이라고 한다.

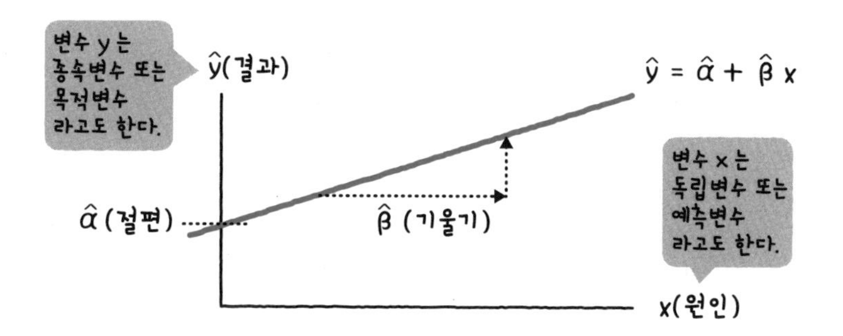

파라미터(α, β)와 추정값(α̂, β̂)

- 파라미터(α, β)는 수치가 들어가는 것은 알고 있지만 아직 어떤 값이 될지 모른다는 것을 나타낸다.
- 추정값(α̂, β̂)은 구체적인 수치를 알고 있는 것으로 취급한다. (^는 해트라고 읽는다. 불편추정량을 나타내는 기호와 같지만 의미는 다르다).

α	α̂
3.1	
2.3	2.3
1.5	
???	

추정값(회귀분석)(estimate) ••• OLS나 최대우도법에 의해 추정된 회귀식의 절편이나 계수의 값.
예측값(회귀분석)(prediction value) ••• 추정된 회귀식의 설명변수에 특정 값을 대입해서 얻어진 반응변수의 값.

데이터에 수식을 동일하게 적용한다 최소제곱법

최소제곱법은 회귀선의 파라미터(절편이나 기울기) 값을 추정하는 방법의 하나이다. 최소제곱법은 보통 최소제곱법(OLS: Ordinary Least Squares)이라고도 한다. 잔차($\hat{u}$)란 관측값과 예측값의 차이($\hat{u} = y - \hat{y}$)를 말한다.

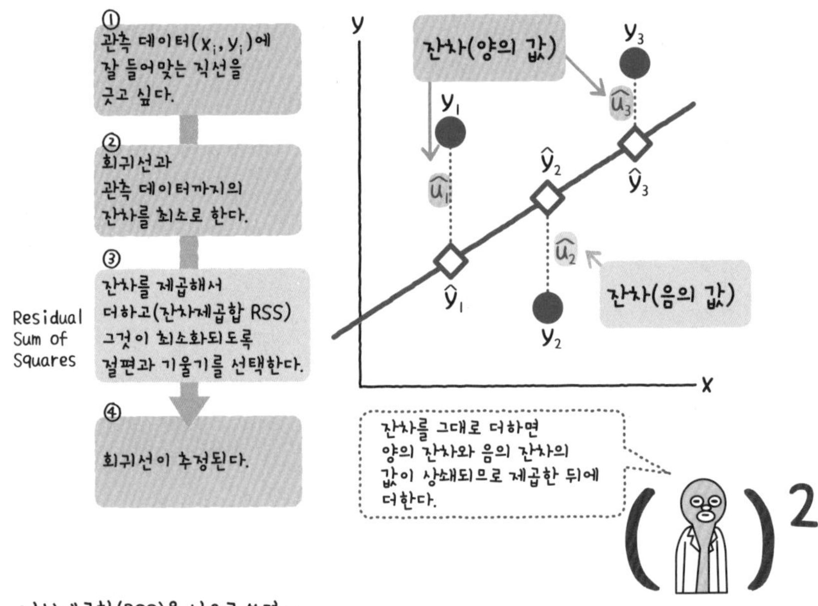

잔차제곱합(RSS)을 식으로 쓰면…

$$J = \hat{u}_1^2 + \hat{u}_2^2 + \hat{u}_3^2 = (y_1 - \hat{y}_1)^2 + (y_2 - \hat{y}_2)^2 + (y_3 - \hat{y}_3)^2$$

$$= (y_1 - \hat{\alpha} - \hat{\beta} x_1)^2 + (y_2 - \hat{\alpha} - \hat{\beta} x_2)^2 + (y_3 - \hat{\alpha} - \hat{\beta} x_3)^2$$

이 된다. 데이터가 n개인 경우에는

$$J = \sum_{i=1}^{n} (y_i - \hat{\alpha} - \hat{\beta} x_i)^2$$

이 된다.

잔차제곱합(residual sum of squares) ••• 잔차(관측값과 예측값의 차이)의 제곱합.
최소제곱법(least squares method) ••• 잔차제곱합이 최소가 되도록 회귀선을 구하는 방법.

함수 J(잔차제곱합)는 $\hat{\alpha}$(절편) 혹은 $\hat{\beta}$(기울기)에 대한 이차함수로 대략 아래와 같은 그래프가 된다().

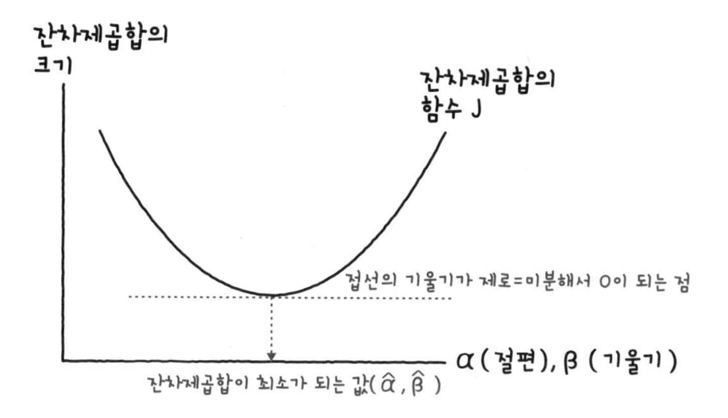

최소제곱법으로 추정값 구하는 법(단순회귀의 경우)

- 함수 J는 x와 y의 함수가 아니라 $\hat{\alpha}$와 $\hat{\beta}$의 함수로 생각한다.
- 둘 이상의 변수가 있는 함수를 하나의 함수에 대해 미분하는 것을 편미분이라고 한다.
- 편미분의 기호는 고등학교 때에 배운 'd(디)'가 아니라 '∂(라운드디)'를 이용한다.
- 하나의 변수에 대해 편미분할 때 그 이외의 변수는 상수로 취급한다. 예를 들면, $G = a^2 + 5a + b$를 a에 대해 편미분하면 $\partial G / \partial a = 2a + 5$가 된다. 이때 b는 1이나 10 같은 상수로 생각하므로 미분하면 제로가 된다.
- 그런데 함수 J를 $\hat{\alpha}$와 $\hat{\beta}$에 대해 각각 편미분하면 다음과 같다.

$$\frac{\partial J}{\partial \hat{a}} = \sum \frac{\partial}{\partial \hat{a}} (y_i - \hat{a} - \hat{\beta} x_i)^2 = \sum -2 (y_i - \hat{a} - \hat{\beta} x_i) \cdots (1)$$

$$\frac{\partial J}{\partial \hat{\beta}} = \sum \frac{\partial}{\partial \hat{\beta}} (y_i - \hat{a} - \hat{\beta} x_i)^2 = \sum -2x_i (y_i - \hat{a} - \hat{\beta} x_i) \cdots (2)$$

(뒤 페이지 계속)

추정량(estimator) ••• 모수를 추정하기 위한 규칙이나 방법. 추정된 값이 아니라 데이터에서 모수를 추정하기 위한 식을 가리키므로 주의가 필요하다. 추정량에 데이터를 대입해서 얻어진 값이 추정값이 된다.

- 잔차제곱합(함수 J)이 최소가 될 때, 식(1), 식(2)는 각각 제로가 된다.

  $\Sigma(y_i - \hat{\alpha} - \hat{\beta}x_i) = \Sigma y_i - \hat{\alpha}n - \hat{\beta}\Sigma x_i = 0$

  정리하면, $\hat{\alpha}n + \hat{\beta}\Sigma x_i = \Sigma y_i \cdots (3)$

  $\Sigma x_i(y_i - \hat{\alpha} - \hat{\beta}x_i) = \Sigma x_i y_i - \hat{\alpha}\Sigma x_i - \hat{\beta}\Sigma x_i^2 = 0$

  정리하면, $\hat{\alpha}\Sigma x_i + \hat{\beta}\Sigma x_i^2 = \Sigma x_i y_i \cdots (4)$

- 식(3)과 식(4)는 $\hat{\alpha}$와 $\hat{\beta}$의 연립방정식이라고 생각할 수 있다. 이 연립방정식을 정규방정식이라고 한다.
- $\hat{\alpha}$와 $\hat{\beta}$의 값은 정규방정식을 풀면 얻을 수 있다.

$$\hat{\alpha} = \frac{\Sigma y_i}{n} - \hat{\beta}\frac{\Sigma x_i}{n} = \bar{y} - \hat{\beta}\bar{x},$$

$$\hat{\beta} = \frac{\Sigma x_i y_i - \Sigma x_i \Sigma y_i / n}{\Sigma x_i^2 - (\Sigma x_i)^2/n} = \frac{\Sigma x_i y_i - n\bar{x}\bar{y}}{\Sigma x_i^2 - n\bar{x}^2}$$

파라미터의 추정값을 구하는 데 최대우도법이라는 방법도 사용한다.
최대우도법에서는 우도(관측된 데이터를 얻을 수 있는 확률 같은 것)가 최대가 되도록 α(절편)와 β(기울기)의 값을 구한다.

우도가 커질수록 예측값이 관측값에 가까워진다.

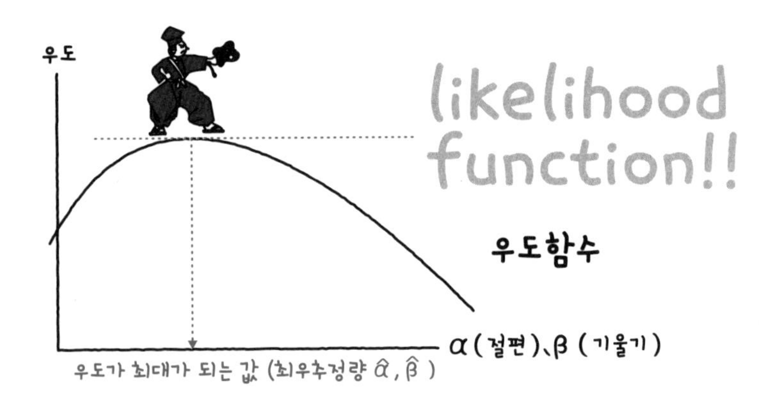

회귀선의 정확도를 평가한다

결정계수

추정된 회귀선이 얼마나 관측 데이터에 들어맞을지(어느 정도의 적합성을 갖고 있을지)를 가늠하는 지표이다. 기여율이라고도 하며, 회귀선 전체의 성능(정확도)을 알 수 있다. 0에서 1의 값을 취하며, 1에 가까울수록 잘 들어맞는다.

결정계수 R^2

$$R^2 = \frac{\text{예측값으로 설명된 변동}}{\text{전변동}}$$

$$= \frac{\Sigma(\hat{y}_i - \bar{y})^2}{\Sigma(y_i - \bar{y})^2} \quad (0 \leq R^2 \leq 1)$$

회귀선이 잘 들어맞을 때 분자의 값이 분모의 값에 가까워지고 그 결과 R^2 값이 1에 가까워진다.

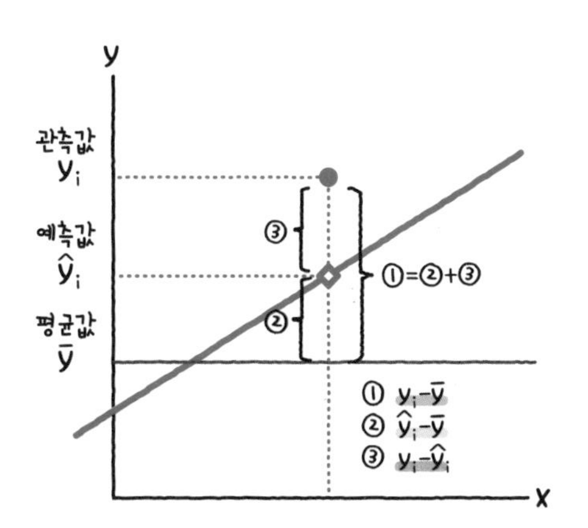

$$\sum_{i=1}^{n}(y_i-\bar{y})^2 = \sum_{i=1}^{n}(\hat{y}_i-\bar{y})^2 + \sum_{i=1}^{n}(y_i-\hat{y}_i)^2$$

전변동 (편차제곱합) 【 ①에 해당 】	예측값으로 설명된 변동 【 ②에 해당 】	예측값으로 설명되지 않은 변동(잔차) 【 ③에 해당 】

- 결정계수의 식은 잔차($\hat{u} = y_i - \hat{y}_i$)를 이용해 $R^2 = 1 - \frac{\Sigma(y_i - \hat{y}_i)^2}{\Sigma(y_i - \bar{y})^2}$ 라고도 쓸 수 있다.
- 절편이 0인 회귀식(원점을 지나는 모델)의 경우는 결정계수가 음이 되는 일이 있으므로 주의해야 한다.
- 결정계수는 관측값(y)와 예측값($\hat{y}$)의 상관계수의 제곱과 같아진다.

결정계수(coefficient of determination) ••• 반응변수의 전변동(분산분석의 총변동과 같다) 중 회귀식에 의해 설명되는 부분의 비율. 0~1의 값을 취하며, 1에 가까울수록 예측값은 실측값을 정확하게 나타낸다.

회귀선의 기울기를 검정한다

t 검정

추정된 회귀계수가 제로와 같을 경우, 변수 x는 변수 y의 원인이라고는 할 수 없다. 이것을 통계적으로 확인하기 위해 $H_0 : \beta = 0 (H_1 : \beta \neq 0)$으로 해서 가설검정을 한다.

- 표본평균이 확률변수이듯이 표본으로부터 추정하는 회귀계수(절편과 기울기)도 확률변수이다.

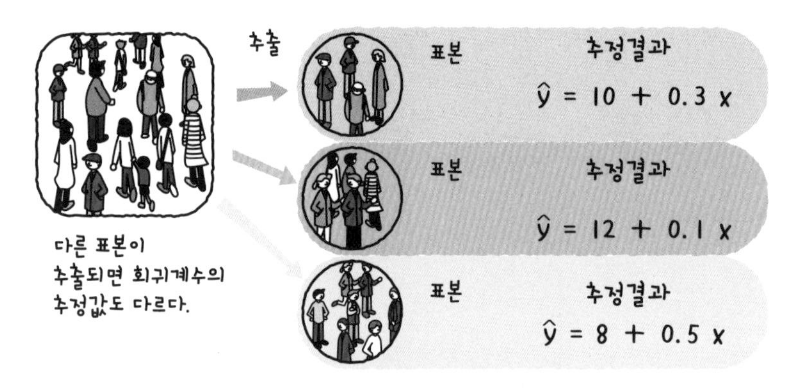

- 추정된 기울기가 제로와 통계적으로 다른지 어떤지는 회귀분석에서 중요한 의미를 갖는다.

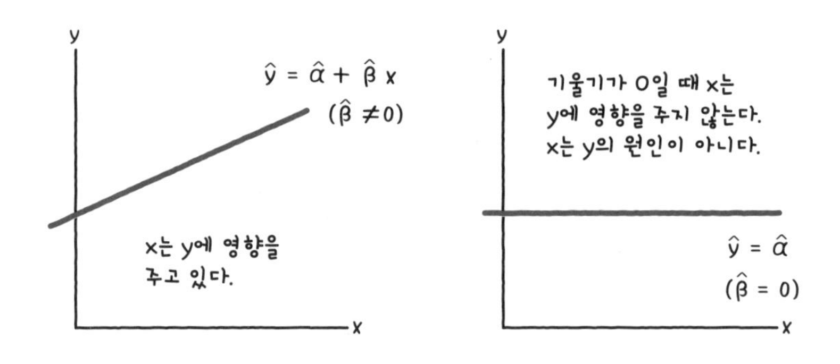

t 검정(회귀분석)(t-test) ••• 회귀분석에서는 편회귀계수가 0과 유의하게 다른지 어떤지(통계적으로 의미가 있는 회귀계수인지) 검정하기 위해 t 검정을 이용한다. 귀무가설은 편회귀계수=0이다.

▶▶▶ t 검정

- $\hat{\beta}$는 평균이 β(모회귀계수)이고 분산이 $\frac{\sigma^2}{\Sigma(x_i-\bar{x})^2}$ 인 정규분포를 따른다($\hat{\beta}$의 분산 산출방법에 대해서는 다음 페이지를 참조). 여기서 σ^2는 오차항의 분산을 나타낸다.
- 그러나 오차항의 분산(σ^2)을 아직 모르므로 잔차($\hat{u}_i$)를 사용해 표본에서 추정한다 ($\sigma^2 \Rightarrow \hat{\sigma}^2 = \frac{\Sigma\hat{u}_i^2}{n-2}$). 여기서 $n-2$는 $\Sigma\hat{u}_i^2$의 자유도이다.
- $\hat{\sigma}^2$를 이용해 $\hat{\beta}$의 준표준화변량(t값)을 구하면

  $t = \frac{\hat{\beta}-\beta}{\sqrt{\hat{\sigma}^2/\Sigma(x_i-\bar{x})^2}}$ 이 된다. 이것은 자유도 $n-2$의 t 분포를 따른다.

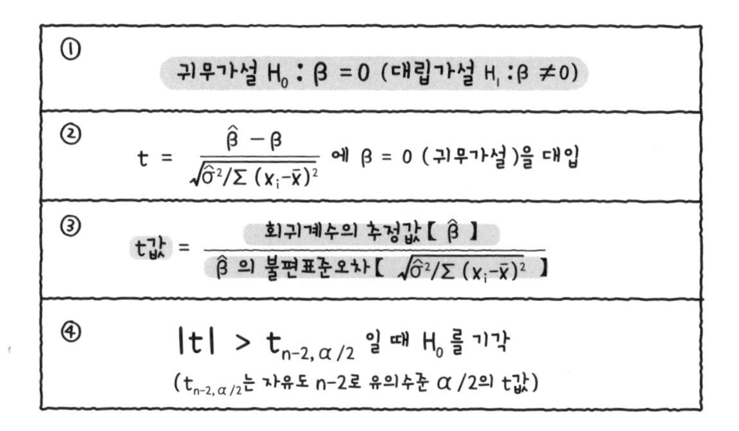

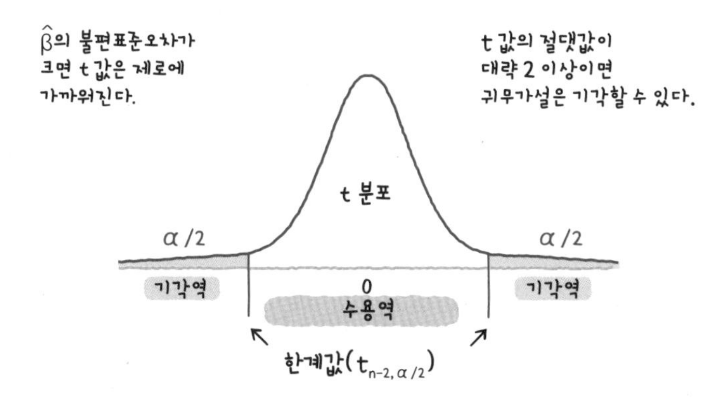

F 검정(회귀분석)(F-test) ••• 중회귀분석에서 회귀식 그 자체가 통계적으로 의미가 있는지 알고 싶은 경우가 있다. 이럴 때는 절편을 제외한 모든 편회귀계수가 0이라는 귀무가설하에서 F 검정을 실시한다.

회귀계수($\hat{\beta}$)의 분산

확률변수 x의 평균값은 '기댓값'이라고 하고 E(x)라고 쓴다. 평균값이라 해도 산술평균(총합을 데이터 수로 나눈 것)이 아니라 가중평균(각 변량의 '무게'를 고려한 평균)과 비슷하다. 즉, x의 기댓값은 x가 취할 수 있는 값에 각 확률을 무게로 주며, 이들을 더해 계산한다.

예를 들어 주사위를 던져 나오는 눈의 수의 기댓값은 $E(x) = \frac{1}{6} \cdot 1 + \frac{1}{6} \cdot 2 + \frac{1}{6} \cdot 3 + \frac{1}{6} \cdot 4 + \frac{1}{6} \cdot 5 + \frac{1}{6} \cdot 6 = 3.5$ 와 같이 계산한다.

그런데, $\hat{\beta}$도 확률변수이므로 그 기댓값은 $E(\hat{\beta})$이 된다. $E(\hat{\beta})$의 값을 구하는 계산을 간단히 하기 위해 x와 y의 평균을 0으로 변환해둔다. $\hat{\beta}$의 추정식(190쪽)을 다시 쓰면,

$$\hat{\beta} = \frac{\Sigma x_i y_i - n\bar{x}\bar{y}}{\Sigma x_i^2 - n\bar{x}^2} = \frac{\Sigma x_i y_i}{\Sigma x_i^2} = \frac{\Sigma x_i(\beta x_i + u_i)}{\Sigma x_i^2} = \frac{\Sigma x_i(\beta x_i + u_i)}{\Sigma x_i^2} = \beta + \frac{\Sigma x_i u_i}{\Sigma x_i^2}$$

이 되고, $E(\hat{\beta}) = E\left(\beta + \frac{\Sigma x_i u_i}{\Sigma x_i}\right) = \beta + \frac{\Sigma x_i E(u_i)}{\Sigma x_i} = \beta$로 계산된다.

마지막의 등식을 얻기 위해 오차항의 평균이 제로$(E(u_i) = 0)$라는 관계를 이용한다.
$\hat{\beta}$의 분산을 기댓값을 이용해 나타내면, $V(\hat{\beta}) = E\left(\hat{\beta} - E(\hat{\beta})\right)^2$ 이 된다.

$$V(\hat{\beta}) = E\left(\hat{\beta} - E(\hat{\beta})\right)^2 = E(\hat{\beta} - \beta)^2 = E\left(\frac{\Sigma x_i u_i}{\Sigma x_i^2}\right)^2$$

$$= \frac{1}{(\Sigma x_i^2)^2} E(x_1u_1 + x_2u_2 + \cdots + x_nu_n)^2$$

$$= \frac{1}{(\Sigma x_i^2)^2} \{E(x_1u_1)^2 + E(x_2u_2)^2 + \cdots + E(x_nu_n)^2 + E(x_1u_1 \cdot x_2u_2) + \cdots\}$$

$$= \frac{1}{(\Sigma x_i^2)^2} \{x_1^2E(u_1^2) + x_2^2E(u_2^2) + \cdots + x_n^2E(u_n^2) + x_1x_2E(u_1u_2) + \cdots\}$$

$$= \frac{\Sigma x_i^2}{(\Sigma x_i^2)^2}\sigma^2 = \frac{\sigma^2}{\Sigma x_i^2}$$

마지막 부분에서는 $E(u_1^2) = \sigma^2$、$E(u_iu_j) = 0$이라는 관계를 이용한다.

월드 검정(Wald-test) ••• 최대우도법으로 추정한 경우에 이용되며, t 검정과 마찬가지로 편회귀계수의 통계적 유의성을 검정한다. 귀무가설은 편회귀계수 = 0.

분석의 적절성을 검토한다

잔차분석

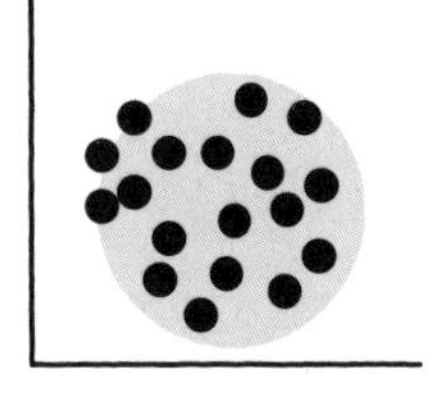

잔차($\hat{u}$)와 예측값($\hat{y}$)의 산포도(잔차 플롯)를 그리면 데이터의 문제(이상치가 포함되어 있음)나 모델의 문제(회귀식이 부적절)를 발견할 수 있다.

▶▶▶ 잔차 플롯

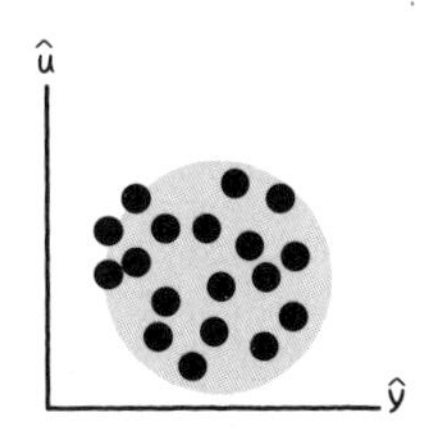

예측값과 잔차에 명확한 패턴이 없는 경우(무상관)는 분석이 적절하게 행해지고 있다.

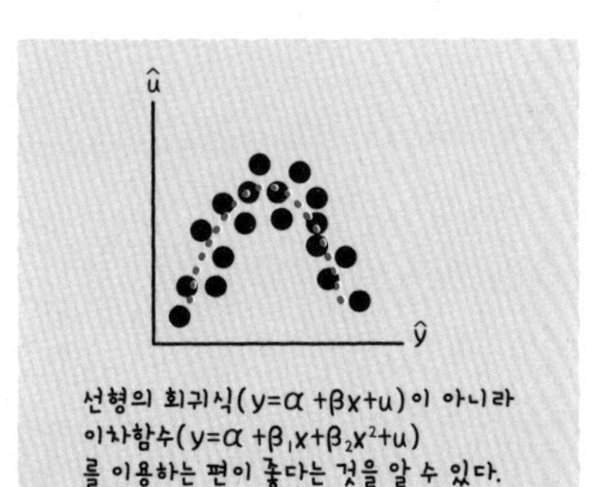

선형의 회귀식($y=\alpha+\beta x+u$)이 아니라 이차함수($y=\alpha+\beta_1 x+\beta_2 x^2+u$)를 이용하는 편이 좋다는 것을 알 수 있다.

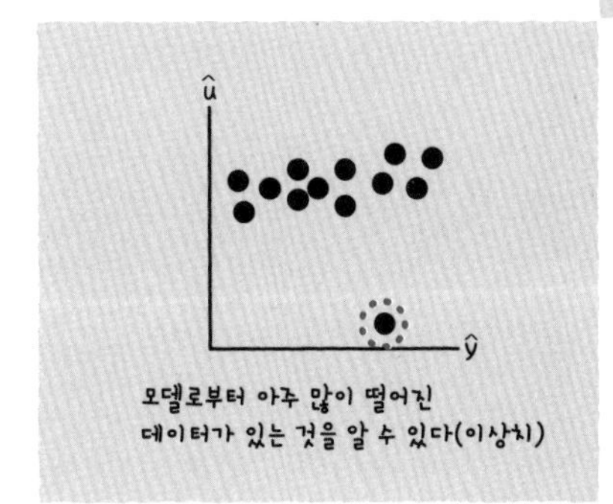

모델로부터 아주 많이 떨어진 데이터가 있는 것을 알 수 있다(이상치)

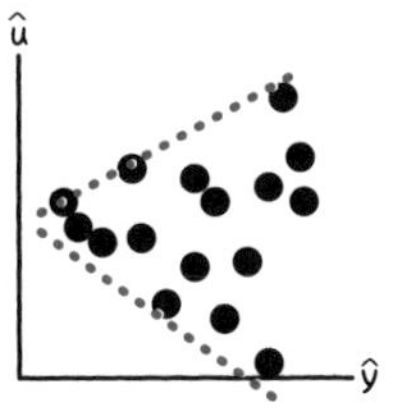

이와 같은 경우는 불균일분산이라고 하는, 반응변수를 대수변환($\hat{y} \rightarrow \log\ \hat{y}$)하면 기울기가 완만해진다.

▶▶▶ 일시적 더미

- 이상치가 있는 경우, 먼저 데이터를 잘못 입력한 곳이 없는지 확인해야 한다.
- 잘못 입력한 곳이 없는 경우, 이상치의 데이터를 제외시키거나, 일시적 더미변수(이상치의 데이터는 1, 기타는 모두 0)를 이용해 회귀식에 대한 영향을 줄인다.

잔차의 정규성(normality of residuals) ••• 잔차가 가져야 할 성질의 하나. 정규성이 충족되지 않으면 t 검정 등이 바르게 되지 않는다. 또한 잔차의 분산은 일정(균일분산)한 것이 바람직하다.

9 6

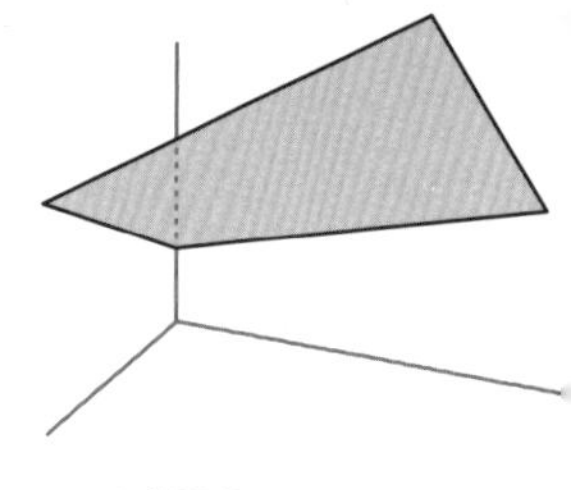

원인이 여럿일 때의 회귀분석

중회귀분석

설명변수(x)가 여러 개 있을 경우는 중회귀분석을 이용한다.
설명변수의 수가 다른 회귀식의 적합도를 비교할 경우에는 자유도 조정이 끝난 결정계수($\bar{R}^2$)를 이용한다.

▶▶▶ 편회귀계수

- 중회귀분석의 회귀계수를 편회귀계수라고 한다.
- 편회귀계수는 회귀식에 포함되는 다른 변수의 영향을 제거한 후의 (다른 변수를 '일정'으로 했을 때의), 해당 설명변수가 반응변수에 주는 영향을 나타낸다.

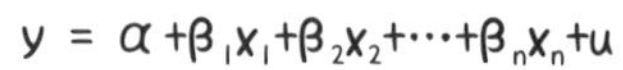

$$y = \alpha + \beta_1 x_1 + \beta_2 x_2 + \cdots + \beta_n x_n + u$$

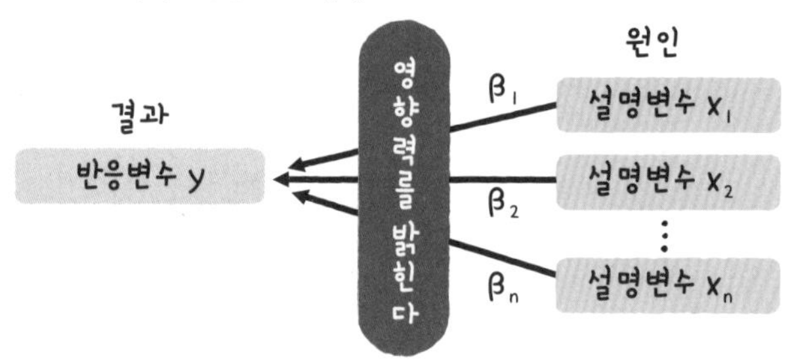

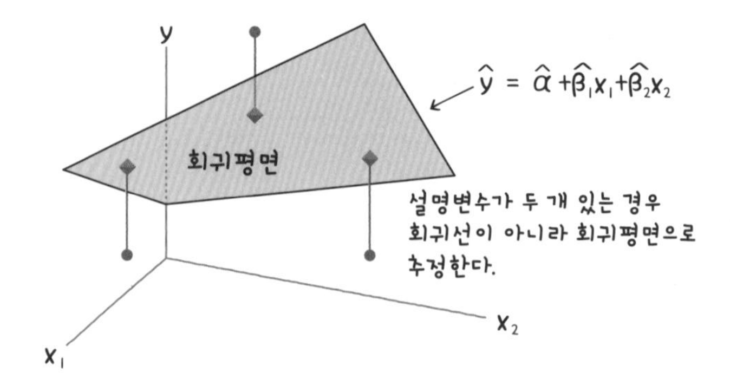

중회귀분석(multiple regression analysis) ••• 설명변수가 둘 이상 있는 회귀분석. 하나인 경우에는 단순회귀분석이라고 한다.
편회귀계수(partial regression coefficient) ••• 중회귀분석의 회귀계수를 말한다. 단순히 회귀계수라고 하기도 한다.

▶▶▶ 표준편회귀계수(β^*)

- 모든 변수(설명변수, 반응변수)를 표준화해서 중회귀분석을 했을 때의 회귀계수이다.

← 표준화

$$\frac{y-\bar{y}}{S_y} = \beta_1^* \frac{x_1-\bar{x}_1}{S_{x_1}} + \beta_2^* \frac{x_2-\bar{x}_2}{S_{x_2}} + \cdots + \beta_n^* \frac{x_n-\bar{x}_n}{S_{x_n}} + u$$

- 단위가 다른 설명변수 간에 회귀계수의 크기를 비교할 경우에 사용한다.
- 반응변수의 평균값은 제로이므로 절편 α도 제로이다.

▶▶▶ 자유도가 조정된 결정계수

- 결정계수는 설명변수를 늘리면 값이 상승하는 결점이 있다.
- 그래서 변수를 추가해도 결정계수의 값이 상승하지 않도록 고안한 지표가 자유도 조정 결정계수이다.
- 설명변수의 수가 다른 회귀식(반응변수는 같음)의 적합도를 비교할 때 사용한다.
- 자유도가 조정된 결정계수는 거의 통계분석용 소프트웨어에서 출력되지만, 결정계수로도 간단히 계산할 수 있다.

$$\bar{R}^2 = 1-(1-R^2)\frac{n-1}{n-k-1}$$ (n은 표본 크기, k는 설명변수의 수)

사례

회귀식①

$$\hat{y} = 170 + 0.36x_1 + 5.56x_2 + 0.06x_3 + 3.07x_4 - 2.54x_5$$

$R^2 = 0.497$、$\bar{R}^2 = 0.388$

회귀식②

$$\hat{y} = 297 + 0.34x_1 + 4.18x_2$$

$R^2 = 0.434$、$\bar{R}^2 = 0.391$

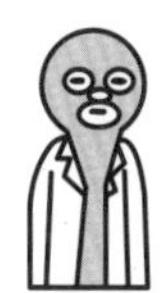

자유도가 조정된 결정계수(adjusted coefficient determination) ••• 설명변수가 다른 회귀식 중에서 가장 적합한 것을 고를 때 이용하는 지표. 자유도를 수정한 결정계수라고도 한다.

9 | 7

설명변수 간의 문제

다중공선성

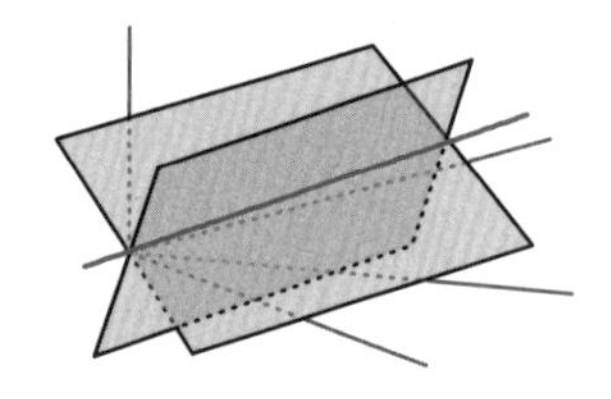

설명변수들 간에 높은 상관관계(다중공선성)가 있을 경우, 회귀계수가 기대한 부호가 되지 않는 등 결과를 해석하기 어려워질 수가 있다.
다중공선성을 발견하려면 VIF와 허용도라는 지표를 이용한다.

▶▶▶ 설명변수 간의 관련

- 설명변수 간에 강한 관련성이 있을 때, 다중공선성이 있다고 한다.
- 특히 변수 x_1과 변수 x_2 사이에 완전한 상관관계(상관계수=1)가 있을 때, 예를 들어 $x_2 = 8x_1$이라는 관계가 있을 경우 '완전다중공선성'이 생겼다고 한다. 이 경우에는 추정이 불가능하다(어느 한쪽의 변수를 회귀식에서 떼어내야 한다).
- 설명변수 사이에 $x_2 = 8x_1 + x_3 - 2x_4$와 같은 관계가 있는(어느 변수가 다른 변수의 함수가 되어 있는) 경우도 마찬가지다.

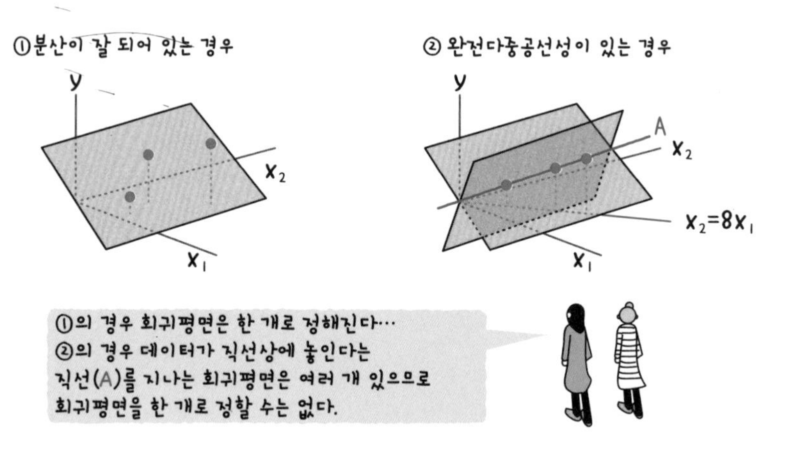

- (불완전한) 다중공선성의 경우에는 추정값을 구할 수가 있다. 그러나 어떤 변수의 변동이 다른 변수의 변동에 강하게 영향을 미치기 때문에 편회귀계수의 표준오차가 커져 추정값의 신뢰도가 낮아진다.

허용도(tolerance) ••• 설명변수 간의 강한 다중공선성을 측정하는 지표. VIP(분산확대요인)의 역수. 값이 작을(0.1 이하) 경우에는 그 변수를 분석에서 제외시키는 것이 좋다.

▶▶▶ VIF(분산확대요인)

- 다중공선성을 발견하기 위한 지표로, 회귀계수의 분산(표준오차)이 얼마나 커지는지를 나타낸다.

Variance Inflation Factor

$$VIF_i = \frac{1}{1-R_i^2}$$

R_i^2 : x_i를, x_i 이외의 설명변수에 회귀시켰을 때의 결정계수

$1-R_i^2$: 허용도

★대부분의 통계 소프트웨어는 VIF(분산확대요인)를 출력하므로 10을 넘지 않는지 체크한다.
★VIF(분산확대요인)가 10보다 클 때는 변수를 제외시키거나 합성하는 등의 대응이 필요하다.
★허용도를 이용할 때는 0.1 이상이면 문제가 없다.

편회귀계수. 다른 변수의 영향을 제거한 후의, 해당 변수의 영향력을 나타낸다.

편회귀계수의 표준편차 추정값이다.

변수 사이에서 영향력의 크기를 비교하기 위한 지표이다.

다중공선성을 측정하는 지표이다. 이 예에서는 어떤 값도 10보다 작아 문제가 없다.

	A	B	C	D	E	F	G
2		계수	표준오차	t	P-값	표준편 회귀계수	VIF
3	절편	62.1	46.8	1.33	0.21		
4	광고비	2.75	0.99	2.77	0.02	0.50	1.62
5	영업사원 수	6.81	6.45	1.06	0.31	0.18	1.47
6	전시회 횟수	18.8	9.22	2.04	0.07	0.36	1.54
7							

편회귀계수가 제로로 유의한 차이가 있는지를 검정하기 위한 통계량이다. 절댓값이 2 이상인지가 기준이다.

※ 표준편회귀계수와 VIF는 엑셀의 분석 도구로 출력되지 않는다.

귀무가설을 기각하는 확률(유의확률)이다. 이것과 유의수준을 비교한다. 유의수준을 5%로 한 경우, 광고비의 p값이 이 수준을 밑돈다는 것을 알 수 있다(광고비의 편회귀계수만이 통계적으로 유의하다).

9 8

유효한 설명변수를 고른다

변수선택법

어느 설명변수를 회귀식에 포함시킬지를 정하는 방법이다.
대부분의 통계 소프트웨어는 자동적으로 변수가 선택된다.
회귀식에서 변수를 삭제하는 기준, 회귀식에 변수를 포함시키는 기준에는 t 검정의 p값(=0.1) 외에 t 값을 제곱한 F 값(=2.0)을 많이 사용한다.

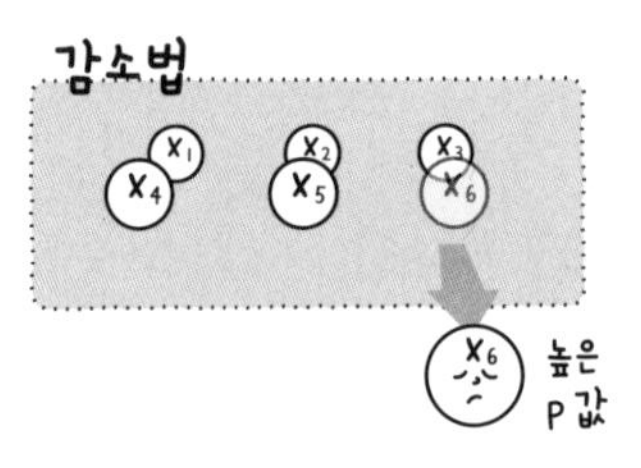

모든 변수를 넣은 상태에서 기준이 충족되지 않아 p값이 가장 높은 변수를 제거한다.

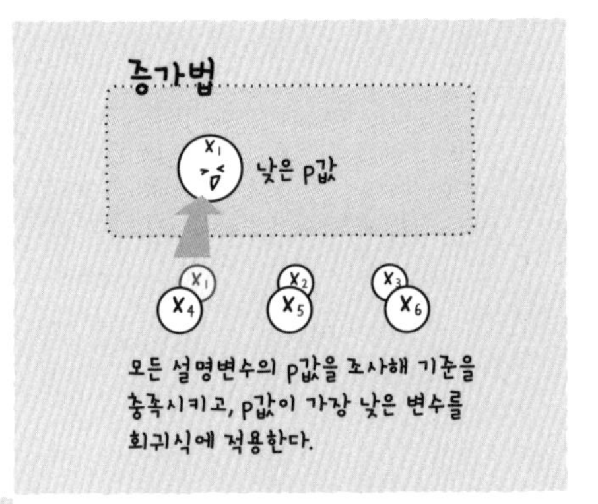

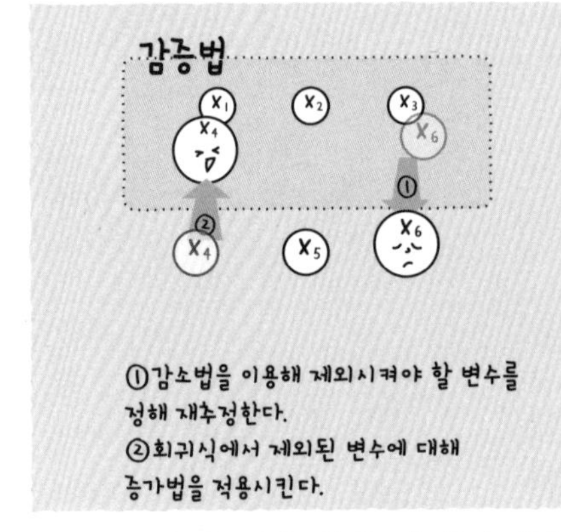

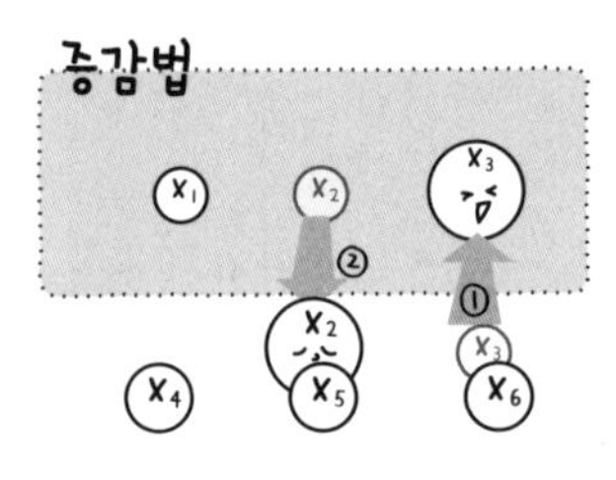

①증가법에 의해 회귀식에 넣을 변수를 정해 재추정한다.
②회귀식에 넣은 변수에 대해 감소법을 적용시킨다.

※ 회귀식에 포함되는 모든 변수가 기준을 충족시키면 변수선택 과정은 종료된다.

변수선택(variable selection) ••• 설명력이 낮은 설명변수를 분석에서 제외시키는 것. 특정 설명변수를 제외시킴으로써 다중공선성의 문제를 피하게 되는 등의 장점이 있다.

질의 차이를 설명하는 변수 ①

절편 더미

더미변수(dummy variable)는 1과 0의 값을 취하는 변수이다.

남자 · 여자, 관리직 · 평사원, 도심에 살고 있다 · 농촌에 살고 있다와 같이 집단 간의 차이를 표현한다.

더미변수를 이용하면 집단 간의 차이를 검정할 수 있다.

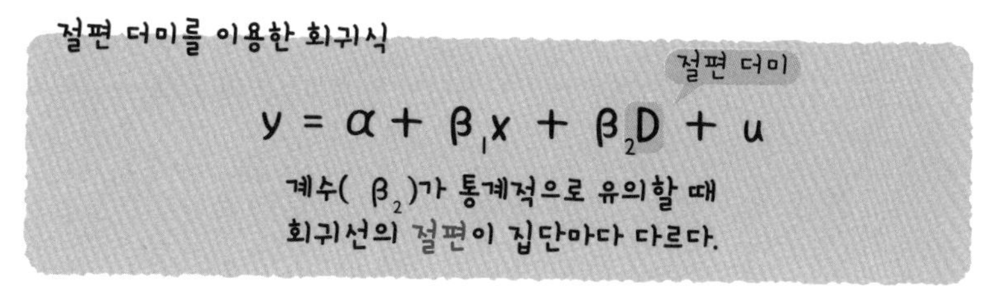

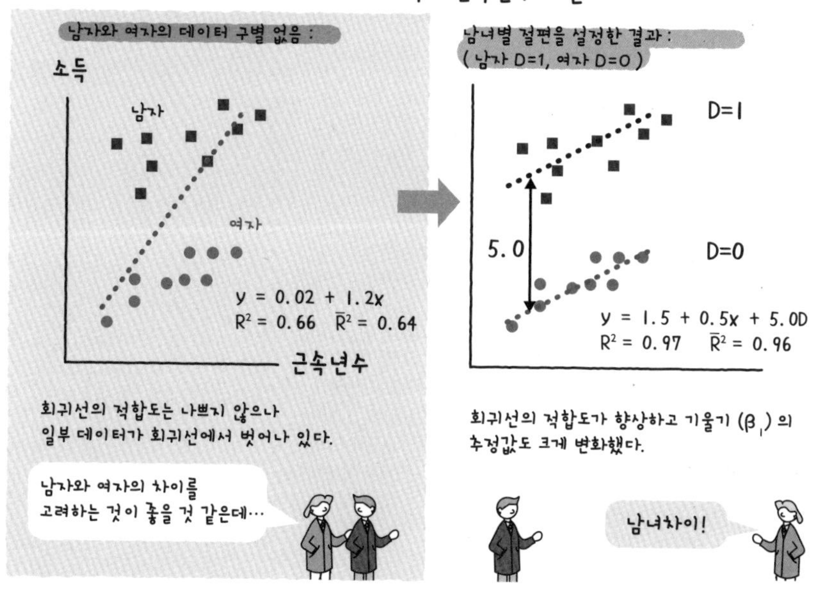

절편 더미(intercept dummy) ••• 성별 차이 같은 질적 차이를 설명할 때 이용하는 더미변수(0과 1의 값을 취하는 변수). 회귀선의 절편을 변화(상하)시키는 역할을 한다. 상수항 더미라고도 한다.

질의 차이를 설명하는 변수 ②

기울기 더미

절편과 기울기에도 그룹 간에 차이를 나타내는 경우가 있다. 그 경우에는 기울기(계수) 더미를 사용한다. 기울기 더미는 더미 변수와 설명변수를 곱해서 만든다.

기울기 더미를 더한 회귀식

절편 더미(앞 페이지) / 기울기 더미

$$y = \alpha + \beta_1 x + \beta_2 D + \beta_3 Dx + u$$

계수 (β_3)가 통계적으로 유의할 때 회귀선의 기울기가 그룹마다 다르다.

절편에 차이가 없을 때는 기울기 더미만으로도 OK

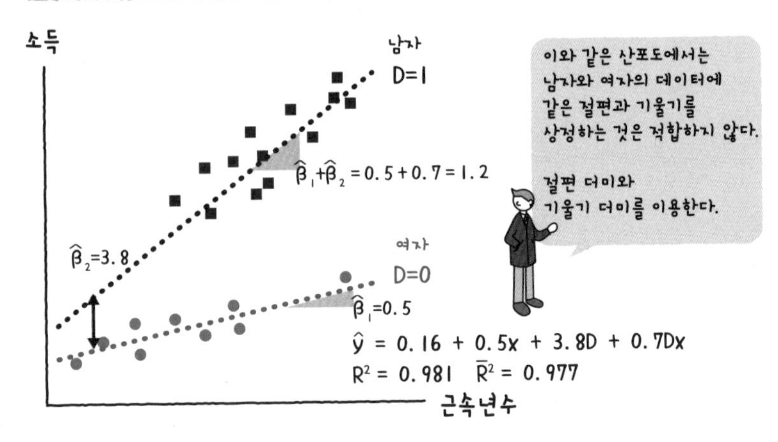

- 더미변수 만드는 법은 203쪽에 나와 있는 바와 같다.
- 그룹(범주)이 4개 있을 때는 3개의 더미변수를 만들어 회귀에 이용한다. 4개 모두를 회귀식에 포함시키면 완전 다중공선성(198쪽) 문제가 발생해 계산할 수 없다.
- 회귀식에 포함시키지 않은 그룹을 기준(베이스)이라고 한다.

기울기 더미(slope dummy) ••• 질적 차이가 회귀선의 기울기에 나타나는 경우에 이용하는 더미변수. 기울기 더미 단독으로 이용하기도 하지만 절편 더미와 함께 이용하는 일이 많다.

예 : 가계의 소비지출액

년	사분기	소비 (x)	제1 (D_1)	제2 (D_2)	제3 (D_3)	D_1x	D_2x	D_3x
2013	제1	400	1	0	0	400	0	0
	제2	430	0	1	0	0	430	0
	제3	410	0	0	1	0	0	430
	제4	430	0	0	0	0	0	0
2014	제1	420	1	0	0	420	0	0
	제2	420	0	1	0	0	420	0
	제3	400	0	0	1	0	0	400
	제4	430	0	0	0	0	0	0

'0, 0, 0'은 제4사분기의 데이터임을 나타낸다.

중회귀분석은 여러 설명변수를 이용해 인과관계를 밝히기 위한 분석 도구이지만, 통계적인 기준만으로 변수선택을 하는 것은 바람직하지 않다. 특히 주의할 것은 '겉으로 드러난 외관상의 관계'를 인과관계로 인식해버리는 것이다.

외관상의 관계는 제3의 변수의 영향을 받아 다른 두 변수 사이에 인과관계가 생긴 것처럼 보이는 관계이다.

예를 들면 흡연자는 커피를 자주 마시는 습관(인과관계)이 있는 경우 커피의 섭취가 폐암을 일으킨다는 관계(외관상의 관계)를 인과관계로 해서 검출할 수도 있다(아래 그림).

통계적인 기준에만 의존할 것이 아니라 과거의 연구자료를 충분히 읽어 보고 상식을 고려해 외관상의 인과관계를 알아볼 수 있어야 한다.

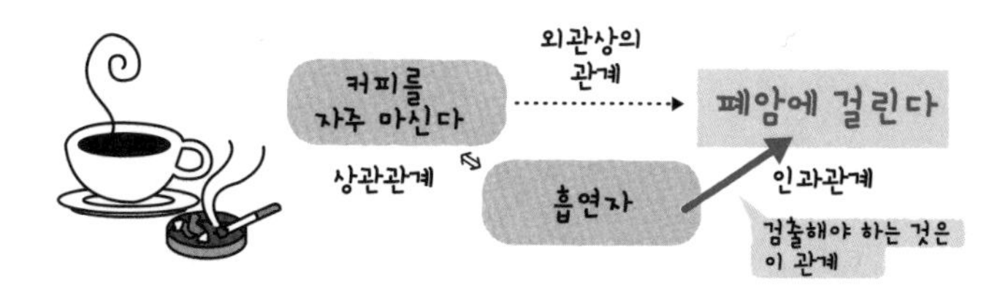

9 | 11

'크사이'라고 읽는다

더미변수를 이용한 회귀분석

프로빗 분석

ξ

꼬불꼬불한 게 싫어! 설마 그건 아니겠지…

반응변수가 더미변수인 경우에 이용하는 분석방법이다.

▶▶▶ 선택확률

- 아래 그림은 자동차 구매(z=1 : 구입했다, z=0 : 구입하지 않았다)와 구입자의 소득관계를 그래프로 나타낸 것이다.
- 반응변수가 더미변수라도 최소제곱법(OLS)에 의해 회귀선을 얻을 수 있다. 하지만 예측값이 0과 1의 범위 밖에 있을 수 있고 오차항의 분산도 일정하지 않으므로 OLS를 이용한 분석은 바람직하지 않다.

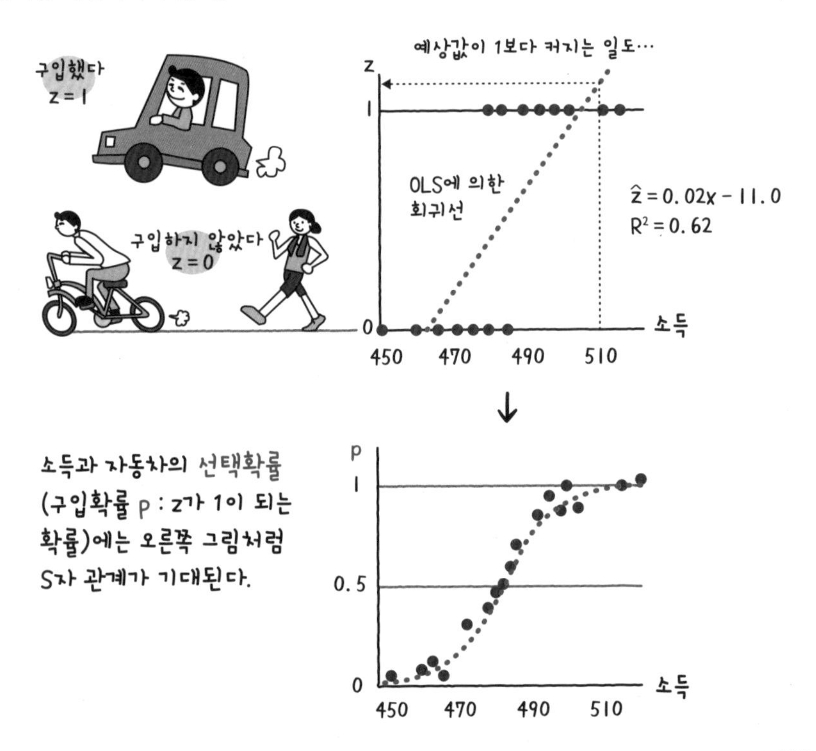

프로빗 분석(probit analysis) ••• 더미변수(이항변수)를 반응변수로 하는 회귀분석이다. 관측 데이터의 배후에 잠재적인 변수를 상정하는 것이 이 기법의 특징이다. 유사한 기법에 로짓(logit) 분석이 있다.

▶▶▶ 프로빗 모델

- S자 곡선을 얻기 위해서는 각 소득 수준마다 자동차의 구입확률을 계산해야 한다. 소득 수준별 구입확률의 데이터를 얻기는 어렵기 때문에 아래 방법을 이용한다.
- 우선 구입확률(p)이 누적정규분포에 의해 계산된다고 가정한다. 누적분포란 확률변수가 어떤 값 이하가 되는 확률을 나타낸다.
- 이 누적분포가 잠재변수 Y의 함수라고 정의한다(분포함수 F). 잠재변수란 모델 속에 상정하는 변수로, 실제로는 관측할 수 없다. 자동차 구입의 예에서는 구입하고 싶은 욕구 정도나 구입할 수 있는 능력(경제력)의 크기를 나타내는 변수이다.

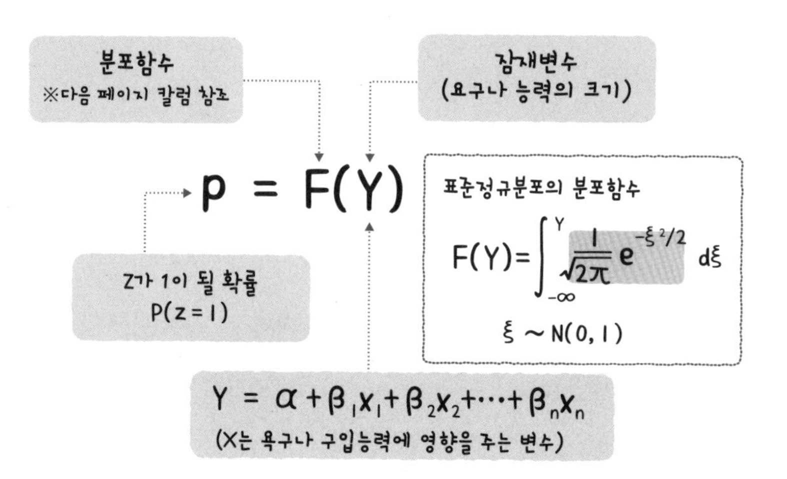

- 회귀계수(β_i)나 절편(α)의 추정은 최대우도법(190쪽)을 이용한다.

우도함수 $L = p_1 \cdot p_2 \cdots\cdots p_m \cdot (1-p_{m+1}) \cdot (1-p_{m+2}) \cdots\cdots (1-p_n)$

z = 1의 데이터 　　　　　 z = 0의 데이터

→ 여기서 p_i는 i번째 데이터가 Z=1이 될 확률을, $1-p_i$는 Z=0이 될 확률을 나타낸다. 어려워 보이지만, 통계분석 소프트웨어로 손쉽게 계산할 수 있으므로 걱정할 필요는 없다.

분포함수(distribution function) ••• 확률변수와 그 확률변수가 있는 값 이하의 값을 취하는 확률과의 관계를 나타낸 것이다. 누적분포함수라고도 한다.

▶▶▶ 한계효과

- 회귀계수 β(250쪽)는 변수 x의 잠재변수 Y에 대한 영향의 크기를 나타낸다. 선택확률 p에 대한 영향이 아니다.
- 선택확률 p에 대한 변수 x의 영향은 변수 x의 한계효과라고 한다. 회귀계수와 한계효과의 부호는 같다.
- 한계효과 ME는 아래 식으로 구할 수 있다.

$$ME_{x_i} = \frac{dF}{dX_i} = f(Y) \cdot \beta_i$$

여기서 f(Y)는 정규분포의 확률밀도함수(25쪽)이다.

- 고급 승용차 구입 예에서 $Y = -109 + 0.226 \times$이라는 관계가 추정된다고 하자. 여기서 x는 소득(만원)을 나타낸다. x값을 특정하지 않으면 f(Y)의 값을 구할 수 없으므로 보통은 평균값($\bar{x} = 483$)에서 Y값을 구한다.

$$ME_x = f(-109 + 0.226 \times 483) \times 0.226 = f(0.158) \times 0.226 = 0.394 \times 0.226 = 0.089$$

※ f(0.158)의 값은 엑셀 함수 NORM.S.DIST(0.158, false)로 계산한다.

이 숫자는 소득이 1만원 증가하면 구입확률이 9% 증가한다는 것을 나타낸다.

▶▶▶ 더미변수의 한계효과

- 더미변수는 0과 1의 값밖에 취하지 않는다. 위의 한계효과 식은 변수 x의 작은 변화에 대한 확률 p의 변화를 보는 것이므로 더미변수에 대해 이용하는 것은 적합하지 않다.
- 더미변수의 한계효과는 아래의 식으로 구할 수 있다.

$$ME_{x_d} = P(z=1 : x_d=1) - P(z=1 : x_d=0)$$

여기서 x_d는 성별을 나타내는 더미변수(남자=1), $P(z=1 : x_d=1)$는 $x_d=1$일 때의 구입확률을 나타낸다.

한계효과(프로빗 효과)(marginal effect) ••• 설명변수가 변화했을 때, 확률(어떤 사건이 일어날 확률, 선택확률 등)이 어느 정도 변화하는지를 나타낸 것.

▶▶▶ 적합도

- 프로빗 분석에서는 보통의 결정계수 R^2를 계산할 수 없으므로 로그우도(log L)를 이용해 유사한 결정계수를 계산한다.
- 대표적인 유사결정계수는 맥파덴(McFadden)의 R^2이다.

↓설명변수 x를 포함시킴으로써 바뀌는 로그우도의 개선도

$$\text{맥파덴의 } R^2 = \frac{\log L_0 - \log L_\beta}{\log L_0} = 1 - \frac{\log L_\beta}{\log L_0}$$

여기서 L_β는 추정한 모델의 우도, L_0는 절편만의 모델 우도를 나타낸다. 적합도가 좋을수록 1에 가까워진다.

- 또 하나의 적합도 지수는 적중률이다. 100%에 가까울수록 예측의 적중도가 높아진다.

↓관측값 z와 예측값 z의 값이 일치하는 관측값의 수

$$\text{적중률}(\%) = \frac{\text{정확하게 예측된 수}}{\text{관측값의 총수(표본 크기)}} \times 100 \qquad ※\ \hat{z} = \begin{cases} 1 & (Y \geqq 0.5) \\ 0 & (Y < 0.5) \end{cases}$$

프로빗 분석에서는 분포함수에 정규분포를 이용했다. OLS 등과 마찬가지로 오차항에 정규분포를 가정하는 것은 자연스런 흐름이다. 그러나 계산이 복잡해지기 때문에 계산이 용이한 로짓 분석도 많이 이용한다.

로짓 분석에서는 분포함수의 로지스틱 분포($1/\{1+\exp(-Y)\}$, $Y=\alpha+\beta_1 x_1+\cdots+\beta_n x_n$)를 이용한다. 정규분포와 로지스틱 분포의 분포함수는 확률이 0과 1의 부근에서 다르다.

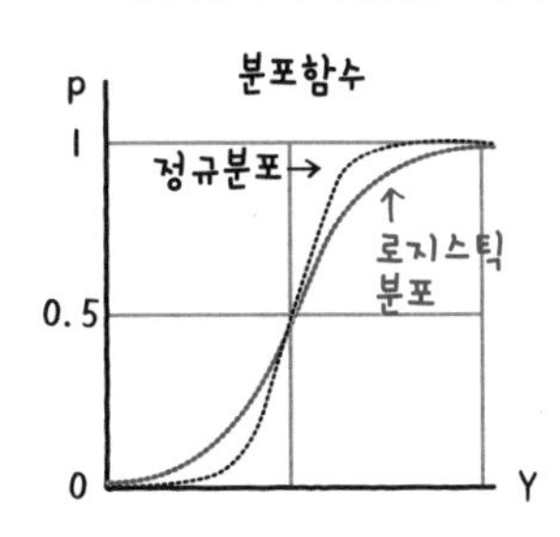

어느 모델이 잘 맞을지는 실제로 추정해보지 않으면 모르지만, 분석 결과(어느 변수가 유의한가)는 아주 비슷하다. 그리고 로짓 분석으로 얻은 추정값($\hat{\beta}$)의 크기는 프로빗 분석과 단순 비교할 수 없다.

9 | 12

사건 발생까지의 시간을 분석한다 ① 생존곡선

사건이 발생하기까지의 시간과 생존확률의 관계를 나타낸 것이 생존곡선이다.
사건이 발생하기까지의 시간이란 사망까지의 기간, 질병이 재발하기까지의 기간, 기계가 고장 나기까지의 기간 등을 가리킨다.

▶▶▶ 중도절단 데이터

- 해석 시점에서 사건(사망, 고장 등)이 발생하지 않은 데이터를 말한다.
- 도중에 유효 데이터를 얻을 수 없는 사건(추적 불능)도 중도절단 데이터로 해서 취급한다.

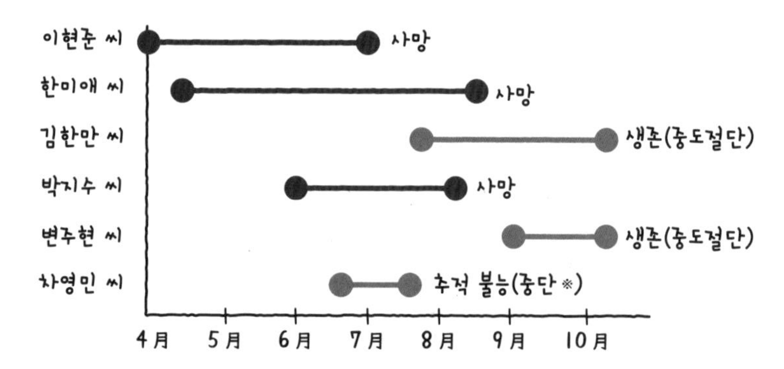

※ 중단의 이유가 사건 발생에 영향을 주는 사건(보다 좋은 치료를 원해 병원을 옮기는 등의 이유)은 분석에서 제외시키기 바란다)

▶▶▶ 생존곡선

- 생존곡선이란 시점(t)과 생존확률($S(t) = P(T \geq t)$)의 관계를 그래프로 나타낸 것이다. T와 t의 특정값(시점)을 나타낸다.
- 생존확률(생존율)은 t 시점에서 아직 살아 있는 확률을 말한다.
- 생존곡선을 추정하는 방법은 몇 가지가 있으나 카플란-마이어 생존분석법(Kaplan-Meier method)이 유명하다.

생존곡선(survival curve) ••• 어떤 시간을 지나 생존해 있는(기능하는) 확률과 시간의 관계를 함수로 나타낸 것이다. 생존함수라고도 한다.

▶▶▶ 카플란-마이어 생존분석법

● 아래 식을 사용해 생존확률 $\widehat{S(t_j)}$ 을 추정하는 방법이다.

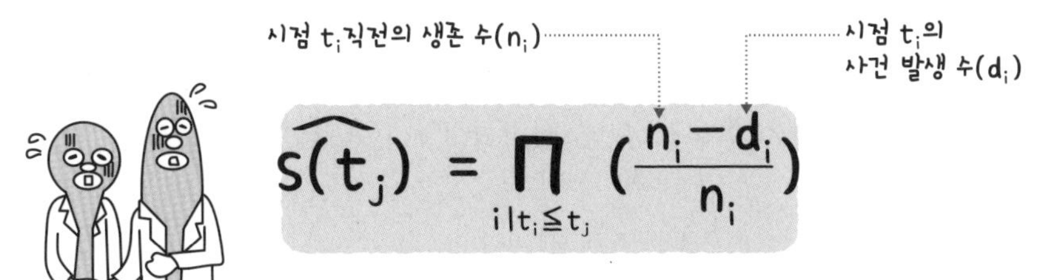

Π은 곱연산 기호로서, 시점(t_i)가 (t_j)보다 작은 데이터에 대해 ( ) 안의 변수의 곱을 구한다.

원래 데이터

환자 ID	시점 t_i (경과 일수)	사건 (1:발생)
A	130	1
B	128	1
C	75	0
D	79	1
E	45	0
F	20	0
G	16	0
H	29	1
I	29	1
J	40	1
⋮	⋮	⋮

분석용 데이터

경과 일수 t_i	사건 d_i	중단 w_i	생존수 n_i	$\frac{n_i - d_i}{n_i}$	생존 확률 $\widehat{S(t_j)}$
16	1	1	26	0.962	0.962
20	0	1	24	1.000	0.962
22	0	1	23	1.000	0.962
29	3	0	22	0.864	0.830
30	0	1	18	1.000	0.830
31	1	0	18	0.944	0.784
33	0	1	17	1.000	0.784
36	0	1	16	1.000	0.784
37	1	0	15	0.933	0.732
40	1	1	15	0.929	0.680
⋮	⋮	⋮	⋮	⋮	⋮

①경과일수별로 집계

②일수가 짧은 순으로 바꿔 나열한다

※ $n_i = n_{i-1} - d_{i-1} - w_{i-1}$

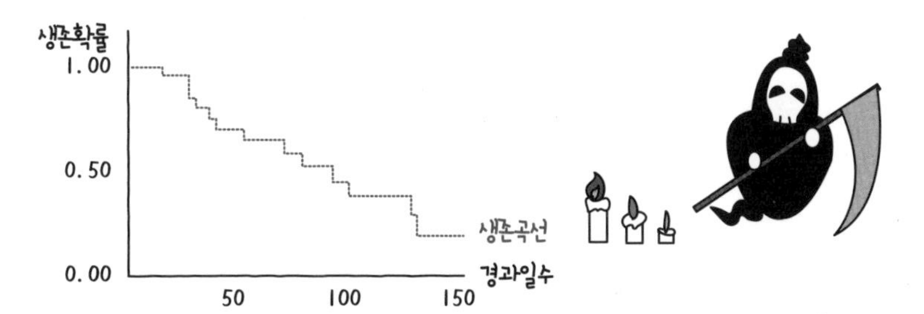

카플란-마이어 생존분석법(Kaplan-Meier method) ••• 중도절단 데이터(사건이 아직 발생하지 않은 데이터)를 고려해 생존율을 산출하는 방법. 카플란과 마이어가 1958년에 고안했다.

9 | 13

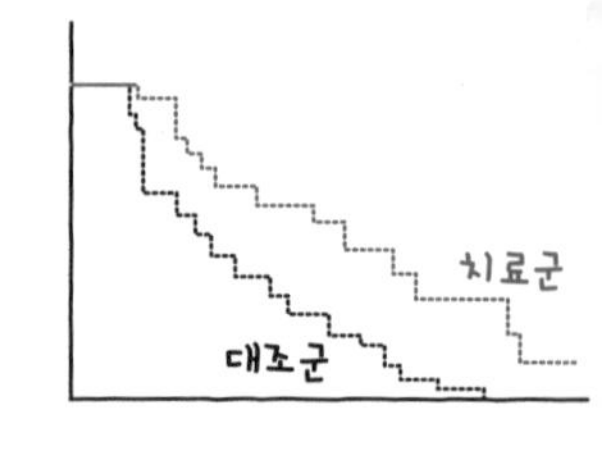

사건 발생까지의 시간을 분석한다 ② 생존곡선의 비교

여러 그룹의 생존곡선을 비교하려면 로그-랭크 검정이나 일반화 윌콕슨 검정을 이용한다.

▶▶▶ 두 집단의 생존곡선 비교

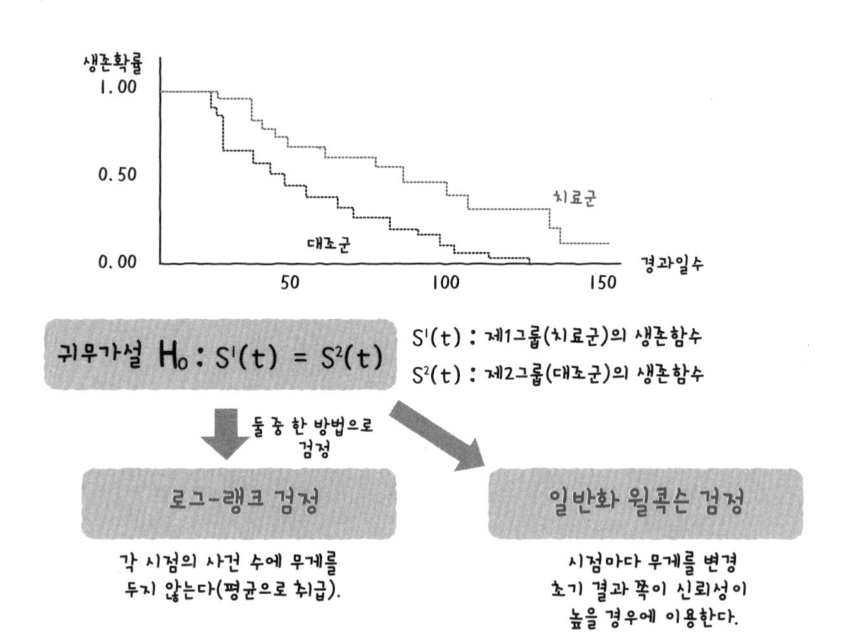

※ 어떤 검정통계량도 자유도 1의 χ^2 분포를 따른다.

사례 : 치료군과 대조군의 생존곡선이 같은지를 검정한 결과

	로그-랭크 검정	윌콕슨 검정
χ^2값	8.42	6.73
자유도	1	1
p값	0.004	0.010

두 검정의 p 값은 1%보다도 작으므로 귀무가설은 기각된다.
→ 치료 효과 있음

생존곡선의 비교(comparison of survival curves) ••• 카플란-마이어 생존분석법으로 생존곡선을 그리면 생존곡선의 차이를 눈으로 확인할 수가 있다. 통계적으로 검정하고 싶은 경우에는 로그-랭크 검정이나 일반화 윌콕슨 검정을 이용한다.

14

사건 발생까지의 시간을 분석한다 ③

Cox 비례 해저드 회귀

생존시간에 영향을 미치는 요인을 분석하려면 Cox 비례 해저드 회귀를 이용한다.

콕스(Cox) 비례 해저드 회귀

- '해저드'란 시점 t까지 생존해 있기는 하지만 그 직후(다음 순간)에 죽을 확률(순간사망률)을 말한다.
- 콕스(Cox) 비례 해저드 회귀는 변수 $x = (x_1, x_2, \cdots, x_n)$가 해저드 함수에 주는 영향을 분석하는 방식이다.
- 해저드 함수는 시점 t와 변수 x의 함수로서 다음 식과 같이 정의된다.

$$h(t, x) = h_0(t)\exp(\beta_1 x_1 + \beta_2 x_2 + \cdots + \beta_n x_n)$$

↑ 기준 해저드(모든 x 값이 0 일 때의 해저드)

해저드 비

- 해저드 비란 어느 x_i가 1(기타는 0)일 때의 해저드와 기준 해저드($h_0(t)$)의 비를 가리킨다.

$$\frac{h(t, x_i)}{h_0(t)} = \frac{h_0(t)\exp(\beta_1 \cdot 0 + \beta_2 \cdot 0 + \cdots + \beta_i \cdot 1 + \cdots + \beta_n \cdot 0)}{h_0(t)} = \exp(\beta_i)$$

- 이 해저드 비가 1 보다 클 경우에는 x_i의 상승이 사건 발생 확률을 상승시킨다(1보다 작은 경우에는 그 반대이다).

비례 해저드성

- 해저드 비가 시간의 경과와 함께 변화하지 않는(일정한) 성질이다.
- Cox 비례 해저드 회귀에서는 이 성질이 충족되어야 한다.

콕스 비례 해저드 회귀(Cox proportional hazards model) ••• 생존시간 데이터를 위한 중회귀분석. 해저드 비(순간사망률)에 영향을 줄 것 같은 변수(설명변수)를 찾아, 영향의 크기를 측정하기 위해 이용한다.

- 통계 소프트웨어 R(알)을 사용해 Cox 비례 해저드 회귀를 실시해 보자. R에 대해서는 권말 부록 A를 참고하기 바란다.
- 심근경색으로 병원에 다닌 사람이 재차 심근경색이 일어날 때까지의 기간(time)을, 처음에 병원에 갔을 때의 나이(age)와 당뇨병 병력의 유무(diabetes)로 회귀한다.

R 명령어 or Cox 비례 해저드 회귀

Cox 비례 해저드 회귀 도구가 들어 있는 패키지를 불러온다.
처음 사용하는 분은 이 survival이라는 패키지를 설치하기 바란다.

```
> library(survival)
> (out.cox<-coxph(Surv(time, event)~ age + diabetes, data = sdata, method = "breslow"))
```

event: 중도절단이 아닌 사건을 1, 중도절단인 사건을 0으로 한 변수

※본문에서는 1을 중도절단이라고 표기. 무엇을 1로 하는가는 소프트웨어에 따라 달라진다.

R 출력

	coef	exp(coef)	se(coef)	z	p
age	0.0723	1.08	0.0256	2.82	0.0047
diabetes	1.0345	2.81	0.4581	2.26	0.0240

exp(coef): 해저드 비, 양 변수 모두 1보다 크기 때문에 고령으로 당뇨병 병력이 있을수록 재발률이 높아지는 것을 알 수 있다.

p: p값이 5%보다 작으므로 양 변수의 회귀계수는 통계적으로 유의(0과 다르다)한 것을 알 수 있다.

R 명령어 or 비례 해저드성의 검정

```
(cox.zph(out.cox))
```

R 출력

	rho	chisq	p
age	-0.1864	2.049	0.152
diabetes	0.0978	0.352	0.553
GLOBAL	NA	2.174	0.337

p: p값이 5%보다 크기 때문에 귀무가설(비례 해저드성이 충족되어 있다)은 기각되지 않는다.

※GLOBAL은 모델 전체에 대한 검정이다.

비례 해저드성(property of proportional hazards) ••• 두 집단 간의 해저드 비가 시간에 따라 변화하지 않고 일정하다고 하는 성질. Cox 비례 해저드 모델을 이용하는 경우는 비례 해저드성이 성립되는지를 확인할 필요가 있다.

칼럼

다양한 통계 분석 소프트웨어

이 책에서는 R을 이용했지만, 이외에도 사용하기 편리한 소프트웨어가 많이 개발되어 있어 간단히 소개한다.

소프트웨어명	제작, 판매회사	특징
엑셀의 분석도구	마이크로소프트	기본적인 통계분석(평균값 차이 검정, 분산분석, 중회귀 등)이 가능하다. 다변량 분석은 할 수 없다. [무료]
엑셀 통계	사회정보 서비스	사용하기 쉽고 가성비가 좋다. 대부분의 분석수법이 수록되어 있다. 해외의 지명도는 낮다. [유료]
SPSS	IBM	사회과학 분야에서는 아주 많이 보급되어 있다. 마우스 조작만으로 사용할 수 있다. [유료, 고도의 분석에는 별도의 옵션이 필요]
SPSS AMOS	IBM	공분산구조분석(SEM)의 모델 구축과 평가를, 마우스 조작만으로 할 수 있다. [유료]
JMP	SAS Institute Inc.	SAS와의 연계가 가능. 실험계획 도구가 충실하다. 메뉴 조작이 독특해서 익숙해지기까지 시간이 걸린다. [유료]
STATA	StataCorp LLC	계량경제학 분야에서는 유명한 소프트웨어. 고도의 분석이 가능하다. 명령어 입력이 기본이므로 익숙해지기까지 시간이 걸린다. [유료]
R	R Foundation	이용자가 많다. 패키지를 도입해 다채로운 분석을 할 수 있다. 명령어 입력은 기본. [무료]
R 커맨더	John Fox씨 (R의 패키지)	R의 그래피컬 인터페이스. 마우스만으로 조작할 수 있다. 표준으로 짜 넣은 분석기법은 적다. [무료]
EZR	칸다 요시노부 씨 (R의 패키지)	R의 그래피컬 인터페이스. R 명령어보다 수록되어 있는 분석수법이 많다(특히 의료통계 관련). [무료]

이와 같이 다양한 소프트웨어가 있다. 이 소프트웨어 가운데 가장 많이 보급되어 있는 것은 어느 것일까? 로버트 뮌헨이라는 사람이 2016년에 전 세계 학술논문을 조사했는데, 가장 많이 사용되는 것은 SPSS였다.[1] 게다가 SPSS를 사용한 논문 수는 8만 건을 넘었고, 제2위인 R의 4만 건을 크게 웃돌았다. 뮌헨은 SPSS가 압도적인 이유로 해석력과 사용하기 용이하다는 점을 들었다. 제3위는 SAS, 제4위는 STATA로, 각각 3만 건 전후였다. 그리고 위의 표에서도 소개한 JMP는 약 1만 건으로 13위였다(논문 수는 모두 뮌헨이 작성한 그래프를 참고한 수치다).

1) The Popularity of Data Science Software by Robert A. Muenchen (http://r4stats.com/articles/popularity/) 2017년 7월 확인

속해 있다.

제10장
다변량 분석

10 | 1

정보를 수집한다

주성분분석

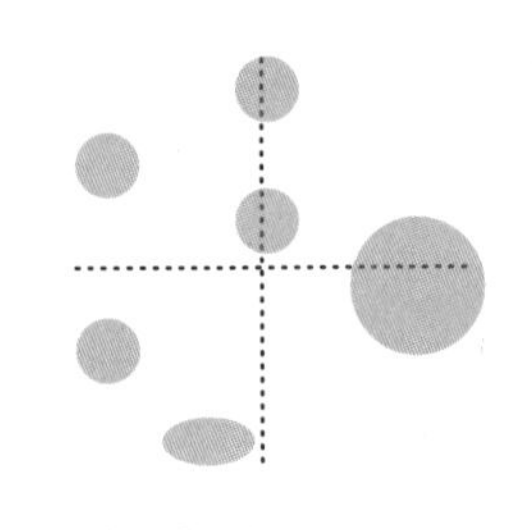

많은 변수에 포함되어 있는 정보를 적은 수의 변수로 나타내고 싶을(종합적인 지표를 만들고 싶을) 때 사용하는 방법이다.

주성분

주성분(z)은 데이터의 분산이 최대가 되는 방향을 나타내도록 생성된 변수이다. 주성분의 분산(고유값) 크기는 정보량의 많은 정도를 나타낸다.

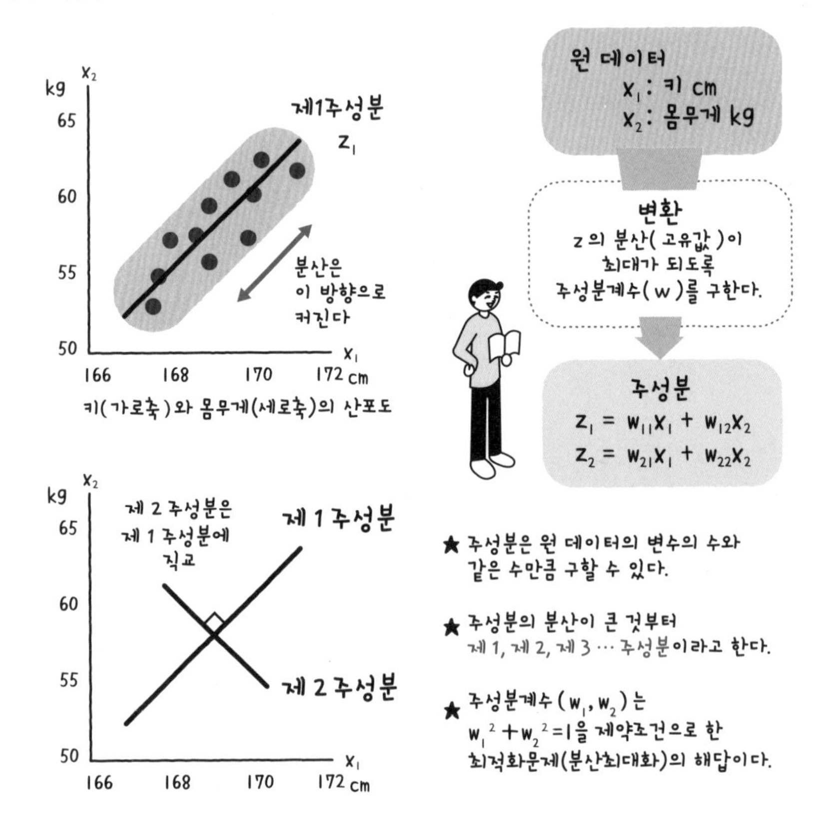

주성분분석(principal component analysis) ••• k개의 변수 변동을, k개보다 적은 서로 직교하는 변수로 나타내기 위한 방법.
고유값(주성분분석)(eigenvalue) ••• 주성분 스코어의 분산을 나타낸다. 이 값이 클수록 원 변수의 특징을 잘 나타낸다.

● 10명의 학생(1～10)의 국어 · 수학 · 영어 · 과학 · 사회 점수 데이터를 이용해 통계분석 소프트웨어 R로 주성분분석을 해 보자.

R 명령어

```
> pc_res <- princomp(sdata, cor=TRUE)
```

변수 간에 데이터의 단위가 같지 않을 때, 분산이 크게 다를 때는 TRUE(상관행렬에서 계산)를 지정하고, 기타의 경우에는 FALSE(분산공분산 행렬에서 계산)를 지정한다. 분산공분산 행렬을 표준화한 것이 상관행렬이다.

```
> summary(pc_res)
```

R 출력

```
Importance of components:
                         Comp.1    Comp.2    Comp.3    Comp.4      Comp.5
①Standard deviation     1.8571903 1.1538612 0.4313438 0.158206713 0.091441658
②Proportion of Variance 0.6898312 0.2662791 0.0372115 0.005005873 0.001672315
③Cumulative Proportion  0.6898312 0.9561103 0.9933218 0.998327685 1.000000000
```

① : 표준편차 데이터(변수)의 분산공분산 행렬의 고유값은 각 주성분의 분산이 된다. 이것의 제곱근이 표준편차이다.

② : 기여율
각 주성분에 의해 원 데이터 정보의 몇 퍼센트가 설명될지를 나타낸다.
기여율 = 각 고유값/고유값의 총합

③ : 누적기여율
①, ②도 기여율을 제1주성분부터 순서대로 누적한 것이다.

- 누적기여율 80%를 목표로 해서 주성분을 선택한다.
- 이 예에서는 제2주성분까지로 96%가 설명되어 있으며, 제3주성분 이하인 주성분은 크게 기여하지 않는다는 것을 알 수 있다.
- 상관계수로 계산한 경우는 1 이상의 고유값을 갖는 주성분을 채용하는 기준도 이용할 수 있다.

기여율(주성분분석)(contribution ratio) ••• 각 주성분에 의해 집약되는 정보(분산)의 비율. 각 주성분의 고유값을 그 총합으로 나눈 것이 기여율이고, 기여율을 큰 순으로 더한 것이 누적기여율이다.

▶▶▶ 인자부하량과 고유 벡터

고유 벡터로 계산되는 인자부하량은 원 변수와 주성분의 깊은 관련성(상관계수)을 나타낸다. 주성분부하량이라고도 한다.

R 명령어

```
> t(t(pc_res$loadings)*pc_res$sdev)
```

↑ 인자부하량을 출력시키기 위한 명령어다. pc_res$loadings뿐이면 고유 벡터(주성분계수 w)가 표시된다.

▶▶▶ 주성분의 해석

인자부하량의 크기와 부호를 보면서 각 주성분에 어떤 정보가 강하게 반영되어 있는가를 판단하고, 주성분의 의미(네이밍)를 부여한다.

R 출력

Loadings:	Comp.1 (제1주성분)	Comp.2 (제2주성분)	Comp.3	Comp.4	Comp.5
korean	-0.905	-0.374	-0.190		
Math	-0.689	0.692	0.199		
English	-0.866	-0.412	0.272		
Science	-0.703	0.684	-0.174		
Social studies	-0.954	-0.274			

※값(절댓값)이 0.1보다 작을 때는 표시되지 않는다.

모든 과목(변수)의 인자부하량이 음으로 같은 값을 취하고 있다.

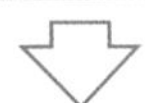

종합점수가 높으면 제1주성분은 음의 큰 값을 취한다.

따라서 제1주성분은 '종합력을 측정하는 주성분(축)'이라고 해석할 수 있다.

국어 · 영어 · 사회가 음의 값이고, 수학 · 과학이 양의 값을 취하고 있다.

문과 과목 점수가 이과 과목보다 높으면 제2주성분은 큰 음의 값을 취한다.

따라서 '이과 경향이 강한지(양), 문과 경향이 강한지(음)를 측정하는 주성분(축)'이라고 해석할 수 있다.

인자부하량(주성분분석)(factor loading) ••• 주성분과 원 변수의 관련성(상관) 정도를 나타낸 것. 주성분부하량이라고도 한다.

▶▶▶ 주성분 득점과 주성분 득점 플롯

개체(케이스, 관찰, 피험자)별로 산출되는 각 주성분의 값이다.

R 명령어

```
> pc_res$scores
```

← 주성분 득점을 출력시키기 위한 명령어이다.

R 출력

```
     Comp.1      Comp.2       Comp.3    Comp.4      Comp.5
1 -2.58995190 -0.780563285 0.3489215 -0.20018725 -0.082756784
2 -2.70802625  0.949712815 0.5565135 -0.02900749 -0.005893198
       ⋮           ⋮           ⋮          ⋮            ⋮
```

R 명령어

```
> plot(pc_res$scores[,1], pc_res$scores[,2], type="n")
> text(pc_res$scores[,1], pc_res$scores[,2])
```

← 제1주성분과 제2주성분의 주성분 득점을 플롯하기 위한 명령어이다.

R 출력

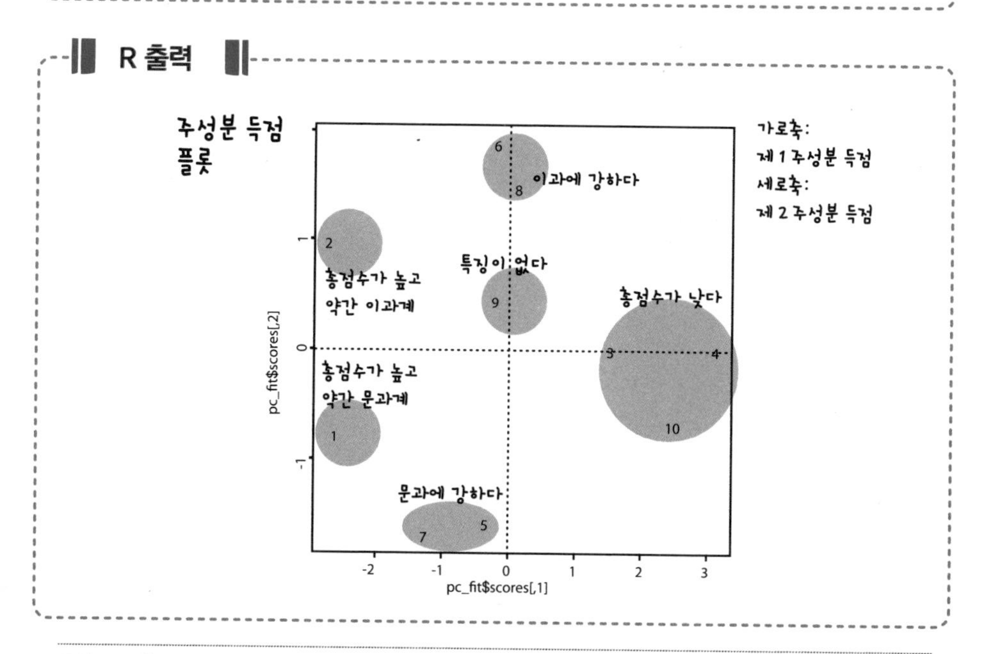

주성분 득점(principal component score) ••• 개개의 데이터(개체)에 대해 계산되는 각 주성분의 값.

10 | 2

잠재적인 요인을 찾는다

인자분석

사회과학 분야의 현상을 측정한 변수에는 복잡한 관련성이 있어 상관관계를 이해하기는 어렵다. 인자분석을 이용하면 변수의 배후에 공통으로 존재하는 개념(공통인자)을 추출해 변수 간의 관련성을 이해할 수 있다.

▶▶▶ 공통인자

- 관측된 변수에 공통으로 포함되어 있는 인자를 말한다.
- 주성분분석과 비슷한 점이 많으나 아래 도표와 같이 기본적인 개념(화살표 방향)이 정반대이므로 주의해야 한다.

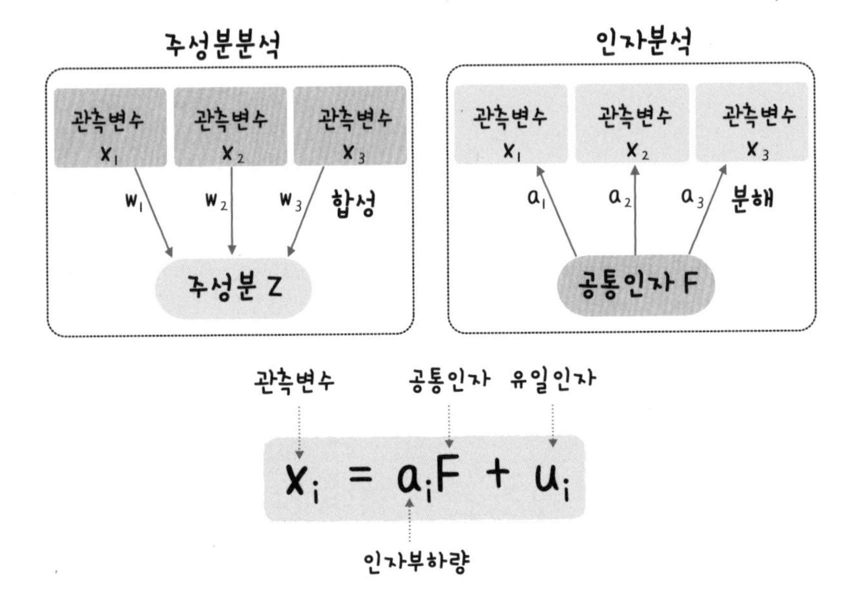

★인자부하량(a_i)을 구하는 것이 인자분석의 목적이다.
최대우도법이나 주성분법이 많이 이용된다.

★인자부하량의 제곱합$(a_i)^2$은 공통성이라고 한다.

인자분석(factor analysis) ••• 여러 변수의 배후에 존재하는 개념(인자)을 추출하기 위한 방법. 소비자 의식이나 브랜드 이미지, 가치관 분석 등에 이용하는 경우가 많다.

20명의 피험자에게 자신의 성격을 5단계(1:해당되지 않는다~5:해당된다)로 평가하게 했다. 이 데이터를 이용해 인자분석을 해보겠다. 변수는 아래의 9개이다.

x1 : 자신의 인생에 책임을 갖고 살고 싶다.
x2 : 어떻게 하면 인생을 보다 잘 보낼 것인지 곧잘 생각한다.
x3 : 충실한 인생을 살 수 있는가는 자신의 행동에 달려 있다.
x4 : 환경변화에 스트레스를 받지 않는 편이다.
x5 : 기분을 빨리 전환하는 편이다.
x6 : 망설여질 때는 우선 행동해 보는 편이다.
x7 : 충실한 인생을 보내려면 경제적 안정이 가장 중요하다.
x8 : 안정된 회사에서 착실히 성과를 올리고 싶다.
x9 : 분수에 맞는 삶을 살고 싶다.

분석 순서

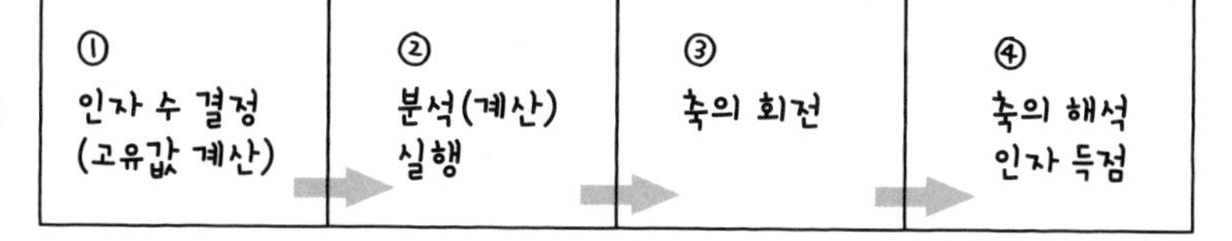

● 인자분석에서는 먼저 추출하는 인자의 수를 정한다. 사전에 공통인자의 수가 상정 가능한 경우를 제외하고, 아래와 같이 고유값을 계산하고 그 값이 1 이상인 고유값의 수를 채용한다.

R 명령어

```
> evres <- eigen(cor(sdata))
> evres$value
```

고유값을 계산하기 위한 명령어이다.

계산한 고유값을 표시한다.

R 출력

```
[1] 5.24008550 1.82695018 0.67948411 0.41521519 0.35485288 0.20184232
[7] 0.12992206 0.09525016 0.05639759
```

변수가 9개(x1~x9)이므로 고유값도 9개 계산된다.
1 이상의 크기를 갖는 것은 두 개이므로 인자 수는 2로 한다.

공통인자(common factor) ••• 2개 이상의 변수에 영향을 주는 인자. 모든 변수에 영향을 주는 인자를 '일반인자'라고 하여 구별하기도 한다.

R 명령어

```
> library(psych)
```
← 표준으로 입력되어 있는 "factanal"이라는 함수로도 분석할 수 있지만, 기능이 한정되어 있다. 여기서는 psych라는 패키지를 사용한다.

```
> library(GPArotation)

> fac_res <- fa(sdata, nfactors=2, fm="ml", rotate="oblimin")
```
- nfactors=2: 인자 수를 지정
- rotate="oblimin": 축의 회전 방법을 지정(223, 225쪽).
- fm="ml": 인자의 추출방법을 지정 : 최대우도법(ml) 외에 주성분법(pa)이 많이 이용된다(225쪽).

```
> print(fac_res,digit=3)
```
← 결과를 출력한다.

R 출력

```
Factor Analysis using method = ml
Call: fa(r=sdata, nfactors=2, rotate="oblimin", fm="ml")
Standardized loadings (pattern matrix) based upon correlation matrix
```

	ML1	ML2	h2	u2	com
x1	0.971	0.053	0.990	0.0105	1.01
x2	0.748	0.211	0.737	0.2627	1.16
x3	0.829	0.086	0.754	0.2455	1.02
x4	-0.905	0.101	0.753	0.2472	1.02
x5	-0.760	0.090	0.528	0.4719	1.03
x6	-0.817	0.091	0.612	0.3875	1.02
x7	0.012	0.825	0.690	0.3104	1.00
x8	-0.018	0.935	0.861	0.1389	1.00
x9	0.060	0.748	0.601	0.3985	1.01

h2 ← 공통성(commonality)
각 변수가 갖고 있는 정보가 인자 모델에 반영되어 있는지를 나타낸다.
공통성이 작은 변수는 모델에서 삭제하고 재추정하는 것이 좋다.

인자부하량이 출력되었다. 제1인자(ML1)에는 x1~x6의 정보가, 제2인자에는 x7~x9의 정보가 강하게 반영되어 있다.

	ML1	ML2	
SS loadings	4.294	2.233	← 인자부하량의 제곱합(열 방향)
Proportion Var	0.477	0.248	← 기여율
Cumulative Var	0.477	0.725	← 누적기여율
Proportion Explained	0.658	0.342	← 설명률(기여율/기여율의 합계)
Cumulative Proportion	0.658	1.000	← 누적설명률

▶▶▶ 축의 네이밍과 회전

- 인자부하량을 이용해 축의 네이밍을 하는 방법은 주성분분석과 같다.
- 인자부하량 값에 눈에 띄는 경향이 없어, 네이밍이 어려운 경우에는 축을 회전시킨다. 회전에는 직교회전(直交回轉)과 사교회전(斜交回轉)이 있다.
- 공통인자 간에 상관을 가정할 수 없는 경우에는 직교회전을 하고, 상관을 가정할 수 있는 경우에는 사교회전을 한다.
- 앞 페이지의 예에서는 사교회전의 "oblimin"(R의 디폴트)을 이용했다.

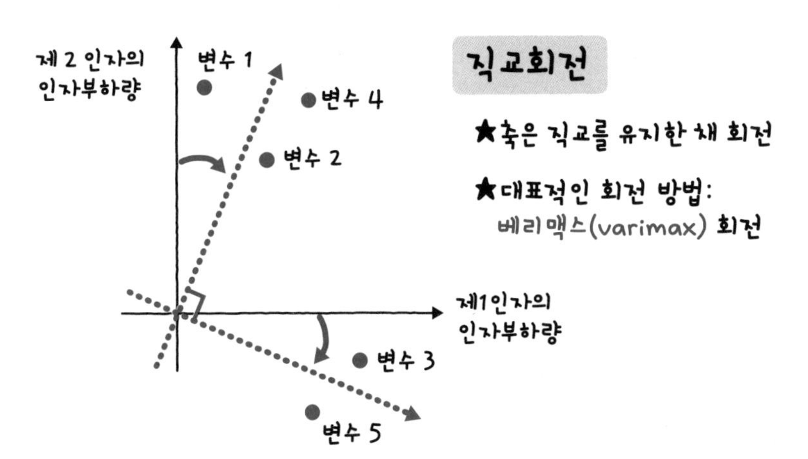

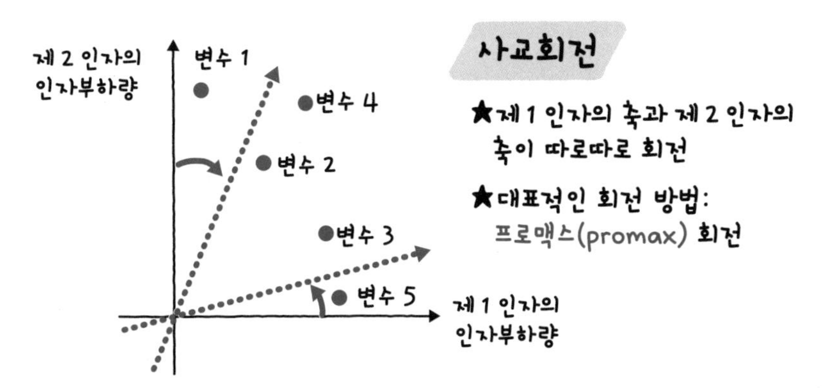

회전(인자분석)(rotation) ••• 분석 결과를 보다 해석하기 쉽게(축의 네이밍을 하기 쉽게) 인자 축을 회전시키는 것. 인자 간의 상관을 가정하지 않는 직교회전과, 상관을 가정하는 사교회전이 있다.

▶▶▶ 바이플롯

두 개 또는 세 개의 인자에 대해, 각 변수가 인자에 주는 영향의 벡터 그림(인자부하 플롯)과 인자점수 플롯(219쪽의 주성분 득점 플롯과 같은 종류의 그림)을 하나로 그린 것이다.

R 명령어

```
> biplot(fac_res$scores, fac_res$loadings)
```

바이플롯을 그리는 명령어이다.

R 출력

인자부하 플롯과 각 질문의 내용으로 축의 네이밍을 한다.

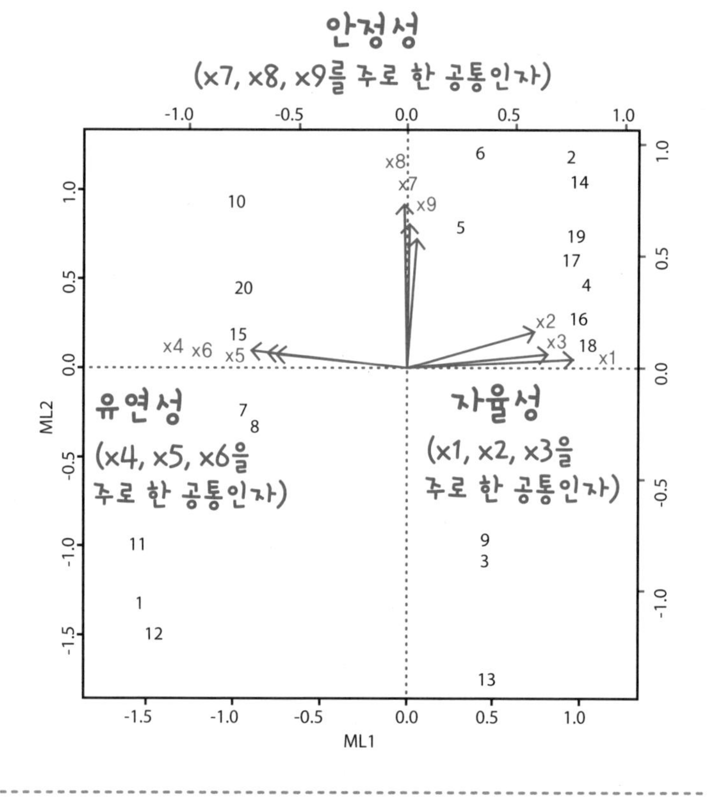

바이플롯(biplot) ••• 개개의 데이터(개체)에 대한 산포도에, 변수에 관한 정보를 벡터(화살표) 등으로 기입한 것. 인자분석에서는 인자점수과 인자부하량으로 작성한다.

fa명령어로 지정할 수 있는 옵션

① 인자 추출 방법(fm=[기법명])

최소잔차법	[minres] 잔차가 최소가 되도록 해답(인자부하량)을 구한다. 인자부하량의 패턴은 주성분법보다 최대우도법에 가까운 경향이 있다. 〈디폴트〉(주)
가중최소제곱법	[wls] 독자인자로 잔차행렬에 가중치를 두고 해답을 구한다.
일반화 최소제곱법	[gls] WLS와 기본적으로 같지만, 가중치를 구하는 방법이 다르다.
주성분법	[pa] 인자의 영향이 최대가 되도록 해답을 구한다.
최대우도법	[ml] 다변량정규분포를 이용한 최대우도추정법에 의해 해답을 구한다. 먼저 이 방법을 이용하는 것이 좋다.

주 : 〈디폴트〉 옵션을 지정하지 않을 때 이용할 수 있는 방식이다.

② 회전방법(rotation=[기법명])

회전 없음	【none】
직교회전	【varimax】, 【quartimax】, 【bentler T】, 【equamax】, 【varimin】, 【geomin T】, 【bifactor】
사교회전	【promax】, 【oblimin 〈디폴트〉】, 【simplimax】, 【bentler Q】, 【geomin Q】, 【biquartimin】, 【cluster】 우선 promax를 이용하는 것이 좋다.

③ 반복계산의 최대 횟수

[max.iter=100]처럼 지정한다(디폴트는 50회). 계산이 수습되지 않을(계산이 끝나지 않을) 때는, 값을 크게 하여 해 보기를 권한다.

④ 인자점수 계산 방법

디폴트는 [scores="regression"]이다. 기타 "Thurstone", "tenBerge", "Anderson", "Bartlett"를 지정할 수 있다. 보통은 디폴트로 OK이다.

⑤ 공통성의 초깃값

중상관계수의 제곱을 이용할 경우에는 [SMC=TRUE〈디폴트〉]로 한다. (보통은 이쪽).
[SMC=FALSE]로 하면 1을 초깃값으로 이용할 수 있다.

인자분석 소프트웨어 ••• SPSS와 같이 사회과학이 발상인 소프트웨어는 인자분석에 주성분분석이 포함되어 있고, JMP와 같이 공학 · 실험계획학 발상의 소프트웨어는 주성분분석에 인자분석이 포함되어 있으므로 주의해야 한다.

10 | 3

인과 구조를 기술한다

구조 방정식 모델링 (SEM)

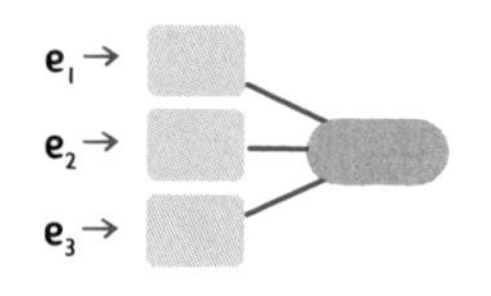

원인과 결과 사이에 있는 관계를 상정하고, 그 가설을 데이터로 검정하는 방법이다.
인자분석과 중회귀분석을 조합한 방식으로 인과구조에 잠재변수를 포함시킬 수 있다.
SEM은 Structural Equation Modeling의 약칭이다.
공분산구조분석(CSA : Covariance Structural Analysis)이라고도 한다.

경로도

- 변수 간의 연결(인과구조)을 화살표(경로)로 나타낸 것이다. 아래 그림은 잠재인자 간에 인과관계가 있는 타입(다중지표 모델)의 경로도이다.

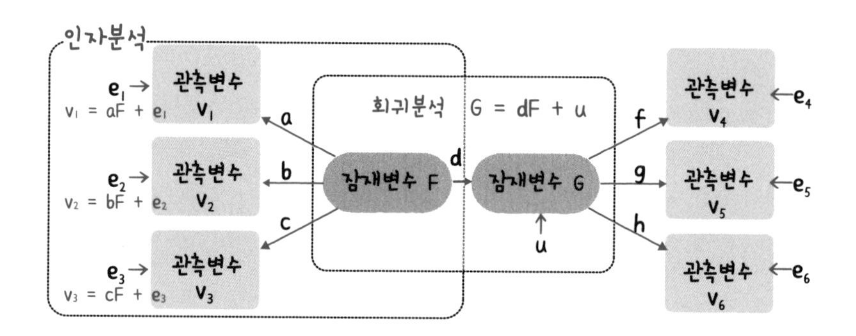

관측변수($v_1 \sim v_6$) : 키나 몸무게, 설문의 회답 등 데이터로 수집할 수 있는 변수이다. 경로도에서는 보통 사각으로 둘러싼다.

잠재변수(F, G) : 관측변수로 구성되는 '개념'을 나타내는 변수로, 인자분석의 공통인자에 해당한다. 경로도에서는 보통 타원으로 둘러싼다.

오차변수($e_1 \sim e_6$, u) : 모델에 포함시킬 수 없었던 변수를 한데 모은 것이다. '오차'나 '잔차'라고 부르기도 한다.

경로계수(a ~ h) : 회귀분석의 회귀계수나 인자분석의 인자부하량 같은 것으로 변수 간의 영향의 크기를 나타낸다.

구조방정식 모델링(공분산구조분석)(Structural Equation Modeling, SEM) ••• 복잡한 인과구조를 잠재변수를 도입한 경로도로 나타내는 방식.
경로도(path-diagram) ••• 관측변수와 잠재변수의 인과구조를 화살표로 연결해 그린 그림.

▶▶▶ 총효과

- 원인변수가 결과변수에 주는 효과의 전량으로 직접효과와 간접효과의 합으로 나타낸다.
- 원인이나 개재, 결과변수는 잠재변수든 관측변수든 상관없다.

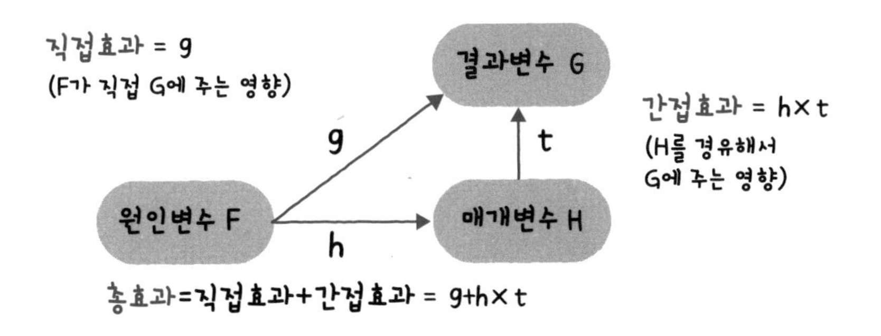

▶▶▶ 적합도 지표

- 추정된 모델이 관측 데이터를 어느 정도 설명하고 있는가(적합한가)를 평가하기 위한 지표이다.

x^2 통계량 : '모델이 옳다'가 귀무가설이므로 기각되지 않는 것이 바람직한 지표이다. 표본 크기가 커지면 귀무가설은 기각되기 쉬우므로 매우 큰 표본은 별로 의미가 없다.

RMSEA(Root Mean Square Error of Approximation) : x^2 값에 근거하는 통계량이지만, 표본 크기(자유도)로 수정되어 있다(따라서 대표본에서 소표본까지 사용할 수 있다). 0.05 이하는 양호, 0.1 이상은 바람직하지 않은 것으로 취급한다.

GFI(Goodness of Fit Index) : 중회귀 모델의 결정계수에 해당하는 지표이다. 관측변수의 수가 늘면 증가하는 경향이 있으므로 그 문제를 수정한 AGFI(Adjusted GFI)가 보통 이용된다. 0.9 이상의 모델이 좋다.

CFI(Comparative Fit Index) : 추정한 모델이 포화 모델(모든 변수가 관련되어 있어 경로계수의 유의성을 판정할 수 없는 모델)과 독립 모델(경로가 전혀 없는 모델) 사이에서 어디쯤에 위치해 있는가를 나타내는 지표. 0.9 이상의 모델이 좋다.

AIC(Akaike Information Criteria) : 여러 추정된 모델에서 하나의 모델을 고를 때(상대적인 평가를 하고 싶을 때) 사용한다. 값이 작은 쪽이 적합도가 높다.

총효과(total effect) ••• 직접효과(어느 변수가 다른 변수에 직접적으로 미치는 영향)에 간접효과(제3의 변수를 경유한 영향)를 더한 것.

적합도(SEM)(Goodness of Fit) ••• 추정된 모델이 관측 데이터를 어느 정도 설명하는가를 나타낸다. 여러 지표가 있다.

▶▶▶ 여러 가지 모델

다중지표 모델이 기본이지만, 아래와 같은 모델도 많이 이용한다.

① 2인자 모델 : two-factor model

관측변수(v_1 - v_3)의 공통인자(잠재변수 F)와 관측변수(v_4 - v_6)의 공통인자(G)에 상관이 있는 타입

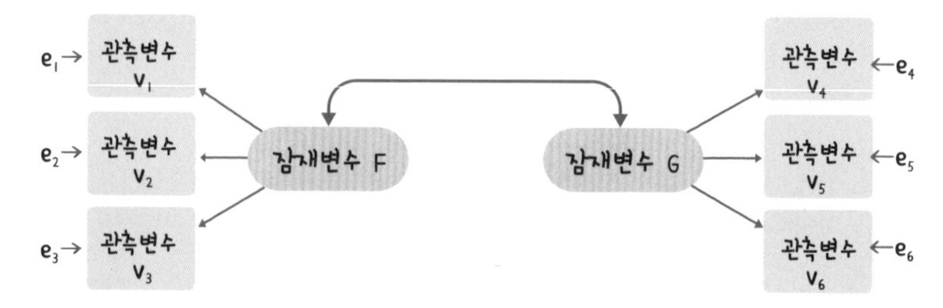

② MIMIC : Multiple Indicator MultIple Cause

관측변수(v_4 - v_6)의 공통인자 G가, 기타 관측변수(v_1-v_3)로 설명되는 타입

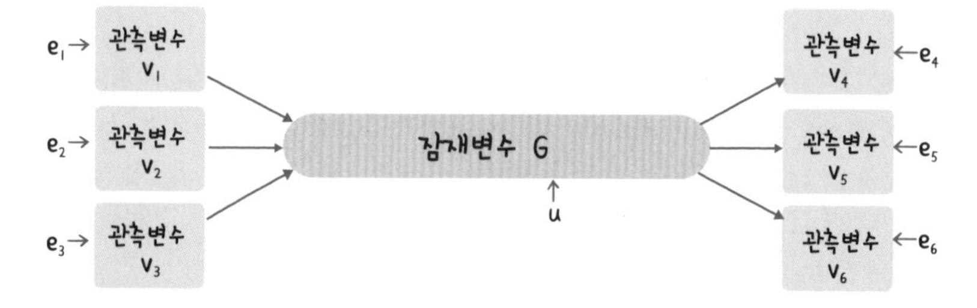

③ PLS 모델 : Partial Least Square

관측변수(v_1 - v_3)가 한 개의 지표 F를 만들고, 그것이 공통인자 G를 설명하는 타입

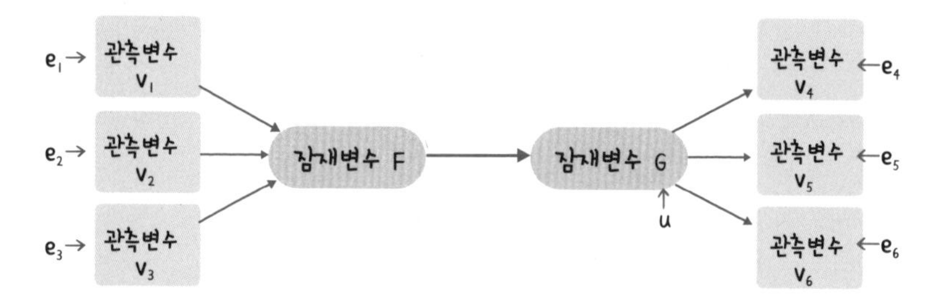

다중지표 모델(multiple indicator model) ••• 공통인자(잠재변수 간)에 인과관계가 있는 모델.
2인자 모델(two-factor model) ••• 공통인자(잠재변수) 사이에 상관계수가 있는 모델.

연습

R에서는 "lavaan", "sem", "OpenMx"라는 세 종류의 패키지로 SEM 분석을 할 수 있다. 이들은 계산 방법이나 출력할 수 있는 지표 등에 차이가 있다. 여기서는 "lavaan"를 이용해서 아래의 경로도에 기초하여 SEM 분석을 해 보았다.

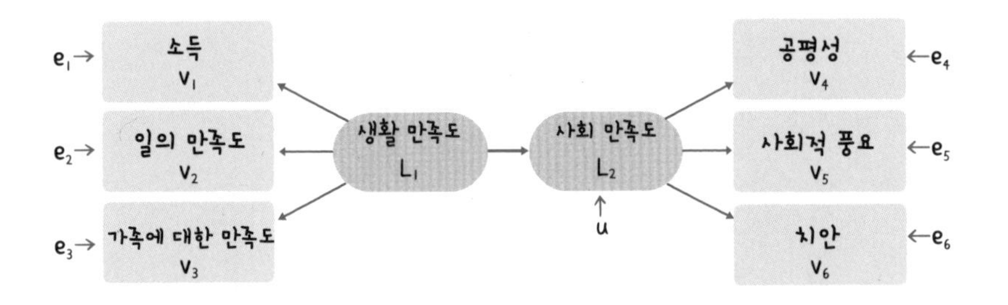

R 명령어

```
> library(lavaan)  ◀— 패키지를 불러온다.

> model <-"  ◀— 인과 모델의 기술을 시작한다.
+ L1 =~ v1 + v2 + v3  ◀— 잠재변수는 =~를 사용해 나타낸다.
+ L2 =~ v4 + v5 + v6
+ L2 ~ L1  ◀— 인과관계(→)는 ~를 사용해 나타낸다.
+ v1 ~~ v1  ◀— 각 변수의 분산은 ~~를 사용해 나타낸다.
+ v2 ~~ v2     v1과 v2의 사이에 상관계수(↔)를 설정하고
+ v3 ~~ v3     싶은 경우에도 ~~를 사용해서, v1~~v2와
+ v4 ~~ v4     같이 나타낸다.
+ v5 ~~ v5
+ v6 ~~ v6
+ L1 ~~ L1
+ L2 ~~ L2
+ "  ◀— 여기서 모델의 기술이 끝난다.
```

10 다변량 분석 · 인과 구조를 기술한다

MIMIC ••• 어느 관측변수의 공통인자(잠재변수)가, 동시에 다른 관측변수의 결과가 되어 있는 모델.
PLS ••• 공통인자와 합성변수(모두 잠재변수) 사이에 인과관계가 있는 모델.

R 명령어

```
> res <- sem(model, data=sdata)
> parameterEstimates(res)
```

← 모델의 추계 (첫 번째 명령) / ← 추계결과의 출력 (두 번째 명령)

R 출력

	lhs	op	rhs	est	se	z	pvalue	ci.lower	ci.upper
1	L1	=~	v1	1.000	0.000	NA	NA	1.000	1.000
2	L1	=~	v2	0.713	0.114	6.243	0.000	0.489	0.937
3	L1	=~	v3	0.968	0.125	7.714	0.000	0.722	1.214
4	L2	=~	v4	1.000	0.000	NA	NA	1.000	1.000
5	L2	=~	v5	0.723	0.092	7.823	0.000	0.542	0.905
6	L2	=~	v6	0.642	0.093	6.922	0.000	0.461	0.824
7	L2	~	L1	0.958	0.114	8.383	0.000	0.734	1.183
8	v1	~~	v1	0.446	0.215	2.074	0.038	0.024	0.867
9	v2	~~	v2	1.453	0.320	4.543	0.000	0.826	2.080
10	v3	~~	v3	1.487	0.360	4.127	0.000	0.781	2.193
11	v4	~~	v4	0.246	0.216	1.138	0.255	-0.178	0.669
12	v5	~~	v5	1.130	0.257	4.395	0.000	0.626	1.634
13	v6	~~	v6	1.221	0.266	4.594	0.000	0.700	1.742
14	L1	~~	L1	3.017	0.714	4.225	0.000	1.617	4.416
15	L2	~~	L2	0.845	0.327	2.585	0.010	0.204	1.486

est ↑ 파라미터의 추정값 / se ↑ 표준오차 / pvalue ↑ p값

여러 개의 관측변수에서 공통인자를 추출할 경우, 하나 개의 경로계수는 1로 고정한다. 고정하지 않으면 추정값을 얻을 수 없다. lavaan에서는 좌변의 맨 처음에 쓴 변수(L1 =~ v1 + v2 + v3의 경우는 v1)의 계수가 1로 고정된다.

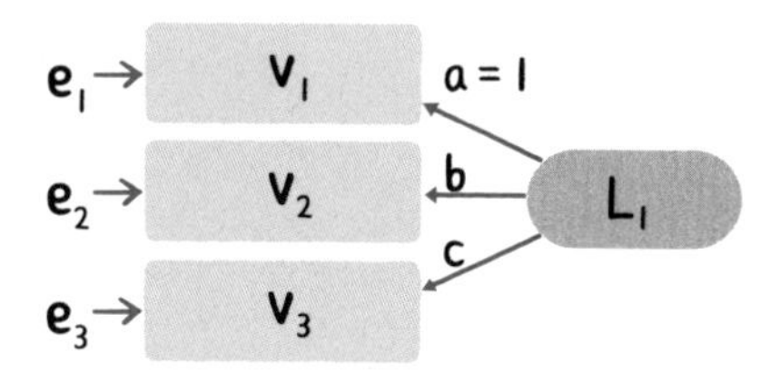

lhs (left-hand side) ••• 방정식의 좌변을 말한다.
rhs (right-hand side) ••• 방정식의 우변을 말한다.

R 명령어

```
> standardizedSolution(res)
```

표준화계수(모든 변수의 분산을 1에 고정해서 산출한 값)를 출력하는 명령어이다. 경로계수의 크기를 비교하고 싶을 때, 관측변수의 분산이 크게 달라지거나 관측변수의 단위가 달라질 때 이용하면 좋다.

R 출력

```
      lhs  op   rhs  est.std    se      z     pvalue
  1   L1   =~   v1    0.933     NA      NA      NA
  2   L1   =~   v2    0.717   0.115   6.243   0.000
  3   L1   =~   v3    0.809   0.105   7.714   0.000
  .   .    .    .      .        .       .       .
  .   .    .    .      .        .       .       .
  .   .    .    .      .        .       .       .
```

R 출력

```
>fitMeasures(res, "chisq")
  chisq  ← x² 통계량
   8.44
>fitMeasures(res, "pvalue")
  pvalue  ← x² 통계량의 p값
   0.392
>fitMeasures(res, "rmsea")
  rmsea
  0.033
>fitMeasures(res, "gfi")
     gfi
  0.954
>fitMeasures(res, "agfi")
     agfi
  0.879
>fitMeasures(res, "cfi")
     cfi
  0.998
>fitMeasures(res, "aic")
       aic
  1032.648
```

- fitMeasures는 적합도 지표를 출력시키는 명령어이다.
- fitMeasures(res)라고 입력하면 lavaan 패키지로 출력할 수 있는 모든 지표를 볼 수 있다.

표준화계수(SEM)(standardized coefficient) ••• 모든 변수의 분산을 1로 고정하고 계산하는 경로계수. 영향력을 비교할 때 이용한다.

순서변수를 포함한 SEM 분석

설문조사에서는 '만족', '대체로 만족', '약간 불만', '불만' 등으로 답하는 일이 있다. 이들 변수는 순서변수(순서척도로 측정된 변수, 135쪽)이므로 SEM으로 분석하는 경우에는 주의가 필요하다.

선택지의 수가 7개(7단계) 이상인 것은 연속변수로 취급할 수도 있지만 그보다 작은 경우에는 특별한 계산을 할 필요가 있다.

순서변수가 포함된 데이터를 lavaan으로 분석할 경우에는 데이터 세트의 어느 열(변수)이 순서변수인지 지정해야 한다.

```
xdata[,c(1:6)] <- lapply(sdata [,c (1:6)], ordered)
```

1열째부터 6열째가 순서 데이터

만약 상관행렬을 계산하고 싶은 경우에는 polycor 패키지에 포함되어 있는 명령어를 이용한다. 순서변수의 상관계수는 "polychor" 명령어(폴리코릭 상관계수 : Polychoric Correlation Coefficient)로 구할 수 있고, 순서척도와 연속척도의 상관계수는 "polyserial" 명령어(폴리시리얼 상관계수 : Polyserial Correlation Coefficient)로 구할 수 있다.

시판 소프트웨어를 이용한 SEM 분석

R로도 충분히 분석할 수 있지만, 모델을 식의 형태로 기술해야 한다는 점에 당혹감을 느끼는 사람도 있을 것이다. AMOS나 SPSS 같은 시판 소프트웨어는 좀 비싸지만, 자유롭게 경로도를 그릴 수 있으므로 사용자가 식을 기술하는 일 없이 분석할 수 있다. 또한 추정 방법도 간단히 변경할 수 있는 이점도 있다.

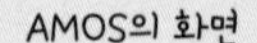
AMOS의 화면

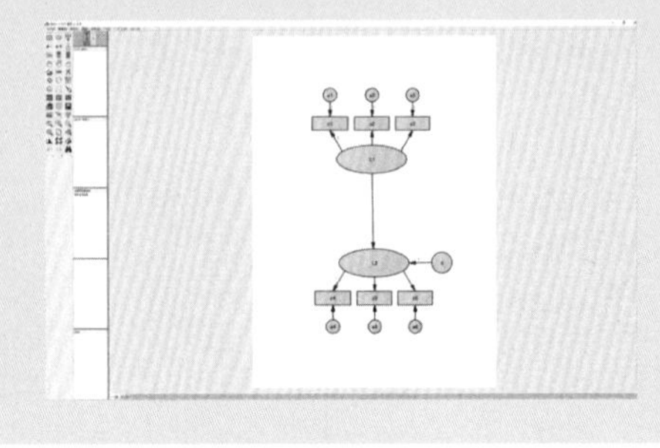

STATA의 화면

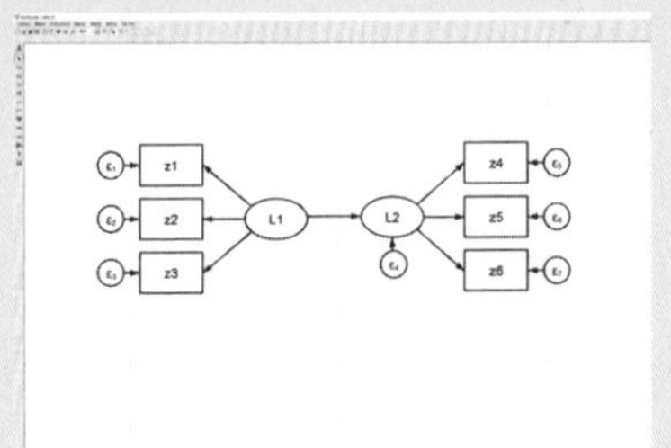

폴리코릭 상관계수(polychoric correlation) ••• 3단계나 5단계의 순서척도로 측정한 변수에 대해, 보통의 상관계수를 계산하는 것은 적합하지 않다. 폴리코릭 상관계수나 폴리시리얼 상관계수를 이용한다.

칼럼

어떤 분석 방법을 사용해야 하는가

이 책에서는 여러 통계적 분석수법을 다루었으나 어떻게 구별해 써야 할지 망설이는 사람이 많다. 아래 표를 참고로 해서 적절한 방식을 찾기 바란다.

방식	목적	설명
분산분석 (제6장)	인과관계의 해명	◎ 실험계획에 의해 수집된 데이터를 분석하는 데 많이 이용하는 방식이다.
회귀분석 (제9장)	인과관계의 해명	◎ 설명변수에 질적변수를 이용하고 싶을 때는 더미변수로 변환한다(201쪽). ◎ 종속변수에 질적변수(두 범주)를 이용하고 싶은 경우는 프로빗 분석을 이용한다(204쪽). ◎ 이 책에서는 다루지 않지만, 순서 프로빗 분석이나 다항 프로빗 분석 등의 방식을 이용하면 세 범주 이상의 종속변수를 분석할 수 있다.
주성분분석 (제10장)	정보의 집약	◎ 기본적으로는 양적변수를 이용한다. ◎ 합성변수(지수)를 만드는 이미지이다.
인자분석 (제10장)	공통요인의 파악	◎ 기본적으로는 양적변수를 이용한다. ◎ 공통요인이란 관측변수의 배후에 있는 요인을 말한다.
구조방정식 모델링(SEM) (제10장)	인과관계의 해명(잠재변수를 상정)	◎ 기본적으로는 양적변수를 이용한다. ◎ 경로도(인과구조)를 그려 인과관계를 검증한다. 경로도에 잠재변수(공통요인 등)가 포함되어 있는 것이 특징이다.
클러스터 분석 (제10장)	개체나 변수의 분류	◎ 기본적으로는 양적변수를 이용한다. ◎ 샘플의 개체나 변수를 분류해서 비교적 동질 그룹으로 나눌 수가 있다.
코레스폰던스 분석 (제10장)	포지셔닝의 검토	◎ 크로스 집계표에 나타난 변수 간의 관계성을 시각화할 수 있다. ◎ 이 책에서는 다루지 않지만, 세 범주 이상의 질적변수를 취급할 수도 있다(다중 코레스폰던스 분석).

책에서는 도표 중심의 직감적인 파악을 우선으로 했기 때문에 이론에 대해서는 자세히 설명하지 못했다. 관심이 있는 분들을 위해 다음과 같이 읽어 볼 만한 책을 소개한다. 먼저, 회귀분석 입문서로는 옴사의 『만화로 쉽게 배우는 회귀분석』이 좋다. 타카하시 신의 『만화로 쉽게 배우는 시리즈』 중 하나다. 다변량 분석에 대해서는 오무라 히토시의 『개정판 다변량 분석 이야기–복잡함에서 본질을 찾는다』와 나가타 야스시 · 무네치카 마사히코 공저의 『다변량 분석법 입문』을 권하고 싶다. 둘다 수식이 나와 있어 입문 수준은 아니지만 기본적인 방식이 망라되어 있다. 또한 옴사에서 나온 『R에 의한 쉬운 통계학』(야마다 다케시 외)도 SEM이나 인자분석까지 다루고 있어 실습용으로 좋다. 현장에 적용할 수 있는 것으로는 데루이 노부히코 · 사토 다다히코 공저의 『현대 마케팅 · 리서치 시장을 파악하는 데이터 분석』도 권할 만하다. 시장조사의 실천적 문제에 대한 해석법을 마스터할 수 있다.

10 4

개체를 분류한다

클러스터 분석

많은 개체에서 비슷한 것끼리 그룹으로 묶어 클러스터(집단)를 만들기 위한 방식이다. 비즈니스 분야에서는 상품이나 고객을 분류함으로써 마케팅에 도움이 되는 정보를 얻을 수가 있다.

▶▶▶ 계층 클러스터와 비계층 클러스터

분류하는 방법에는 두 종류가 있다.

- 하나는 계층 클러스터 분석이다. 오른쪽처럼 수형도(dendrogram)를 작성할 수 있다.
  데이터(분류하고 싶은 개체의 수)가 적을 때 적합하다.
- 또 하나는 비계층 클러스터 분석이다. 대표적인 것은 K-means(평균)법이라고 하는 방법이다. 처음에 몇 개의 클러스터로 나눌 것인가를 정하고, 개체를 분류한다. 개체 수가 많을 경우, 계층형은 복잡하므로 이쪽이 적합하다.

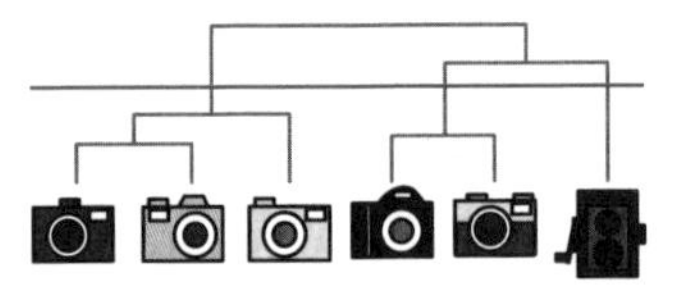

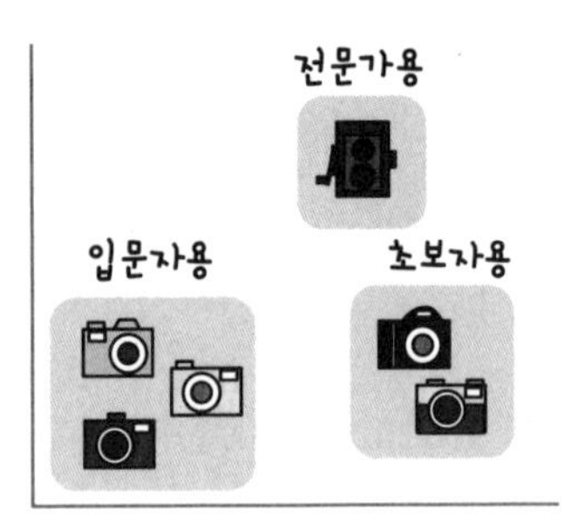

계층 클러스터 분석(hierarchical cluster analysis) ··· 계층 구조로 개체를 분류하는 방법.
비계층 클러스터 분석(non-hierarchical cluster analysis) ··· 계층 구조를 만들지 않고 개체의 분류만 하는 방법.

▶▶▶ 수형도[계층 클러스터 분석]

- 수형도는 개체와 클러스터의 결합과정을 나타낸 그림이다. 계층 클러스터 분석의 목적은 이 수형도를 그리는 데 있다.
- 클러스터는 수형도(오른쪽)를 수평 방향(가로)으로 잘라서 작성한다. 예를 들면 ①의 위치에서 절단하면 클러스터는 2개(A · B · C · D와 E · F · G · H)가 된다.
- 수형도의 절단은, 가능하면 수직 방향의 선분(가지의 세로 부분) 길이(거리)가 긴 곳에서 한다.
- 그림의 ★가 있는 곳의 거리는 아주 짧으므로(A · B · C와 D의 클러스터가 비슷하다), ②의 위치에서 자르는 것은 적당하다고 할 수 없다.

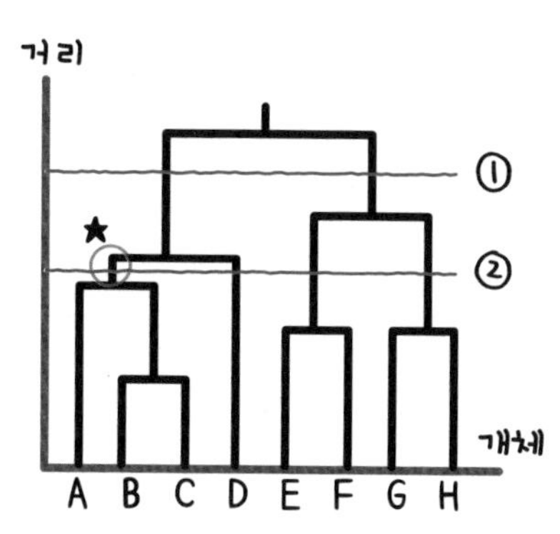

▶▶▶ 연쇄 사슬

- 연쇄 사슬이란 아래 그림처럼 기존의 클러스터에 하나씩 개체가 결합되어 가는 상태를 말한다. 제대로 분류되어 있지 않은 분석결과의 전형적인 형태다.

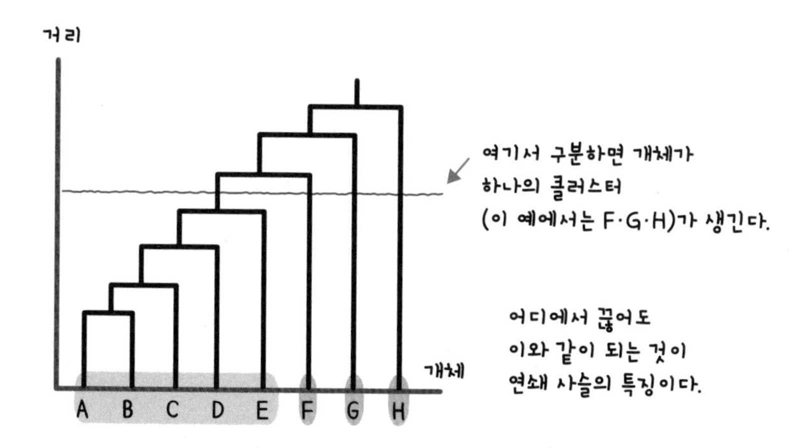

수형도(dendrogram) ••• 계층 클러스터 분석에서 클러스터나 개체의 결합과정을 나타낸 나뭇가지 모양의 그림. 가로축에 개체, 세로축에 결합 시의 거리(비유사성)를 나타내는 일이 많다.

▶▶▶ 클러스터의 작성 ①(거리 측정하는 법)

- 개체 간의 유사성은 거리로 측정한다. 그러니까 거리가 가까우면 유사성이 높고 거리가 멀면 유사성이 낮다고 생각할 수 있다.
- 대표적인 거리 계산 방법은 유클리드 거리이다. 예를 들면 점(개체) A=(x_a, y_a)와 점 B=(x_b, y_b)와의 거리 d는 다음 식으로 구할 수 있다.

$$d=\sqrt{(x_a-x_b)^2+(y_a-y_b)^2}$$

- 그룹과 개체, 그룹 간의 거리를 측정하려면 그룹의 중심(무게중심 등) 좌표를 이용한다.

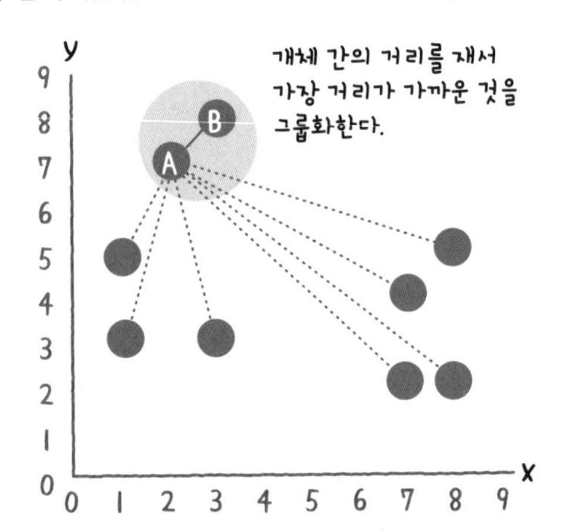

▶▶▶ 클러스터의 작성 ②(결합 방법)

- 개체를 클러스터에 결합시키는 방법은 몇 가지가 있는데, 무게중심법과 워드법이 대표적이다.
- 무게중심법에서는 각 클러스터의 중심(重心)을 구한 다음, 중심과의 거리를 산출해 거리가 가까운 것을 결합한다.
- 세 점 A, B, C의 중심 (x_g, y_g)은 다음과 같이 계산한다.

$$\begin{cases} x_g=(x_a+x_b+x_c)/3 \\ y_g=(y_a+y_b+y_c)/3 \end{cases}$$

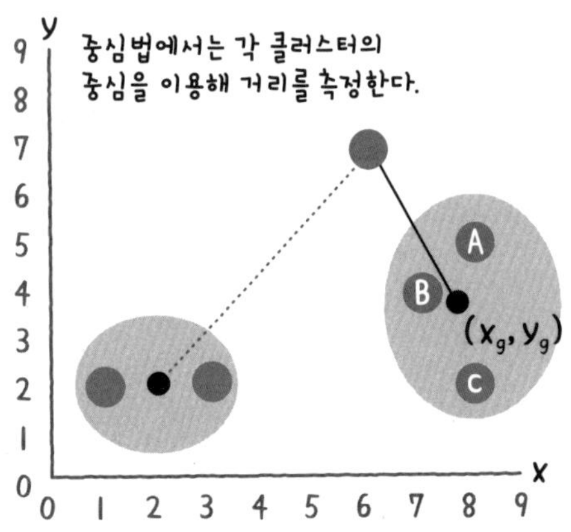

유클리드 거리(Euclidean distance) ••• 가장 일반적인 거리척도. 두 점의 좌표 차의 제곱합의 제곱근.
무게중심법(centroid method) ••• 클러스터의 대표점을 중심으로 해서 중심 간의 거리를 클러스터 간의 거리로 한다.

- 워드법에서는 클러스터 내의 변동(편차제곱합)의 증가가 최소가 되게 클러스터를 통합한다. 연쇄 사슬(235쪽)이 쉽게 일어나지 않아 가장 많이 이용한다.

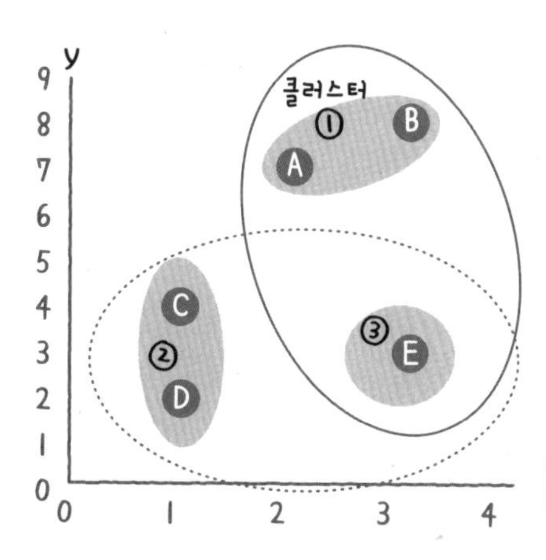

연습 워드법의 예

데이터

변수	개체 A	개체 B	개체 C	개체 D	개체 E
x	2	3	1	1	3
y	7	8	4	2	3

개체 A·B·E 의 평균값

x	y
2.667	6

개체 C·D·F 의 평균값

x	y
1.667	3

클러스터 ①과 클러스터 ③을 결합할 경우의 클러스터 내 변동

$$(2-2.667)^2+(3-2.667)^2+(3-2.667)^2+(7-6)^2+(8-6)^2+(3-6)^2=14.667$$

클러스터 ①과 클러스터 ③을 결합할 경우의 클러스터 내 변동

$$(1-1.667)^2+(1-1.667)^2+(3-1.667)^2+(4-3)^2+(2-3)^2+(3-3)^2=4.667$$

이 된다. 또한 클러스터 ①의 편차제곱합은 1, 클러스터 ②의 편차제곱합은 2이므로 변동의 증가를 최소로 하기 위해서는 클러스터 ②와 클러스터 ③을 결합하게 된다.

워드법(Ward's method) ••• 적절하게 분류할 수 있는(좋은 수형도를 그릴 수 있는) 일이 많은 클러스터의 결합 기준(거리 측정하는 법). 최소분산법이라고도 한다.

▶▶▶ K-means 법[비계층 클러스터 분석]

비계층 클러스터 분석 수법으로 가장 많이 사용되는 K 평균법에 대해 간단히 설명하기로 한다.

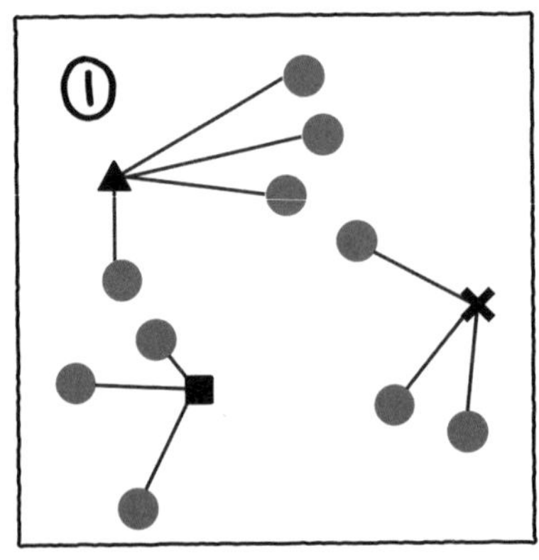

먼저 무작위로 기점이 배치된다(▲·■·×). 그리고 기점으로부터 각 개체까지의 거리를 계산해서 기점에서 가장 가까운 개체를 클러스터화한다.

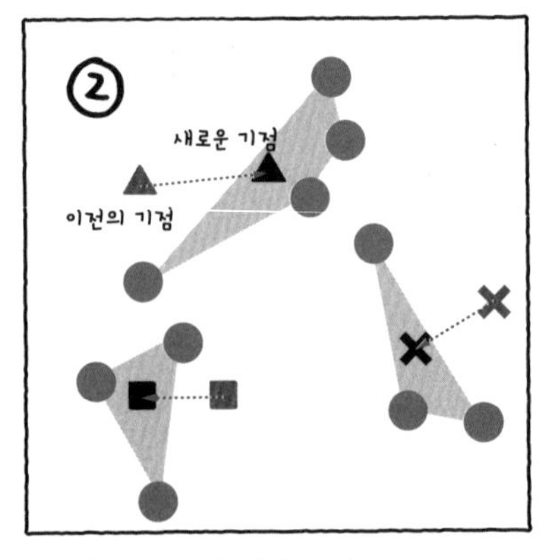

각 클러스터의 중심을 계산해 그곳을 기점으로 한다.(▲·■·×).

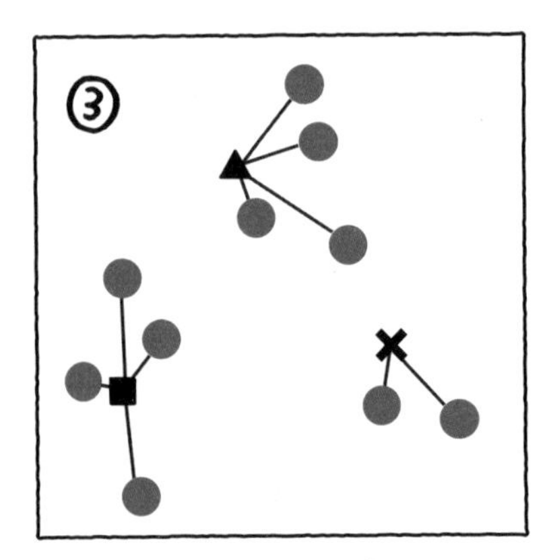

새로운 기점으로부터의 거리를 계산해 ①과 마찬가지로 클러스터화한다.

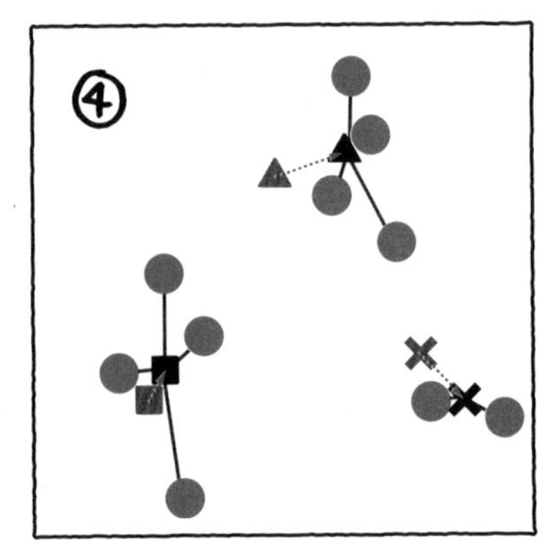

클러스터의 중심을 다시 계산한다. 분류 결과에 변경이 없으면 계산을 종료한다. 다른 경우는 ②~④의 단계를 반복한다.

K-평균법(K-means clustering) ••• 비계층 클러스터 분석의 대표적인 방식. 기점을 무작위로 배치하고 좋은 분류가 생길 때까지 기점과 개체의 할당을 반복한다.

10기종의 카메라를, 5단계로 평가한 이용자 데이터로 클러스터 분석을 해 보겠다. 평가 항목은 가격(Price), 디자인(Design), 화질(Quality), 휴대성(Portability), 기능성(Functionality)의 5가지다.

R 명령어　계층 클러스터 분석

```
>d <- dist(sdata, method="euclidean")
```

개체 간의 거리를 계산하기 위한 명령어다.

※ method에는 유클리드 거리("euclidean", 디폴트) 외에 최장거리 "maximum", 맨해튼 거리 "manhattan", 캔버라 거리 "canberra", 바이너리 거리 "binary", 민코프스키 거리 "minkowski" 등을 지정할 수 있다. 보통은 유클리드 거리로 하면 된다.

워드법, 메디안법, 중심법일 때는 d^2, 기타 방법에서는 d로 한다.

```
>res<- hclust(d^2,method="ward")
```

계층적인 클러스터 분석을 하기 위한 명령어다.

※디폴트 방법은 최장거리법 "complete"이지만, 워드법 "ward"를 많이 쓴다.
※기타 최단거리법 "single", 집단평균법 "average", McQuitty법 "mcquitty", 메디안법 "median", 중심법 "centroid" 등을 지정할 수 있다.
※최장거리법에는 공간확산(과잉으로 분할되는 경향), 최단거리법에는 연쇄 사슬, 메디안법과 중심법에는 클러스터 간의 거리의 역전(수형도의 가지가 역방향으로 뻗어 해석이 어렵다)이 일어나기 쉬우므로 주의해야 한다.

```
>plot(res,hang=-1)
```

수형도를 출력하는 명령어다.

클러스터 분석의 결점 ••• ① 분류 결과의 타당성을 평가하는 지표가 없다는 점, ② 거리 측정 방법이 여러 가지가 있기 때문에 바라는 결과가 나올 때까지 다양하게 시도해야 하는 점이 결점이다.

R 출력 계층 클러스터 분석

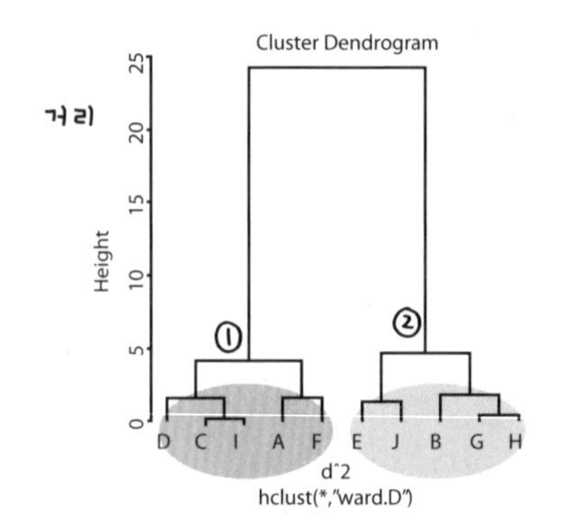

크게 두 개의 클러스터가 있음을 알 수 있다(①과 ②).

결합 방법을 보면 (C·I), (G·H)가 아주 비슷하고, 그 다음에 (D·C·I), (A·F), (E·J), (B·G·H)의 클러스터가 생긴다는 것을 알 수 있다.

R 명령어 비계층 클러스터 분석

K-means(평균)법을 실행하기 위한 명령어다.

```
>res2 <- kmeans(sdata, 2, iter.max=10, nstart=5)
```

클러스터 수의 지정 / 최대 반복 횟수의 지정(디폴트 10) / 초깃값의 수를 지정(디폴트 1)

※초깃값의 수는 많을수록 결과가 안정된다. 하지만 샘플이 클 때는 계산에 시간이 걸리는 경우가 있다.

```
>(sdata <- data.frame(sdata, res2$cluster))
```

클러스터 분석 결과를 데이터 세트로 출력하는 명령어다.

R 출력 비계층 클러스터 분석

	Price	Design	Quality	Portability	Functionality	res2.cluster
A	2	4.75	4.94	3.26	3.73	1
B	5	4.84	4.94	4.33	4.75	2
C	2	4.70	4.68	4.62	4.69	1
.	.	.	.	.	.	.
.	.	.	.	.	.	.
.	.	.	.	.	.	.

같은 숫자의 제품은 같은 클러스터로 분류된다는 것을 보여 준다. 1과 2가 반대로 표시되는 일도 있다.

K-평균법에서 주의할 점 ••• 처음에 무작위로 배치되는 기점에 따라 결과가 달라질 수 있다. 처음에 부여하는 클러스터 수가 최적이라고는 할 수 없어 여러 개량판이 고안되고 있다.

이 장에서는 개체를 분류하는 방법으로 클러스터 분석을 소개했다. 그런데 이것을 응용하면 변수를 분류(그룹핑)하는 방법으로도 사용할 수 있다.

개체를 분류할 때와 다른 점은 변수 간의 거리 측정에 유클리드 거리가 아니라 상관계수를 사용한다는 점이다.

R에는 "CulstOfVar"이라는 변수 클러스터 분석에 특화한 패키지가 제공된다. "hclustvar"라는 명령어를 이용해 계층 클러스터(수형도)를 작성할 수 있고, "kmeansvar"라는 명령어를 이용하면 K-means법에 기초한 방법으로 변수를 분류할 수 있다.

여기서는 가계조사 데이터를 이용해서 쌀(rice), 빵(bread), 면류(noodle), 어패류(fish), 육류(meet), 우유(milk), 야채(vege), 과일(fruit) 등 8가지 변수(지출액)의 관련성을, hclustvar를 이용해 분석해 보겠다.

R 명령어

```
library(ClustOfVar)
res <- hclustvar(sdata)
plot(res)
```

← 데이터 프레임명

R 출력

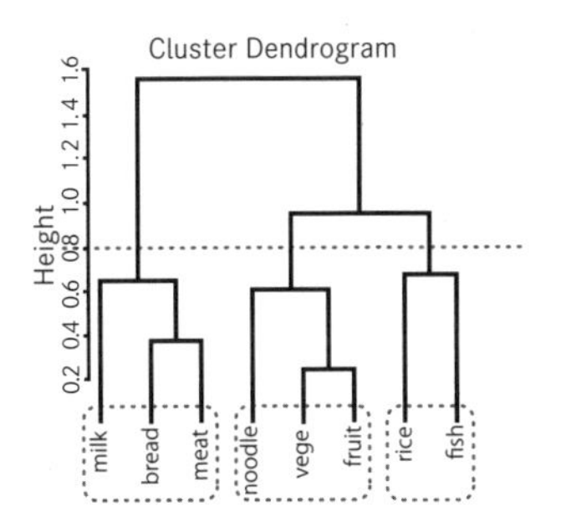

분석 결과를 보면 빵과 고기, 우유의 상관이 강하다. 즉, 소비 성향이 비슷하다는 것(1번 왼쪽의 클러스터)과, 쌀과 어패류의 소비 성향이 비슷하다는 것(1번의 오른쪽 클러스터)을 알 수 있다. 중앙의 클러스터(면류와 야채, 과일)는 쌀, 어패류 그룹과 가까워 한식 소비 성향이 있음을 알 수 있다.

변수의 관련성은 인자분석 등으로도 알 수 있지만, (계층) 클러스터 분석을 이용하면 시각적으로 관련성을 이해할 수 있어 편리하다.

질적 데이터의 관련성을 분석한다

코레스폰던스 분석

크로스 집계표를 토대로 열변수 항목과 행변수 항목의 관련성을 시각화해서 파악하기 위한 방식이다. 브랜드나 상품의 포지셔닝, 소비자 행동의 특징을 파악하는 데 이용한다.

행변수와 열변수의 대응 관계

- 질적 데이터(특히 명의척도 데이터)를 양적 데이터로 해서 주성분분석 등에 이용하는 것은 적절하지 않다.
- 이와 같은 데이터에 대해서는 크로스 집계표(분할표)를 작성하고 코레스폰던스 분석을 실시하는 것이 좋다.

여성이 선호하는 브랜드(직업별, 단위 : 인원)

	브랜드 A	브랜드 B	브랜드 C
대학생	10	25	30
회사원	35	25	15
주부	10	35	10

- 프로파일 정보는 x^2 거리(무게가 있는 유클리드 거리)를 계산할 수 있게 변환되어 주성분분석과 같은 방법으로 집약된다.
- 코레스폰던스 분석은 행 혹은 열의 비율 패턴을 고려하는 분석방법이다. 비율 패턴은 프로필(프로파일)이라고 한다.

행 프로파일	브랜드 A	브랜드 B	브랜드 C	행의 합
여자 대학생	0.15	0.38	0.46	1.00
여자 회사원	0.47	0.33	0.20	1.00
주부	0.18	0.64	0.18	1.00

열 프로파일	브랜드 A	브랜드 B	브랜드 C
여자 대학생	0.18	0.29	0.55
여자 회사원	0.64	0.29	0.27
주부	0.18	0.41	0.18
열의 합	1.00	1.00	1.00

코레스폰던스 분석(correspondence analysis) ••• 주성분분석의 질적 데이터판으로 대응분석이라고도 한다. 설문 데이터로 작성한 크로스 집계표를 시각화하는 데 이용한다.

▶▶▶ 성분 스코어와 코레스폰던스 맵

● 성분 스코어를 산포도(코레스폰던스 맵)에 나타내어 시각화하면, 항목 간의 관련성을 쉽게 알 수 있다.

성분 스코어표

	제1성분	제2성분
여자 대학생	-0.621	0.454
여자 회사원	0.699	0.172
주부	-0.220	-0.771
브랜드 A	0.885	0.209
브랜드 B	-0.204	-0.538
브랜드 C	-0.569	0.623

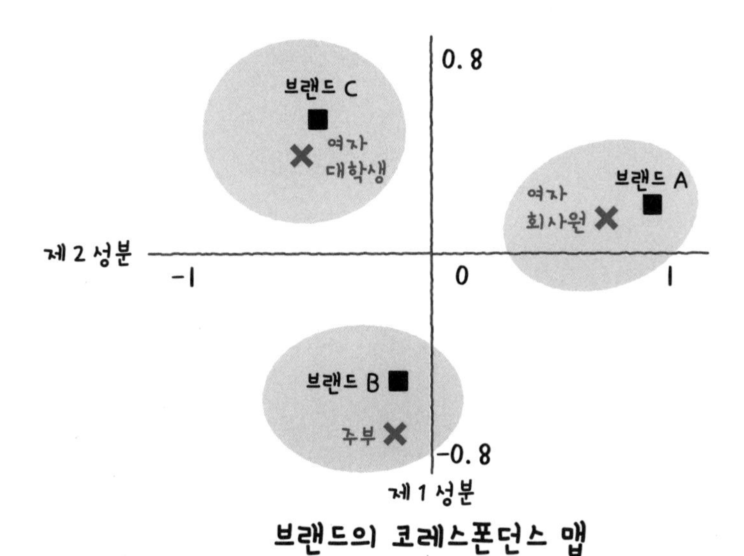

브랜드의 코레스폰던스 맵

→ 브랜드 A는 여자 회사원이, 브랜드 B는 주부가, 브랜드 C는 대학생이 선호한다는 것을 알 수 있다.

코레스폰던스 맵(correspondence map) ••• 크로스 집계표의 열변수 범주(예를 들면 소비자 속성)와 행변수 범주(예를 들면 브랜드 등)를 배치시킨 그림으로 그림 속의 가까운 거리는 높은 관련성을 나타낸다.

연습 소비자를 남학생(M_Student), 여학생(F_Student), 남자 회사원(M_Worker), 여자 회사원(F_Worker), 주부(Housewife)의 다섯 구분으로 나누고, 그 소비자 구분과 소비자가 선호하는 상품(브랜드 A ~ 브랜드 E)의 관계를 나타내는 크로스 집계표를 이용해 코레스폰던스 분석을 해 보겠다.

데이터

	Brand A	Brand B	Brand C	Brand D	Brand E
M_Student	36	15	13	39	16
F_Student	56	23	22	56	26
M_Woker	20	8	10	21	10
F_Worker	13	6	5	13	6
Housewife	26	11	10	26	12

※ 이번에는 크로스 집계표 그 자체를 데이터로 해서 불러온다.

R 명령어

```
>library(ca)    ← ca 패키지를 이용한다.
>ca(sdata)      ← 코레스폰던스 분석을 한다.
```

R 출력

```
Principal inertias (eigenvalues):

             1          2          3         4
Value        0.001302   0.000328   6.5e-05   0
Percentage   76.81%     19.35%     3.83%     0%
```

← 성분(고유값)의 수는 크로스 집계표의 행의 수와 열의 수가 적은 쪽에서 1을 뺀 수이다.

↑ 제2성분까지 96%가 설명되어 있다.

```
Rows:
            A          B          C          D          E
Mass      0.238477   0.366733   0.138277   0.086172   0.170341
ChiDist   0.046803   0.011503   0.082027   0.041877   0.015764
Inertia   0.000522   0.000049   0.000930   0.000151   0.000042
Dim. 1    1.100280  -0.076491  -2.224477   0.461087   0.196785
Dim. 2    1.359811  -0.434832   0.882456  -1.805330  -0.770629
```

← 행의 항목(소비자 구분)에 대해, 제1성분의 스코어(Dim. 1)와 제2의 성분의 스코어(Dim. 2)가 출력되었다.

쌍대척도법(dual scaling) ••• 코레스폰던스 분석과 같은 다변량 분석에 니시사토 시즈히코(西里静彦)의 쌍대척도법이 있다. 최적 무게 벡터로 맵을 그리지만, 그 위치 관계는 코레스폰던스 맵과 같다.

R 출력 계속

```
Columns:
          Relaxation    Shopping       Food      Nature  Experience
Mass        0.302605    0.126253   0.120240    0.310621    0.140281
ChiDist     0.017664    0.044617   0.089422    0.031014    0.025153
Inertia     0.000094    0.000251   0.000961    0.000299    0.000089
Dim. 1      0.357481    0.827196  -2.471664    0.540724   -0.594361
Dim. 2     -0.458706   -1.624888   0.186751    1.321408   -0.634153
```

열의 항목(브랜드)에 대해 제1성분의 스코어(Dim.1)와 제2성분의 스코어(Dim.2)가 출력되어 있다.

R 명령어

```
>plot(ca(sdata))
```

← 성분 스코어의 산포도(코레스폰던스 맵)를 출력하기 위한 명령어다.

R 출력

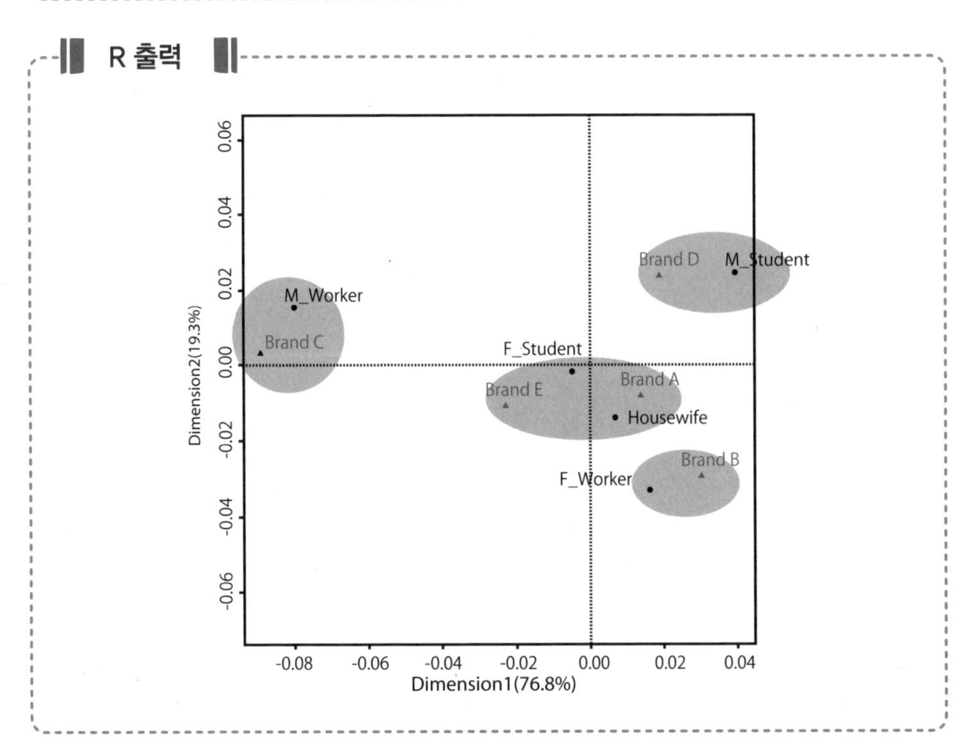

수량화 Ⅲ류(Hayashi's quantification method Ⅲ) ••• 코레스폰던스 분석과 같은 목적으로 사용할 수 있는 다변량 분석으로, 하야시 치키오(林知己夫)의 수량화 Ⅲ류가 있다. 집계 전의 로우 데이터를 필요로 하는 대신 샘플 스코어를 산출할 수 있다.

인간보다 더

제11장

베이즈 통계학과 빅데이터

11 | 1

지식과 경험을 살릴 수 있는 통계학 베이즈 통계학

지식이나 경험, 새로운 데이터를 유연하게 이용해 보다 정확한 분석을 지향하는 통계학이다. 기존 통계학과 같은 목적으로 사용하지만, 컴퓨터를 활용하기가 좋아 빅데이터를 해석하는 데 도움이 될 수 있다.

▶▶▶ 종래의 통계학(검정의 경우)

- 귀무가설이 옳다는 전제하에서 데이터가 관측되는 확률을 구한다.
- 다음에 그 확률이 작으면 귀무가설은 잘못된 것으로 판단한다.

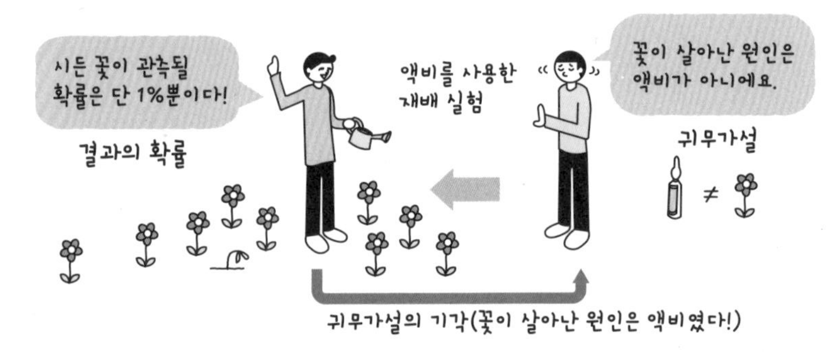

▶▶▶ 베이즈 통계학

- 데이터를 관측하기 전에 지식이나 경험, 관련 정보를 동원해 가설이 옳을 확률을 예상해 둔다(사전확률).
- 그런 다음 관측된 데이터를 사용해 사전에 예상한 확률을 갱신한다(사후확률).

빈도론(Frequentist) ••• 고전적 통계학의 개념. 데이터는 많은 실험을 한 것 중의 하나이며, 사전에 세운 가설이 옳다고 했을 경우, 그 데이터가 관측되는 확률이 몇 퍼센트인가를 연구한다.

베이즈 통계학의 장점과 단점

- 분석의 해석이 자연스럽다.
- 유연성이 높다(복잡한 문제에도 적용할 수 있다).
- 새로운 데이터의 반복 이용으로 정밀도를 높일 수 있다.

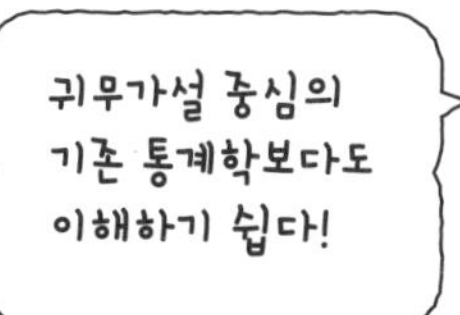

활약이 기대되는 분야

- 스피드나 효율성이 요구되는 분야
- (자의적이라도 좋으니까)분석결과가 전부인 분야
- 실험이나 관측이 반복을 상정하기 어려운 분야

구체적으로는…

마케팅, 천문학, 물리학, 유전학, 로봇공학, 사회조사, 심리통계학, 게임이론, 인공지능, 기계번역, 영상해석… 등의 분야

주 : '분석자의 재량이 크고 재현성이 낮다'고 하는 결점도 있기 때문에 약효의 검증 등 '오류가 허용되지 않는' 분야나 객관성과 공평성이 중시되는 과학논문 등에서는 기존의 빈도론적 통계학이 적합하다고 할 수 있다.

베이즈 통계학용 소프트웨어 ••• 베이즈 통계학용 소프트웨어로는 R에서 사용하는 Stan이 가장 일반적이다(무료). 또한, SPSS나 계량경제학용 소프트웨어 STATA로도 다룰 수 있게 되었다.

11 2

만능의 식
베이즈 정리

Bayesian

$$P(A|B)=\frac{P(B|A)\cdot P(A)}{P(B)}$$

베이즈 통계학의 기초가 되는 '베이즈 정리'는 두 개의 승법정리를 하나의 조건부확률 식으로 정리한 것이다. 매우 중요한 정리이므로 단순한 확률문제를 사용해 도출해 보자.

동시확률

총 6개의 구슬(빨간 구슬 5개와 흰 구슬 1개)에 1에서 6까지 번호를 매겨 주머니에 넣었다. 이 상태에서 오른쪽 그림처럼 구슬을 꺼낼 확률을 생각하면…

빨간 구슬(①②③⑤⑥)을 꺼낼 확률

$P(\text{빨간 구슬})=\frac{5}{6}$ ← 빨간 구슬의 수 / ← 구슬의 총수

확률(Probability)을 나타내는 기호

마찬가지로
짝수(②④⑥)을 꺼낼 확률은 $P(\text{짝수})=\frac{3}{6}$

이들 두 사건이 동시에 일어나는 일을 생각하면, 짝수의 빨간 구슬(②⑥)을 꺼낼 확률은

동시확률 $P(\text{빨간 구슬}\cap\text{짝수})=\frac{2}{6}$

동시확률을 나타내는 기호('캡'이라고 읽는다)

동시확률(joint probability) ••• 사건 A와 사건 B가 동시에 일어날 확률.
조건부확률(conditional probability) ••• 사건 A가 일어난 조건하에서 사건 B가 일어날 확률을 말한다.

▶▶▶ 조건부확률

● 그런 다음, 색깔만 볼 수 있었을 때(빨간 구슬이 조건) 짝수일 확률은 빨간 구슬(①②③⑤⑥)을 꺼냈을 때 그 구슬의 번호가 짝수(②⑥)일 확률이다.

$$P(\text{짝수} \mid \text{빨간 구슬}) = \frac{P(\text{빨간 구슬} \cap \text{짝수})}{P(\text{빨간 구슬})} = \frac{2/6}{5/6} = \frac{2}{5}$$

조건부확률을 나타내는 기호 ('기븐'이라고 읽는다.)

▶▶▶ 승법정리

● 조건부확률 식을 동시확률의 식으로 변환하면(우변의 분자를 좌변으로 가져온다),

$$P(\text{빨간 구슬} \cap \text{짝수}) = P(\text{짝수} \mid \text{빨간 구슬})P(\text{빨간 구슬}) = \frac{2}{5} \times \frac{5}{6} = \frac{2}{6}$$

원래 승법정리는 좌우가 반대인 P(빨간 구슬) P(짝수/빨간 구슬)이다.

● 물론 이 승법정리는 짝수와 빨간 구슬을 반대로 해도 성립한다.

$$P(\text{짝수} \cap \text{빨간 구슬}) = P(\text{빨간 구슬} \mid \text{짝수})P(\text{짝수}) = \frac{2}{3} \times \frac{3}{6} = \frac{2}{6}$$

● 어느 승법정리의 동시확률도 같으므로(②⑥을 꺼낼 확률) 하나로 정리하면

$$P(\text{짝수} \mid \text{빨간 구슬}) = \frac{P(\text{빨간 구슬} \mid \text{짝수})P(\text{짝수})}{P(\text{빨간 구슬})} = \frac{2/3 \times 3/6}{5/6} = \frac{2}{5}$$

→ 이것을 A와 B를 사용해서 일반 식으로 다시 쓰겠다.

▶▶▶ 베이즈 정리

$$P(A \mid B) = \frac{P(B \mid A) \cdot P(A)}{P(B)}$$

토마스 베이즈가 발견한
아무런 특별할 것이 없는 이 식이 바로! **만능의 식**

승법정리(multiplication theorem) ••• 조건부확률 식의 양변에 사건 A의 확률을 곱하면 동시확률의 식이 얻어진다.
베이즈 정리(Bayes' theorem) ••• 조건부확률과 승법정리로부터 P(A | B)={P(B | A)P(A)}/P(B)가 얻어진다.

결과에서 거슬러 올라가 원인을 찾는다 사후확률

베이즈 통계학은 관측된 데이터에서 거슬러올라가 그것이 일어난 원인과 확률을 추정하는 데 특징이 있다.

▶▶▶ 사후확률

- 베이즈 통계학에서는 베이즈 정리를 사용해서 결과(데이터)에서 원인(가설)의 확률을 구하는데, 식의 각 확률에는 정해진 이름이 있으므로 하나씩 소개하기로 한다. 여기서는 베이즈 정리의 A를 원인, B를 결과라고 하자.

$$P(\text{원인 }A|\text{결과 }B)=\frac{P(\text{결과 }B|\text{원인 }A)\cdot P(\text{원인 }A)}{P(\text{결과 }B)}$$

우도: $P(\text{결과 }B|\text{원인 }A)$ / 사전확률: $P(\text{원인 }A)$ / 사후확률: $P(\text{원인 }A|\text{결과 }B)$ / 전확률: $P(\text{결과 }B)$

- 베이즈 정리의 좌변인 P(원인 A)|결과 B)는 '결과로서 B가 관측되었을 때, 원인이 A일 확률'로, 사후확률이라고 한다(시간의 흐름에 역행하기 때문에 역확률이라고도 한다).
- 이 사후확률을 추리하는 것이 베이즈 통계학의 목적이다.

$$P(\text{원인 }A\,|\,\text{결과 }B)$$

← 시간의 흐름과 역행

▶▶▶ 사전확률

- P(원인 A)를 사전확률이라 하고, '결과 B가 아직 관측되지 않은 단계에서 원인이 A라는 확신의 정도'를 확률로 나타낸 것(주관확률)이다.
- 여기에 지식과 경험 등 다양한 관련 정보를 끌어들일 수 있다.

$$P(\text{원인 }A)$$

사후확률(posterior probability) ••• 결과로서 B가 관측되었을 때, 원인이 A일 확률로, 베이즈 정리의 좌변을 말한다.
사전확률(prior probability) ••• 결과 B가 아직 관측되지 않은 단계에서 원인이 A라는 확신의 정도를 확률로 나타낸 것.

▶▶▶ 우도

- P(결과 B)|원인 A)는 '원인이 A일 때 결과로서 B라는 데이터를 관측할 확신의 정도'를 나타내는 주관확률이다.
- 다만 이미 결과는 나와 있으므로 확률이 아니라 결과 B의 원인이 A라고 생각하는 것은 그럴 만하다는 뜻에서 우도라는 말을 쓴다.

P(결과B | 원인A)

▶▶▶ 전(全)확률

- P(결과 B)는 전확률이라고 하며 '결과로서 B가 관측되는 확률'이다.
- 주의해야 할 것은 원인이 여러 가지일 경우, 각 확률의 합이 된다는 것이다.

예 : 원인이 A_1과 A_2의 2개일 경우

질병의 경우라면
A_1: 질병
A_2: 질병이 아니다
이거나

$$P(B) = P(B|A_1) \cdot P(A_1) + P(B|A_2) \cdot P(A_2)$$

A_1과 A_2 각각의 원인으로 B가 관측될 확률

▶▶▶ 분포에 관한 베이즈 정리(응용편)

- 데이터가 연속한 값의 경우에는 베이즈 정리도 확률분포로 나타낼 수 있다.
- 파라미터(모수)를 θ, 관측된 데이터를 x로 하면 아래와 같다.
- 기존의 빈도론적 통계학과 달리 파라미터가 분포한다는 점에 주의할 필요가 있다.

$$f(\theta|x) = \frac{f(x|\theta) \cdot f(\theta)}{f(x)} \propto \text{우도} \cdot \text{사전분포}$$

우도 ↓ 사전분포 ↓

↑ 사후분포

↑ 정규화 상수

분모의 면적은 1임이 보증되어 있으므로 간략화할 수 있다.
(∝는 비례한다는 의미)

우도(베이즈 통계학)(likelihood) ••• 원인이 A일 때 결과로서 B라는 데이터를 관측한다는 확신의 정도.
전확률(total probability) ••• 결과로서 B라는 데이터가 관측되는 확률. 원인이 여러 가지인 경우는 각 확률의 합이 된다.

연습

어느 40대 미국인 여성이 유방 엑스선 촬영 정기검진을 받았는데,
1주일 후에 재검사가 필요하다는 연락을 받았다.
이 여성이 유방암에 걸렸을 확률은 어느 정도인가?

해석하는 법

이것은 아주 유명한 베이즈 통계학의 분석사례다.
샤론 버치 맥그레인이 쓴 『이단의 통계학 베이즈』(草思社)에서 추정에 필요한 데이터를 소개한다.
이것을 베이즈 정리의 식에 넣으면 사후확률(양성이라는 결과가 유방암이라는 원인으로 생겼을 확률)을 추정할 수 있다.

베이즈 추정의 식

$$\text{사후확률} = \frac{\text{우도} \cdot \text{사전확률}}{\text{전확률}}$$

진단에서 양성이었던 여성이 유방암일 확률(아직 모름)

베이즈 정리를 모르면 이 수치에 사로잡힌다.

우도(유방암 환자가 유방 엑스선 검사에서 양성이 될 확률) : 80%
사전확률(검사를 받은 모든 사람 중 유방암 환자일 확률) : 0.4%
양성이 될 전확률(실제로 유방암 환자로 양성이 될 확률 0.32%
+사실은 유방암이 아닌데도 양성이 될 확률* 9.96%)

지금까지의 조사 결과

*: '유방암이 아니다'는 (위양성)도 원인의 하나

답 : $\frac{0.8 \times 0.004}{0.0032 + 0.0996} = 0.031$

그러니까 정기검진에서 양성으로 나와도
진짜 유방암일 확률(사후확률)은 단 3.1%

그렇다고 재검사를 받지 않아도 된다는 것은 아니에요.

위양성(false positive) ••• 본래 음성이어야 할 검사결과가 잘못되어 양성으로 나온 경우로 베이즈 추정에서는 전확률에 포함된다.

칼럼 유방암 검진 논란

2009년 11월, 미국예방의학전문위원회(U.S. Preventive Services Task Force: USPSTF)가 '40대 여성에게는 정기검진에서 유방 엑스선 검사(맘모그램)를 권장하지 않는다(C등급)'고 하는 권고안을 발표해 관련 기관에 큰 충격을 주었다. 그 이유로 높은 위양성률(9.96%)에 기인하는 불필요한 재검사나 치료에 드는 비용이 유방암 사망률 감소 효과보다도 상대적으로 크다는 점을 들었다. 그러나 그때까지 정기검진을 권장해왔던 미국암협회 등에서는 '이 권고를 따르다가는 유방암 사망자가 증가한다!'고 맹렬히 반발해 현재도 논란은 계속되고 있다(그 후 2015년에 USPSTF는 권고안을 완곡한 표현으로 수정했으나 판단은 "C등급" 그대로였다…).

일본의 경우, 미국인에 비해 폐경 전 유방암 위험이 높아 현재도 40세 이상 여성에게는 2년에 한 번의 검진을 권하고 있다. 다만 일본유방암검진학회에서는 USPSTF의 권고를 '과학적인 근거에 기인한 적절한 판단'으로 인정하고 앞으로의 조사연구에서는 일본의 권장 기준도 바뀔 수 있다는 견해를 발표했다.

이와 같은 문제가 각종 종양검사에서도 거론되고 있다. '재검 요망'이라는 결과 통보를 받으면 '이상이 없다'는 결과가 나올 때까지 누구나 최악의 사태를 생각하기 때문에 정신적인 압박이 크기 마련이다. 그렇기는 해도 정기검진이 암 조기 발견에 꼭 필요한 것은 사실이다. 이 장에서 배운 바와 같이, '재검을 받아도 실제로 질병일 가능성은 아주 낮다'는 사실을 알고 검진을 받으면 어떨까.

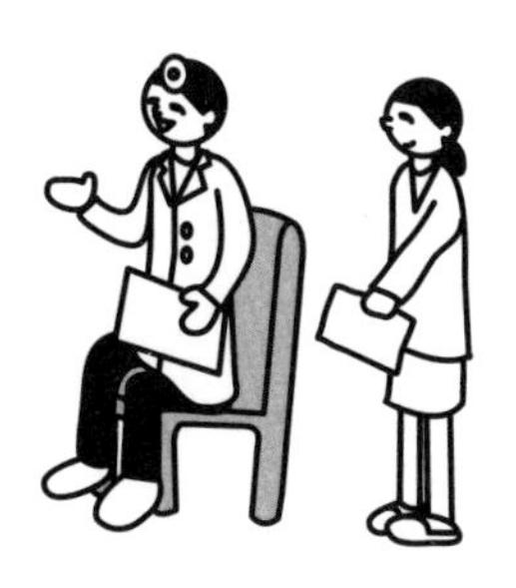

11 | 4

새로운 데이터로 더 정확하게

베이즈 갱신

베이즈 통계학의 또 하나의 특징으로, 새로운 데이터가 관측될 때마다 그것을 반영하여 다시 추정함으로써 보다 정확한 사후확률을 구하는 '베이즈 갱신'이 있다.

베이즈 갱신의 구조

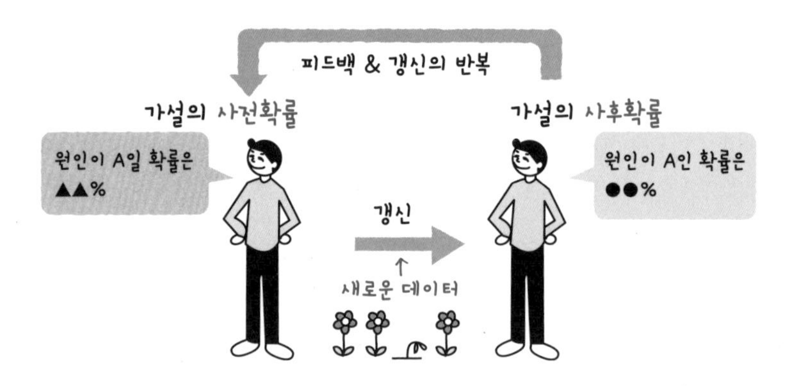

- 베이즈 갱신이란 새로운 데이터(결과)가 얻어지면 추정한 사후확률을 새로운 사전확률로 해서 재차 추정하는 것을 말한다. 물론 새로운 데이터가 없으면 그때까지의 추정으로 끝난다.

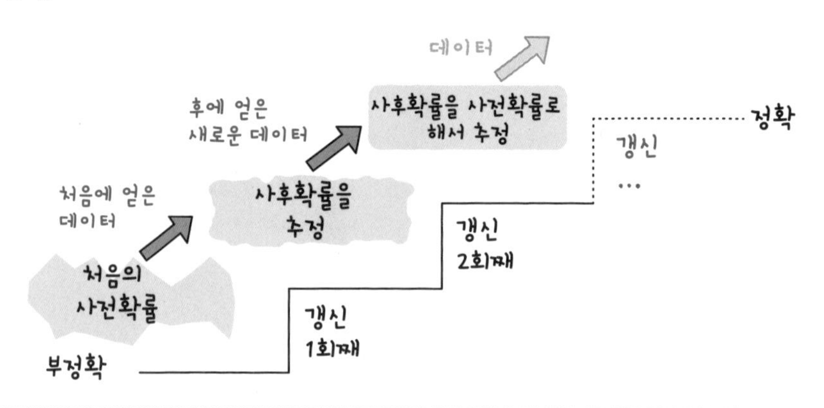

베이즈 갱신(Bayesian update) ••• 새로운 데이터를 얻을 때마다 그것을 반영하여 다시 추정함으로써 사후확률의 정밀도를 높여가는 일. 유명한 응용 예로는 스팸메일의 판정(베이지안 필터)이 있다.

사례 : 스팸 메일의 판정 　베이지안 필터

스팸 메일을 판정하는 데 베이즈 갱신이 응용되고 있다. 처음에는 필요한 메일을 스팸 메일함에 잘못 넣기도 하지만, 사용하다 보면 실수하는 일도 줄기 마련이다. 베이즈 갱신이 거듭될수록 판단이 정확해지기 때문이다.

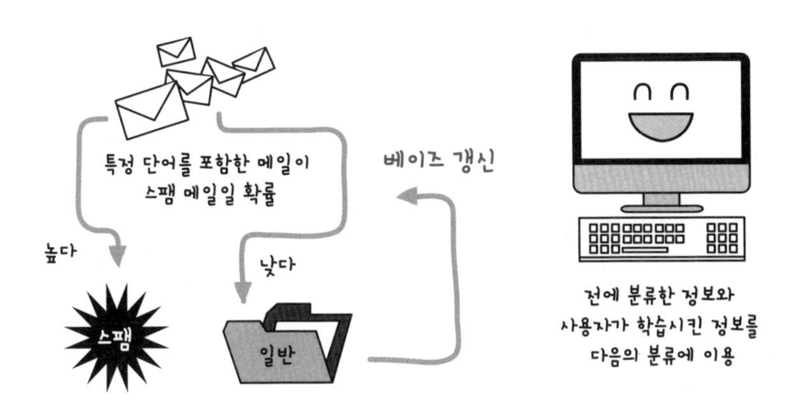

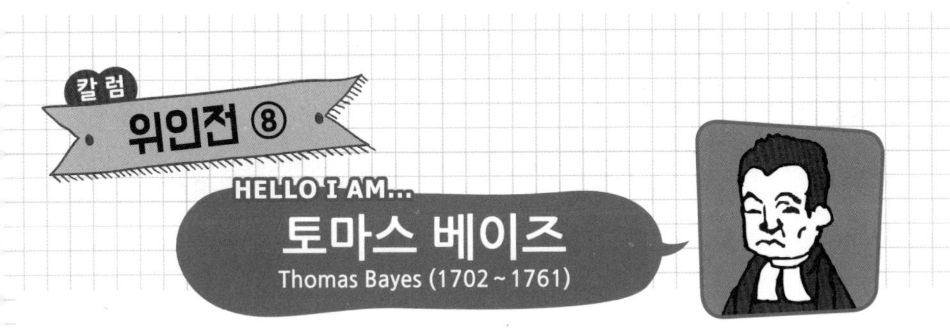

베이즈 정리를 최초로 서술한 토마스 베이즈는 영국의 장로교 목사로 수학을 취미로 공부했다. 어느 날, 베이즈는 "우리의 신념이나 습관(결과)은 신이 창조한 것이 아니라 경험(원인)"이라며, 그리스도교 사고를 전면 부정하는 철학자의 말을 듣고 충격을 받는다. 그 후 베이즈는 결과로부터 거슬러 올라가 원인의 확률을 수학적으로 밝힐 수 없을까 진지하게 생각하기 시작했다. 그 결과 드디어 '경험적인 값을 원인의 확률로 하고, 객관적인 정보가 얻어진 시점에서 그 값을 수정하면 된다'고 하는 베이즈 정리의 원형을 생각해내기에 이른다.

빅데이터 분석 ①

빅데이터

빅데이터란 다양한 정보원으로부터 수집된 용량이 매우 큰 데이터를 말한다. 기계적으로 수집되고 수시로 갱신된다.
데이터 형식도 다양하다(텍스트나 동영상, 화상 등).
3V(Volume : 대용량, Velocity : 즉시성, Variety : 다양성)가 특징이다.

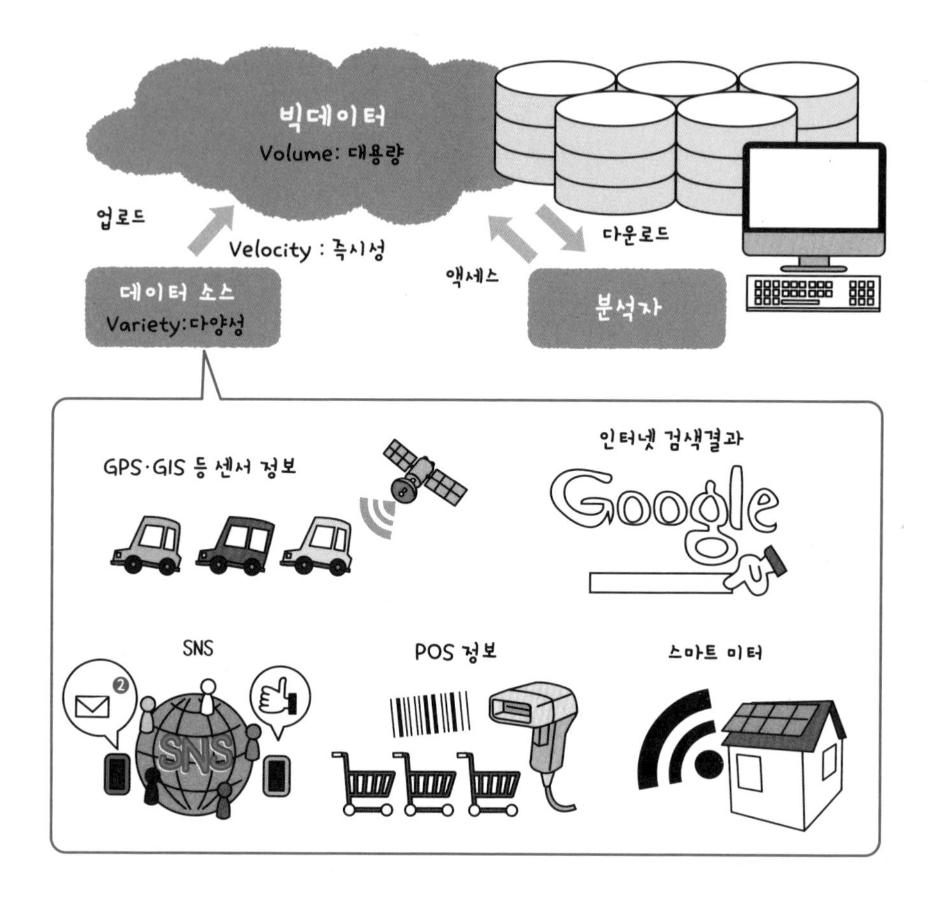

빅데이터(big data) ••• 인터넷과 IT기술이 발전하면서 생긴 거대한 데이터. 용량의 크기뿐 아니라 데이터의 갱신 속도와 종류가 다양한 것이 특징이다.

▶▶▶ 표준 데이터와 빅데이터

- 공적 통계나 설문조사는 표본을 추출한 데이터이다.
- 분석 결과의 정확성은 회귀분석이나 가설검정으로 판단한다.

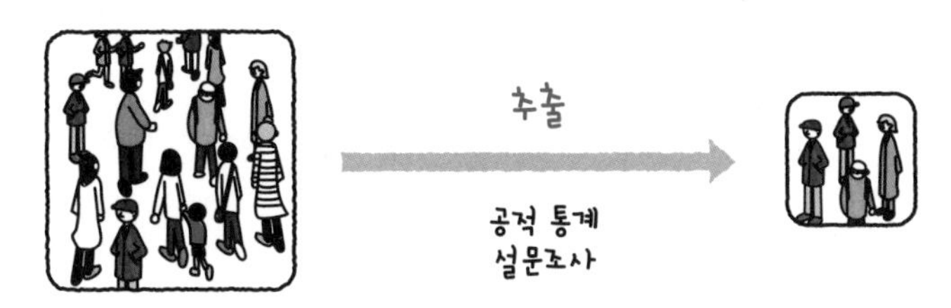

- 빅데이터는 모든 분석 대상에 대한 정보를 포함하고 있는 것이 보통이다(전수조사). 예를 들면 어느 점포의 POS 데이터에는 그 점포에서 취급하는 모든 상품의 판매이력정보가 포함되어 있다.
- 전수조사 데이터에서는 가설검정이 불필요하다.

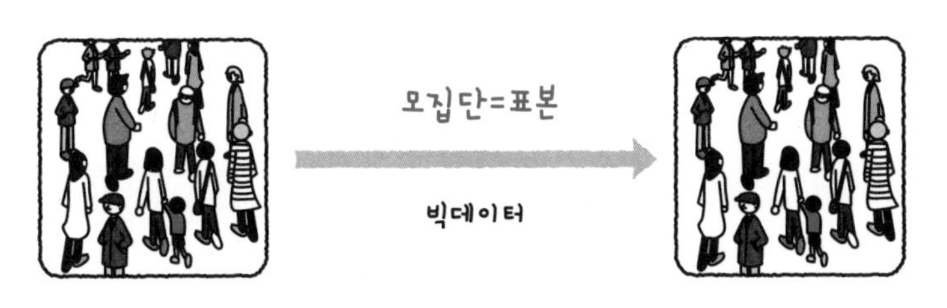

- 빅데이터는 데이터의 양이 엄청나 분할해서 이용하기도 한다.
  예를 들면 모델 구축용과 검증용 표본을 만들고, 실제 데이터를 이용해 예측정밀도 검증을 쉽게 할 수 있다.

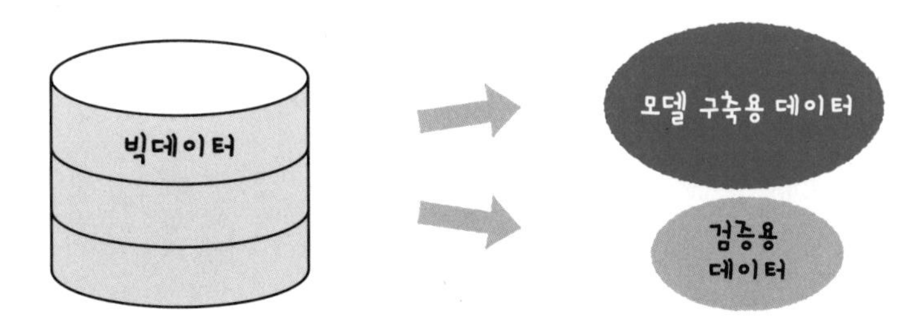

데이터의 다양성(variety of data) ••• 빅데이터에는 구조화된 데이터(수치나 문자 등)뿐 아니라 음성, 동영상 같은 비구조화 데이터나 XML 같은 반구조화 데이터도 포함된다.

빅데이터 분석 ②

연관성 분석

어떤 사건에 이어 또 하나의 사건이 일어났을 때, 규칙을 추출해 주목해야 할 것을 찾아내는 방법이다. 대규모 데이터 세트의 분석에 적합하다.
POS 시스템(point of sale system)의 데이터(트랜잭션 데이터)를 이용하면 동시에 구입할 만한 상품의 조합을 알 수 있다.
연관성(상관계수)을 밝히는 방식이므로 인과관계까지는 알 수 없다.

연관성 분석(association analysis) ••• 마케팅을 위한 데이터 마이닝 방식. 함께 살 만한 상품을 찾아 가까이에 배치함으로써 매출 향상을 꾀한다. 장바구니 분석이라고도 한다.

▶▶▶ 트랜잭션 데이터의 관련성

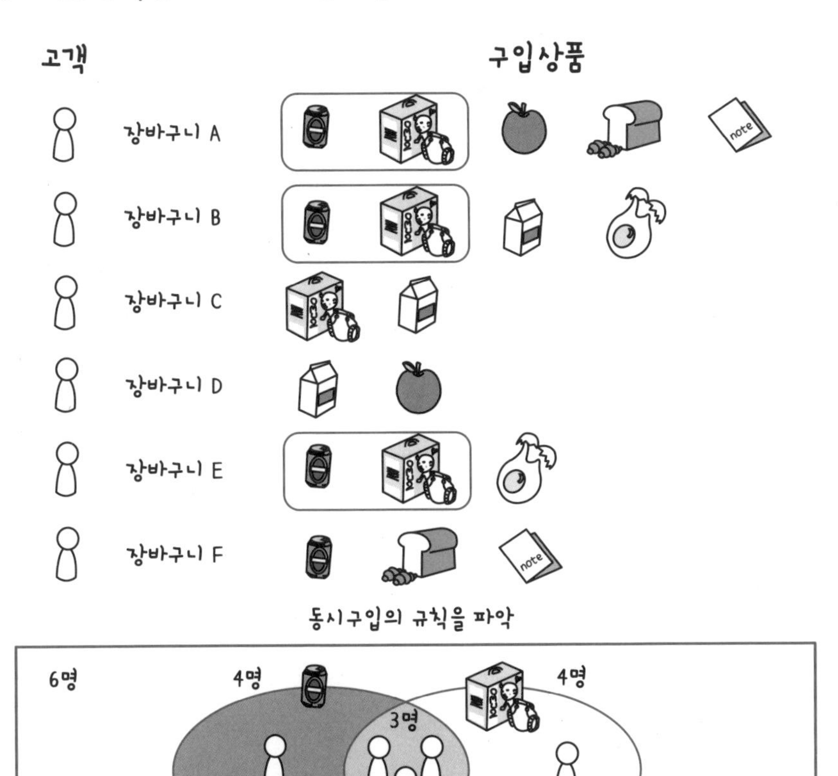

주말에는 맥주와 함께 안주가 잘 팔리는 듯하다. 원인은 확실하지 않지만,
주말에는 남편들이 장을 보러 가는 일이 많은데, 그것이 맥주 구입에 영향을 주는지도 모른다.

트랜잭션 데이터(transaction data) ••• 언제, 누가, 어떤 상품을 몇 개 샀으며, 얼마를 지불했는지 기록한 고객과의 거래(transaction) 내용. POS 데이터가 유명하다.

빅데이터 분석 ③

트렌드 예측과 SNS 분석

야후나 구글 등의 검색이력과 페이스북이나 트위터 같은 SNS 데이터도 마케팅에 있어 중요한 정보원이다.
검색된 언어의 수를 검색량(Search Volume)이라고 한다.
일정 기간의 검색량을 비교하거나 검색량을 나라나 지역마다 집계함으로써 최신 트렌드의 경향을 알 수 있다.
검색량이라는 정보를 이용하면 매출이나 여행자 수, 주택 매매 건이나 주택가격 등의 예측 정밀도가 올라간다.

▶▶▶ 현재의 트렌드를 예측에 반영

- 기존에는 과거의 데이터를 토대로 장래를 예측했다. 때문에 급격한 상황 변화에는 대응하기 어려웠다.
- 인터넷 검색량이나 SNS 데이터 같은 빅데이터는 현재의 트렌드를 민감하게 반영하기 때문에 예측 모델에 도입하면 예측 정밀도를 향상시킬 수가 있다.

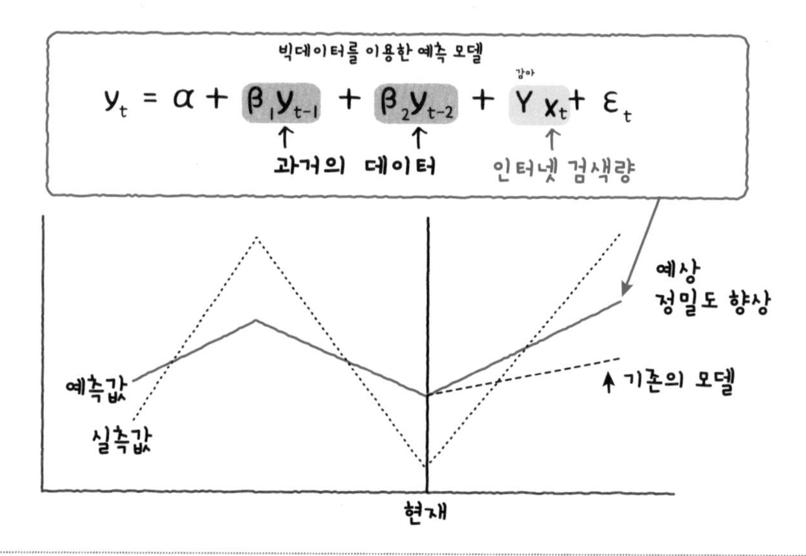

트렌드 예측(trend prediction) ••• 통계 모델로 트렌드(경향)를 예측하는 일. 인터넷 검색이나 SNS 데이터를 이용해 보다 정확한 예측이 가능해졌다. 구글의 독감유행 예측 등이 있다.

▶▶▶ SNS 데이터로 유행을 파악한다

● 텍스트 마이닝(Text Mining: 텍스트 데이터로 특징이나 경향을 밝히는 방법)을 이용해 SNS 문장을 분석하면 화제의 변천이나 분석 대상의 언어가 어떻게 문맥에 이용되었는지 알 수 있다.

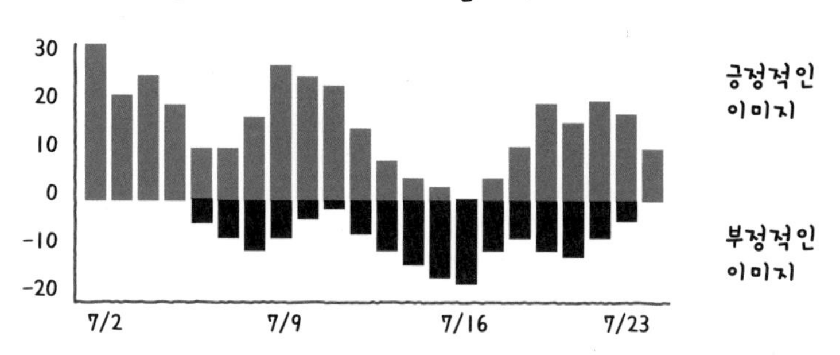

▶▶▶ 행동분석에서 재해지역의 특정까지

● SNS 정보에 위치정보가 부가돼 관광객의 행동이나 기호 파악은 물론, 재해발생장소를 특정할 수도 있다.

지리적으로 넓은 범위의 확산을 분석

SNS 데이터는 압도적인 정보량과 즉시성을 갖고 있지만, 만능은 아니다. SNS 사용자가 국민을 대표한다고 볼 수도 없다. 노이즈(문장의 뜻이 명확하지 않은 코멘트) 처리도 어려운 작업이다. SNS 데이터의 본질을 파악하기 위해서는 데이터의 특질을 충분히 이해하고 높은 분석 능력을 갖추어야 한다.

SNS 분석(social media analytics) ••• 질문 내용이 회답에 강하게 영향을 주는 종래의 설문조사법과는 달리, SNS 데이터를 분석하면 소비자의 속마음을 파악할 수도 있다.

$$\frac{|\hat{p}_1 - \hat{p}_2|}{\sqrt{\hat{p}(1-\hat{p})\left(\frac{1}{n_1}+\frac{1}{n_2}\right)}}$$

부록 A
R(알) 설치 및 사용법

R(알) 설치 및 사용법

옥스퍼드대학의 연구자가 만든 소프트웨어이다.
무료로 이용할 수 있기 때문에 전 세계 연구자와 학생들이 많이 이용하고 있다.
'패키지'란 R의 함수를 한데 모은 것으로 필요에 따라 R에 불러올 수 있다.
관련 도서나 웹사이트도 많아 독학하기에도 좋다.
그러나 명령어(커맨드)를 문자로 입력해야 하기 때문에 익숙해지기까지 시간이 걸릴 수도 있다.

R 다운로드

1. Microsoft Edge, Internet Exploer, Fire Fox 등의 웹 브라우저를 실행하고 주소 창에 https://cran.r-project.org를 입력한다.

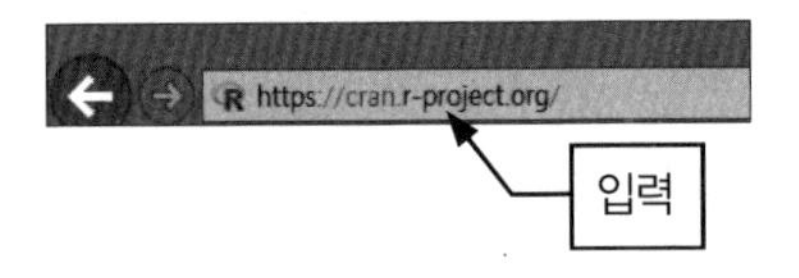

2. 오른쪽과 같은 화면에서, 사용 중인 컴퓨터의 OS에 맞는 곳을 클릭한다(여기서는 'Download R for Windows'를 클릭했다).

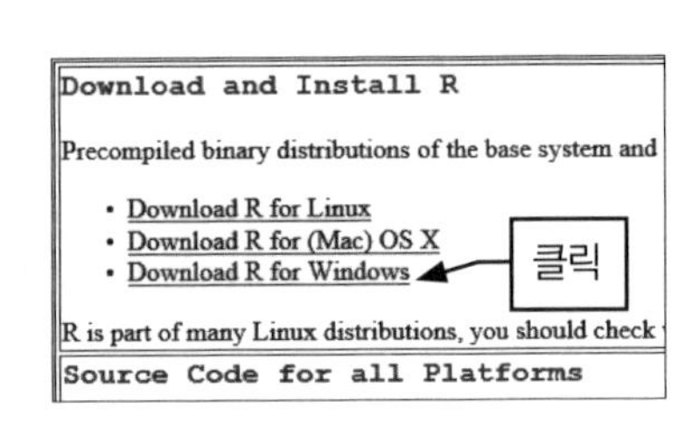

3. 오른쪽과 같은 화면이 나오면 'base'를 클릭한다.

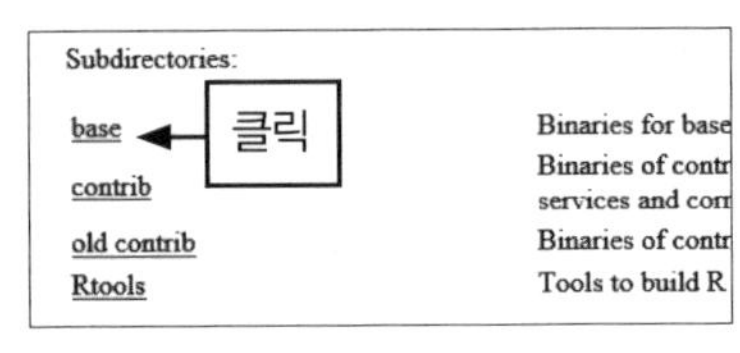

4. 다시 오른쪽과 같은 화면이 나오면 'Download R*.*.* for Windows'를 클릭한다(*.*.* 의 부분에는 R 버전이 들어간다. 최신 것을 다운로드하면 된다).

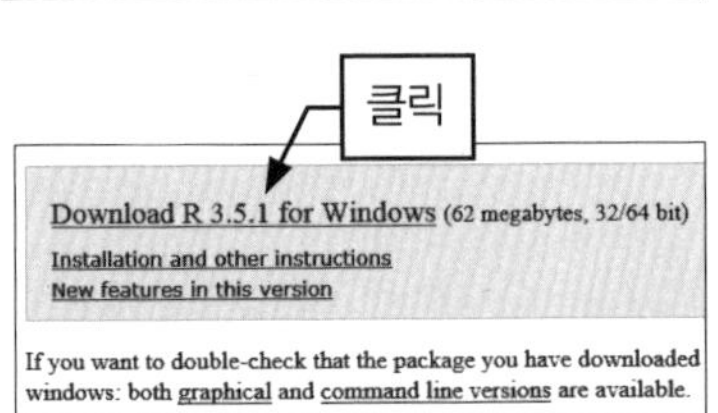

R의 설치

1. R-*.*.* -win.exe라는 파일이 다운로드되면, 그 파일을 실행(더블클릭)한다(*.*.*의 부분에는 R의 버전이 들어간다).

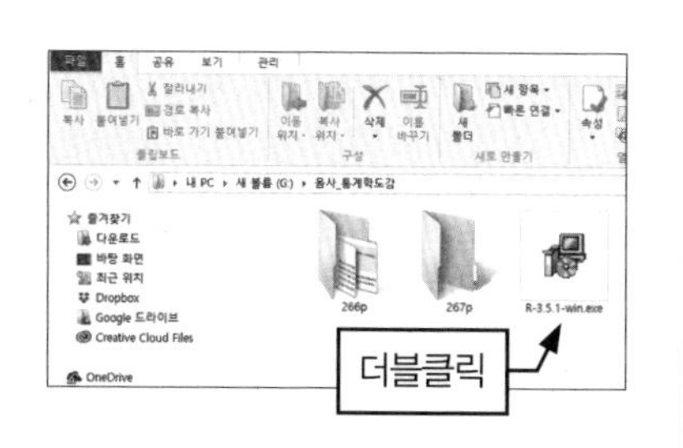

2. 셋업에 사용하는 언어를 선택하면 셋업(인스톨) 화면으로 이동한다.
   그 후 '다음(N)' 버튼을 클릭해서 설치를 진행한다.

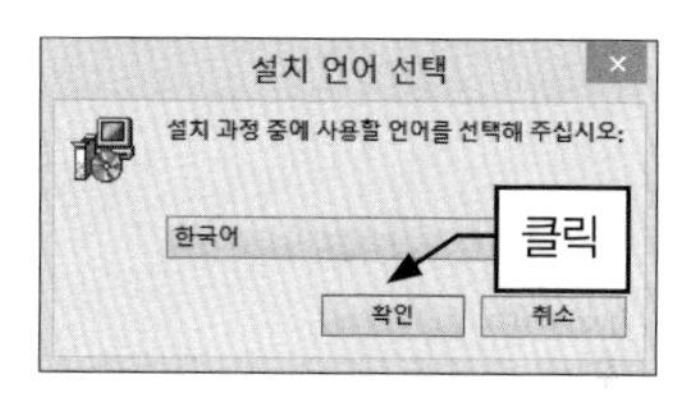

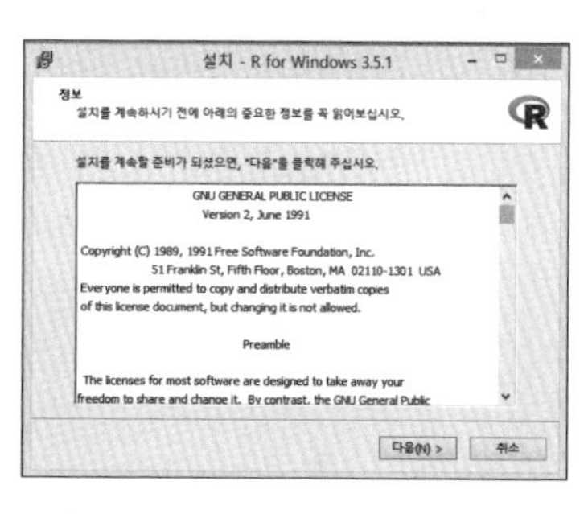

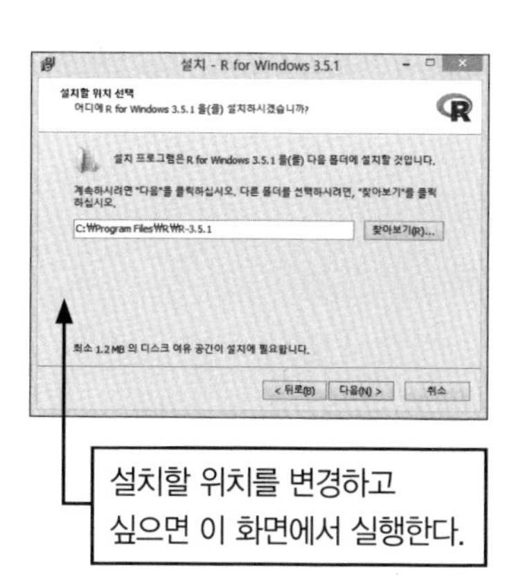

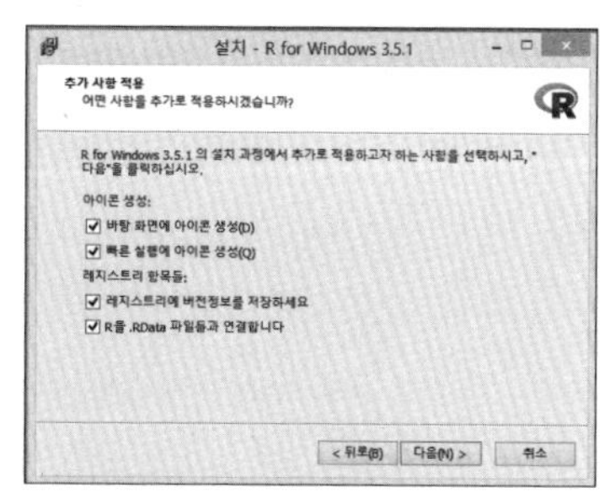

3. 디폴트 설정으로 설치가 진행되면서 아이콘 생성 하단의 콤보 박스 두 군데에 체크 표시를 하면 데스크톱에 오른쪽 그림과 같은 아이콘이 만들어진다(OS가 32비트인 경우는 왼쪽만, 64비트인 경우에는 양쪽 모두). 이 아이콘을 더블클릭하면 R이 열린다.

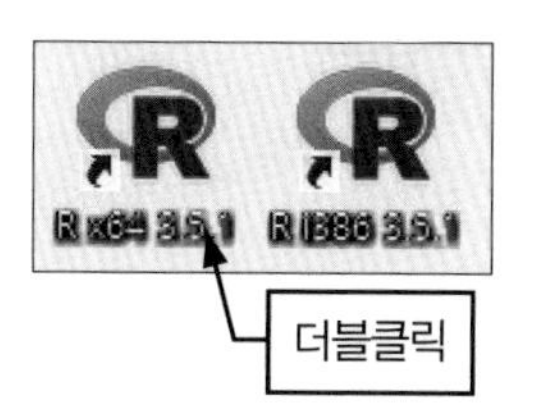

R의 시동

1. 아이콘을 더블클릭하면 오른쪽과 같은 윈도가 나타난다. 'R Console' 윈도라고 한다.

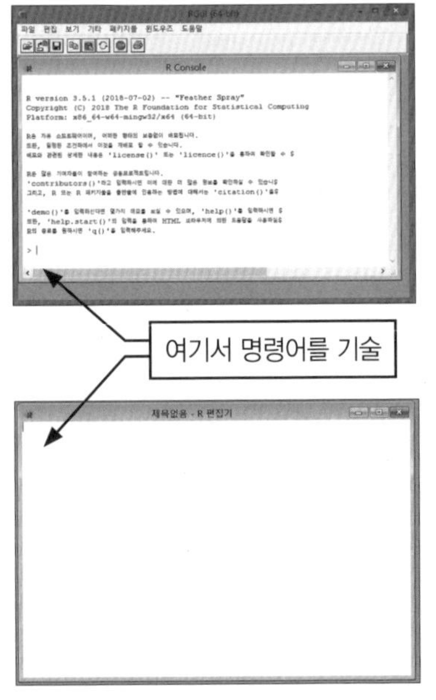

R 명령어 입력

1. R 명령어는 'R Console' 윈도의 '>' 뒤에 'Enter' 키를 눌러 실행시키든지, 'R 편집기'를 이용해 일련의 명령어를 쓰고 나서 실행시킨다.

'R에디터'를 시동하려면 메뉴의 '파일'에서 '새 스크립트'를 선택한다. 스크립트(R 명령어가 쓰인 파일)를 저장해 두면 나중에 분석할 때 편리하다.

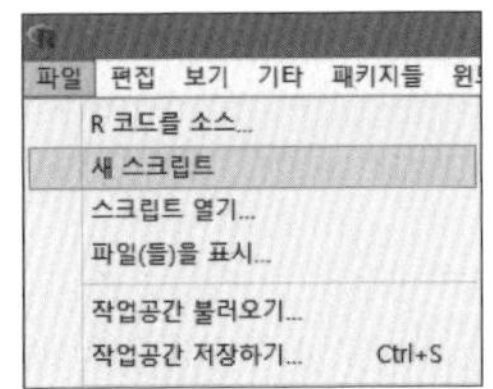

데이터 파일의 작성(엑셀)

1. R에서는 다양한 형식의 데이터 파일을 불러올 수 있는데, 기본적인 것은 CSV 형식의 파일이다. CSV 파일은 엑셀 같은 소프트웨어에서 파일의 종류를 CSV로 변경해서 저장하면 작성된다.

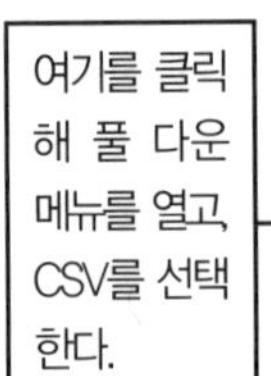

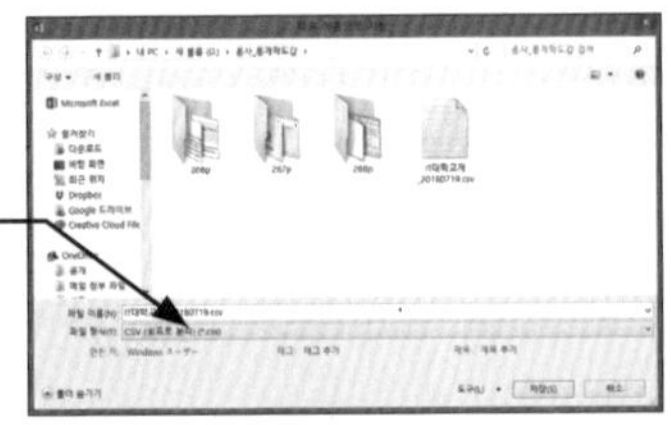

엑셀의 '다른 이름으로 저장'한 화면

CSV 파일을 R에서 불러온 화면

데이터 파일 불러오기

1. 'read.csv'라는 명령어가 있다.
   'R 편집기'를 이용할 경우에는 명령어를 입력하고 나서 그 행에 커서를 놓고, 'Ctrl' 키와 'R'키를 동시에 누른다.

데이터 프레임명. R에서는 데이터 프레임이라는 곳에 데이터를 넣는다.
명칭은 자유롭게 붙여도 좋다. 본문에서는 sdata라고 했다.

```
> sdata <- read.csv("C:/******/******/data.csv")
```

Shift + < 키와 = 키로 입력할 수 있다.

데이터 파일이 저장되어 있는 곳(경로)을 기입한다.

파일의 경로를 얻으려면 윈도 탐색기에서 불러오고 싶은 데이터 파일(CSV 형식)을 선택해, '홈' 리본의 '경로 복사'를 클릭한다.
경로가 복사되면 명령어 행에 붙여 이용한다.
또한 \(백슬래시)는 /(슬래시)로 변경한다.

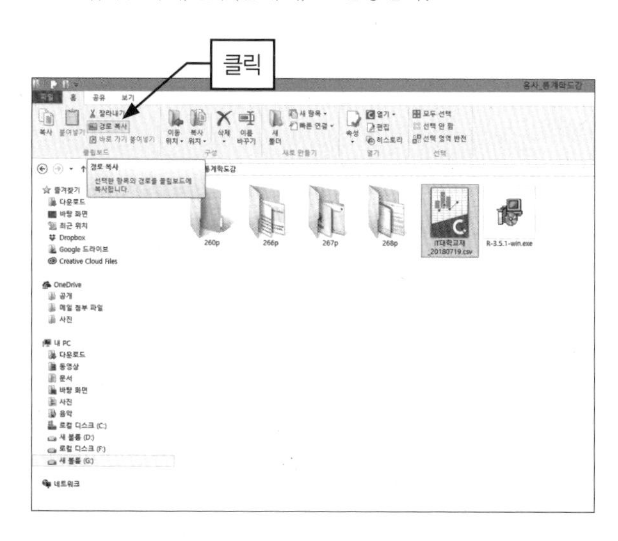

한글 윈도우 8.1의 윈도 탐색기 화면

패키지의 설치

1. 맨 처음 패키지를 R로 사용하려면 패키지를 다운로드해서 R에 설치해야 한다.
   다운로드하려면 먼저 다운로드할 곳의 사이트를 지정한다. 메뉴의 '패키지들'에서 'CRAN 미러 설정'을 선택한다.

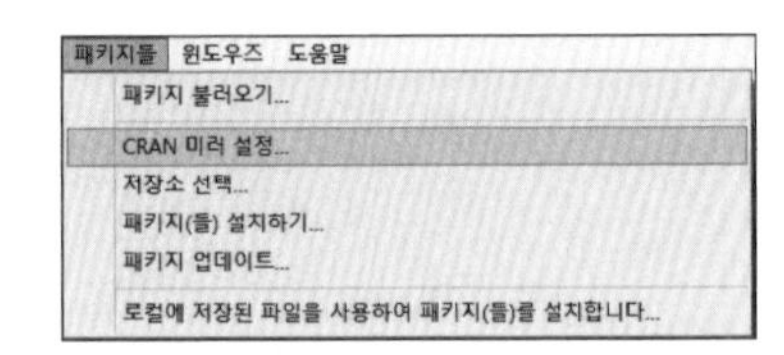

2. 오른쪽 같은 윈도가 열리면 'Korea (Seoul 1)[https]'를 선택한다.

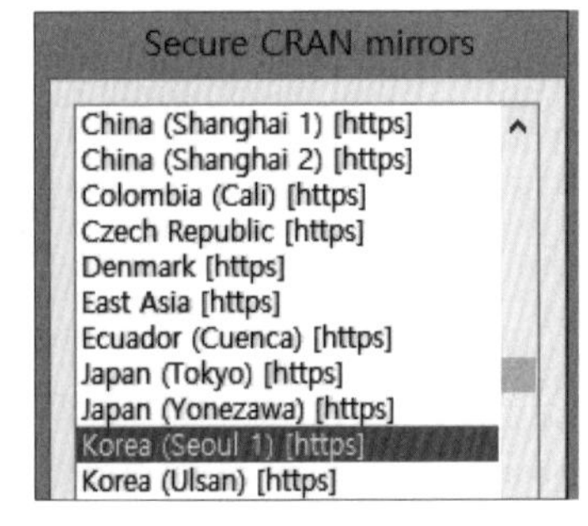

3. 메뉴의 '패키지들'에서 '패키지(들) 설치하기'를 선택한다.

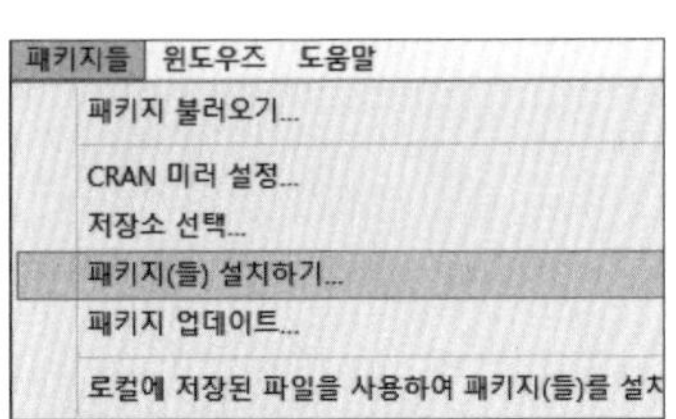

4. 오른쪽 같은 윈도가 열리면 설치하고 싶은 패키지를 선택한다.
   설치한 패키지를 R로 사용하려면 'R console'에서

```
> library(survival)
```

   라고 입력하거나 R 편집기(스크립트)에 기술한다.

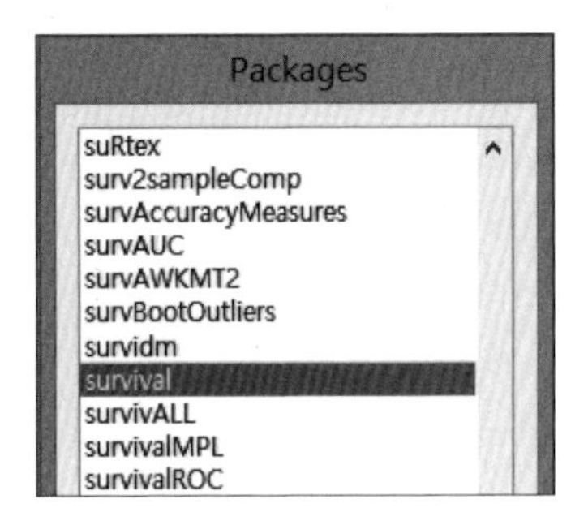

부록 B

통계 수치표 (분포표), 직교표, 그리스 문자

1 표준정규(z) 분포표(상측확률)

2 t 분포표(상측확률)

3 x^2 분포표(상측확률)

4-1 F 분포표(상측확률 5%)

4-2 F 분포표(상측확률 2.5%)

5 스튜던트화된 범위의 q 분포표(상측확률 5%)

6 맨 · 휘트니의 U 검정표(양측확률 5%와 1%)

7 부호검정을 위한 확률 1/2의 이항분포표(하측확률)

8 윌콕슨의 부호순위검정표

9 크러스컬 · 월리스 검정표(세 집단과 네 집단)

10 프리드먼 검정표(세 집단과 네 집단)

11-1 직교표(2수준계)

11-2 직교표(3수준계)

11-3 직교표(혼합계)

12 그리스 문자

1 표준정규(z) 분포표(상측확률)

주 : 표 안의 값이 표준정규분포의 상측확률을 나타낸다. 열변수이 z 값의 소수점 첫째자리, 행변수가 둘째자리이다. 예를 들면 z 값이 1.96인 상측(편측)확률은 1.9의 행과 0.06의 열이 교차하는 0.025(2.5%)가 된다(회색 부분은 배경의 값).

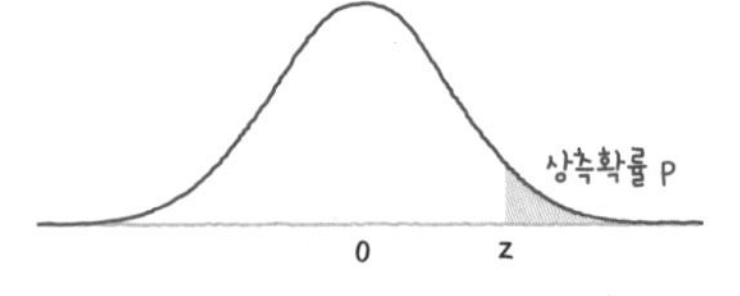

z	0.00	0.01	0.02	0.03	0.04	0.05	0.06	0.07	0.08	0.09
0.0	0.5000	0.4960	0.4920	0.4880	0.4840	0.4801	0.4761	0.4721	0.4681	0.4641
0.1	0.4602	0.4562	0.4522	0.4483	0.4443	0.4404	0.4364	0.4325	0.4286	0.4247
0.2	0.4207	0.4168	0.4129	0.4090	0.4052	0.4013	0.3974	0.3936	0.3897	0.3859
0.3	0.3821	0.3783	0.3745	0.3707	0.3669	0.3632	0.3594	0.3557	0.3520	0.3483
0.4	0.3446	0.3409	0.3372	0.3336	0.3300	0.3264	0.3228	0.3192	0.3156	0.3121
0.5	0.3085	0.3050	0.3015	0.2981	0.2946	0.2912	0.2877	0.2843	0.2810	0.2776
0.6	0.2743	0.2709	0.2676	0.2643	0.2611	0.2578	0.2546	0.2514	0.2483	0.2451
0.7	0.2420	0.2389	0.2358	0.2327	0.2296	0.2266	0.2236	0.2206	0.2177	0.2148
0.8	0.2119	0.2090	0.2061	0.2033	0.2005	0.1977	0.1949	0.1922	0.1894	0.1867
0.9	0.1841	0.1814	0.1788	0.1762	0.1736	0.1711	0.1685	0.1660	0.1635	0.1611
1.0	0.1587	0.1562	0.1539	0.1515	0.1492	0.1469	0.1446	0.1423	0.1401	0.1379
1.1	0.1357	0.1335	0.1314	0.1292	0.1271	0.1251	0.1230	0.1210	0.1190	0.1170
1.2	0.1151	0.1131	0.1112	0.1093	0.1075	0.1056	0.1038	0.1020	0.1003	0.0985
1.3	0.0968	0.0951	0.0934	0.0918	0.0901	0.0885	0.0869	0.0853	0.0838	0.0823
1.4	0.0808	0.0793	0.0778	0.0764	0.0749	0.0735	0.0721	0.0708	0.0694	0.0681
1.5	0.0668	0.0655	0.0643	0.0630	0.0618	0.0606	0.0594	0.0582	0.0571	0.0559
1.6	0.0548	0.0537	0.0526	0.0516	0.0505	0.0495	0.0485	0.0475	0.0465	0.0455
1.7	0.0446	0.0436	0.0427	0.0418	0.0409	0.0401	0.0392	0.0384	0.0375	0.0367
1.8	0.0359	0.0351	0.0344	0.0336	0.0329	0.0322	0.0314	0.0307	0.0301	0.0294
1.9	0.0287	0.0281	0.0274	0.0268	0.0262	0.0256	0.0250	0.0244	0.0239	0.0233
2.0	0.0228	0.0222	0.0217	0.0212	0.0207	0.0202	0.0197	0.0192	0.0188	0.0183
2.1	0.0179	0.0174	0.0170	0.0166	0.0162	0.0158	0.0154	0.0150	0.0146	0.0143
2.2	0.0139	0.0136	0.0132	0.0129	0.0125	0.0122	0.0119	0.0116	0.0113	0.0110
2.3	0.0107	0.0104	0.0102	0.0099	0.0096	0.0094	0.0091	0.0089	0.0087	0.0084
2.4	0.0082	0.0080	0.0078	0.0075	0.0073	0.0071	0.0069	0.0068	0.0066	0.0064
2.5	0.0062	0.0060	0.0059	0.0057	0.0055	0.0054	0.0052	0.0051	0.0049	0.0048
2.6	0.0047	0.0045	0.0044	0.0043	0.0041	0.0040	0.0039	0.0038	0.0037	0.0036
2.7	0.0035	0.0034	0.0033	0.0032	0.0031	0.0030	0.0029	0.0028	0.0027	0.0026
2.8	0.0026	0.0025	0.0024	0.0023	0.0023	0.0022	0.0021	0.0021	0.0020	0.0019
2.9	0.0019	0.0018	0.0018	0.0017	0.0016	0.0016	0.0015	0.0015	0.0014	0.0014
3.0	0.0013	0.0013	0.0013	0.0012	0.0012	0.0011	0.0011	0.0011	0.0010	0.0010
3.1	0.0010	0.0009	0.0009	0.0009	0.0008	0.0008	0.0008	0.0008	0.0007	0.0007
3.2	0.0007	0.0007	0.0006	0.0006	0.0006	0.0006	0.0006	0.0005	0.0005	0.0005
3.3	0.0005	0.0005	0.0005	0.0004	0.0004	0.0004	0.0004	0.0004	0.0004	0.0003
3.4	0.0003	0.0003	0.0003	0.0003	0.0003	0.0003	0.0003	0.0003	0.0003	0.0002
3.5	0.0002	0.0002	0.0002	0.0002	0.0002	0.0002	0.0002	0.0002	0.0002	0.0002
3.6	0.0002	0.0002	0.0001	0.0001	0.0001	0.0001	0.0001	0.0001	0.0001	0.0001
3.7	0.0001	0.0001	0.0001	0.0001	0.0001	0.0001	0.0001	0.0001	0.0001	0.0001
3.8	0.0001	0.0001	0.0001	0.0001	0.0001	0.0001	0.0001	0.0001	0.0001	0.0001
3.9	0.0000	0.0000	0.0000	0.0000	0.0000	0.0000	0.0000	0.0000	0.0000	0.0000

(저자 작성)

2 t 분포표(상측확률)

주 : 표준정규분포표와는 달리 표 안의 값이 t 값이다. 또한 ν(뉴우)는 자유도를 나타낸다. 예를 들면 상측확률 2.5%(0.025)가 되는 t 값은 자유도 10의 경우, 2.228이다. 가장 많이 이용하는 양측 5%의 열을 회색 바탕으로 나타냈다.

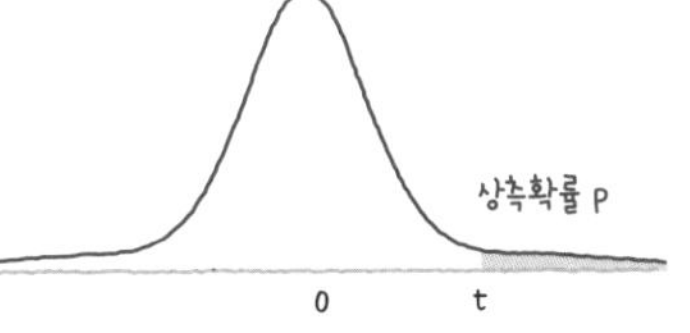

ν \ p	0.100	0.050	0.025	0.010	0.005	0.001
1	3.078	6.314	12.706	31.821	63.657	318.309
2	1.886	2.920	4.303	6.965	9.925	22.327
3	1.638	2.353	3.182	4.541	5.841	10.215
4	1.533	2.132	2.776	3.747	4.604	7.173
5	1.476	2.015	2.571	3.365	4.032	5.893
6	1.440	1.943	2.447	3.143	3.707	5.208
7	1.415	1.895	2.365	2.998	3.499	4.785
8	1.397	1.860	2.306	2.896	3.355	4.501
9	1.383	1.833	2.262	2.821	3.250	4.297
10	1.372	1.812	2.228	2.764	3.169	4.144
11	1.363	1.796	2.201	2.718	3.106	4.025
12	1.356	1.782	2.179	2.681	3.055	3.930
13	1.350	1.771	2.160	2.650	3.012	3.852
14	1.345	1.761	2.145	2.624	2.977	3.787
15	1.341	1.753	2.131	2.602	2.947	3.733
16	1.337	1.746	2.120	2.583	2.921	3.686
17	1.333	1.740	2.110	2.567	2.898	3.646
18	1.330	1.734	2.101	2.552	2.878	3.610
19	1.328	1.729	2.093	2.539	2.861	3.579
20	1.325	1.725	2.086	2.528	2.845	3.552
21	1.323	1.721	2.080	2.518	2.831	3.527
22	1.321	1.717	2.074	2.508	2.819	3.505
23	1.319	1.714	2.069	2.500	2.807	3.485
24	1.318	1.711	2.064	2.492	2.797	3.467
25	1.316	1.708	2.060	2.485	2.787	3.450
26	1.315	1.706	2.056	2.479	2.779	3.435
27	1.314	1.703	2.052	2.473	2.771	3.421
28	1.313	1.701	2.048	2.467	2.763	3.408
29	1.311	1.699	2.045	2.462	2.756	3.396
30	1.310	1.697	2.042	2.457	2.750	3.385
31	1.309	1.696	2.040	2.453	2.744	3.375
32	1.309	1.694	2.037	2.449	2.738	3.365
33	1.308	1.692	2.035	2.445	2.733	3.356
34	1.307	1.691	2.032	2.441	2.728	3.348
35	1.306	1.690	2.030	2.438	2.724	3.340
36	1.306	1.688	2.028	2.434	2.719	3.333
37	1.305	1.687	2.026	2.431	2.715	3.326
38	1.304	1.686	2.024	2.429	2.712	3.319
39	1.304	1.685	2.023	2.426	2.708	3.313
40	1.303	1.684	2.021	2.423	2.704	3.307

(저자 작성)

3 x^2 분포표(상측확률)

주 : t 분포와 마찬가지로 표 안의 값이 x^2 값을, ν가 자유도를 나타낸다. 독립성 검정(4셀 이외는 상측검정)에서 많이 사용되는 상측 5%의 열과 모분산의 구간추정(양측의 확률을 사용)에서 많이 사용되는 상측 2.5% · 97.5% 열의 배경을 회색으로 나타냈다.

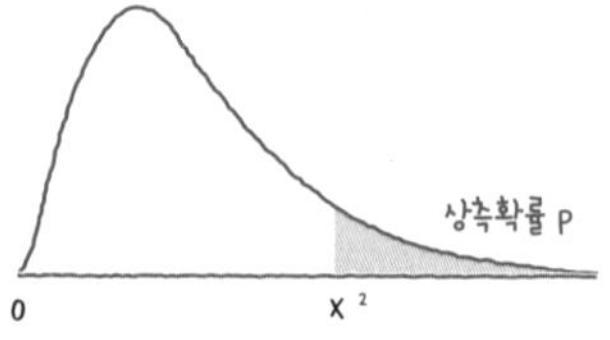

ν \ P	0.995	0.990	0.975	0.950	0.900	0.100	0.050	0.025	0.010	0.005
1	0.000	0.000	0.001	0.004	0.016	2.706	3.841	5.024	6.635	7.879
2	0.010	0.020	0.051	0.103	0.211	4.605	5.991	7.378	9.210	10.597
3	0.072	0.115	0.216	0.352	0.584	6.251	7.815	9.348	11.345	12.838
4	0.207	0.297	0.484	0.711	1.064	7.779	9.488	11.143	13.277	14.860
5	0.412	0.554	0.831	1.145	1.610	9.236	11.070	12.833	15.086	16.750
6	0.676	0.872	1.237	1.635	2.204	10.645	12.592	14.449	16.812	18.548
7	0.989	1.239	1.690	2.167	2.833	12.017	14.067	16.013	18.475	20.278
8	1.344	1.646	2.180	2.733	3.490	13.362	15.507	17.535	20.090	21.955
9	1.735	2.088	2.700	3.325	4.168	14.684	16.919	19.023	21.666	23.589
10	2.156	2.558	3.247	3.940	4.865	15.987	18.307	20.483	23.209	25.188
11	2.603	3.053	3.816	4.575	5.578	17.275	19.675	21.920	24.725	26.757
12	3.074	3.571	4.404	5.226	6.304	18.549	21.026	23.337	26.217	28.300
13	3.565	4.107	5.009	5.892	7.042	19.812	22.362	24.736	27.688	29.819
14	4.075	4.660	5.629	6.571	7.790	21.064	23.685	26.119	29.141	31.319
15	4.601	5.229	6.262	7.261	8.547	22.307	24.996	27.488	30.578	32.801
16	5.142	5.812	6.908	7.962	9.312	23.542	26.296	28.845	32.000	34.267
17	5.697	6.408	7.564	8.672	10.085	24.769	27.587	30.191	33.409	35.718
18	6.265	7.015	8.231	9.390	10.865	25.989	28.869	31.526	34.805	37.156
19	6.844	7.633	8.907	10.117	11.651	27.204	30.144	32.852	36.191	38.582
20	7.434	8.260	9.591	10.851	12.443	28.412	31.410	34.170	37.566	39.997
22	8.643	9.542	10.982	12.338	14.041	30.813	33.924	36.781	40.289	42.796
24	9.886	10.856	12.401	13.848	15.659	33.196	36.415	39.364	42.980	45.559
26	11.160	12.198	13.844	15.379	17.292	35.563	38.885	41.923	45.642	48.290
28	12.461	13.565	15.308	16.928	18.939	37.916	41.337	44.461	48.278	50.993
30	13.787	14.953	16.791	18.493	20.599	40.256	43.773	46.979	50.892	53.672
40	20.707	22.164	24.433	26.509	29.051	51.805	55.758	59.342	63.691	66.766
50	27.991	29.707	32.357	34.764	37.689	63.167	67.505	71.420	76.154	79.490
60	35.534	37.485	40.482	43.188	46.459	74.397	79.082	83.298	88.379	91.952
70	43.275	45.442	48.758	51.739	55.329	85.527	90.531	95.023	100.425	104.215
80	51.172	53.540	57.153	60.391	64.278	96.578	101.879	106.629	112.329	116.321
90	59.196	61.754	65.647	69.126	73.291	107.565	113.145	118.136	124.116	128.299
100	67.328	70.065	74.222	77.929	82.358	118.498	124.342	129.561	135.807	140.169
110	75.550	78.458	82.867	86.792	91.471	129.385	135.480	140.917	147.414	151.948
120	83.852	86.923	91.573	95.705	100.624	140.233	146.567	152.211	158.950	163.648

(저자 작성)

4-1 F 분포표(상측확률 5%)

주 : 표 안의 값이 상측확률 5%의 F 값을 나타낸다. ν_1은 통계량 F의 분자의 자유도, ν_2는 분모의 자유도이다. 분산분석은 편(上)측 검정이므로 유의수준 5%의 한계값을 불러올 경우에는 이 표의 값을 그대로 사용하면 된다(소프트웨어가 산출하는 p값은 양측 확률을 나타내는 경우가 많으므로 주의).

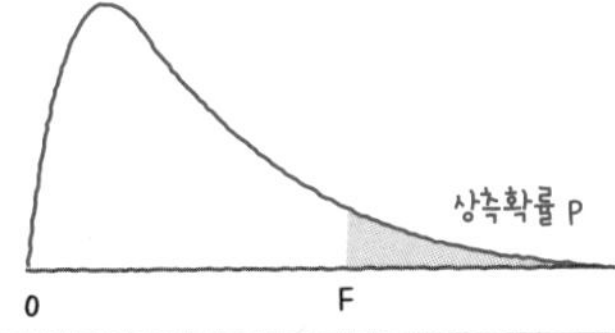

ν_2 (분모의 자유도)	ν_1 (분자의 자유도)											
	1	2	3	4	5	6	7	8	9	10	15	20
2	18.51	19.00	19.16	19.25	19.30	19.33	19.35	19.37	19.38	19.40	19.43	19.45
3	10.13	9.55	9.28	9.12	9.01	8.94	8.89	8.85	8.81	8.79	8.70	8.66
4	7.71	6.94	6.59	6.39	6.26	6.16	6.09	6.04	6.00	5.96	5.86	5.80
5	6.61	5.79	5.41	5.19	5.05	4.95	4.88	4.82	4.77	4.74	4.62	4.56
6	5.99	5.14	4.76	4.53	4.39	4.28	4.21	4.15	4.10	4.06	3.94	3.87
7	5.59	4.74	4.35	4.12	3.97	3.87	3.79	3.73	3.68	3.64	3.51	3.44
8	5.32	4.46	4.07	3.84	3.69	3.58	3.50	3.44	3.39	3.35	3.22	3.15
9	5.12	4.26	3.86	3.63	3.48	3.37	3.29	3.23	3.18	3.14	3.01	2.94
10	4.96	4.10	3.71	3.48	3.33	3.22	3.14	3.07	3.02	2.98	2.85	2.77
11	4.84	3.98	3.59	3.36	3.20	3.09	3.01	2.95	2.90	2.85	2.72	2.65
12	4.75	3.89	3.49	3.26	3.11	3.00	2.91	2.85	2.80	2.75	2.62	2.54
13	4.67	3.81	3.41	3.18	3.03	2.92	2.83	2.77	2.71	2.67	2.53	2.46
14	4.60	3.74	3.34	3.11	2.96	2.85	2.76	2.70	2.65	2.60	2.46	2.39
15	4.54	3.68	3.29	3.06	2.90	2.79	2.71	2.64	2.59	2.54	2.40	2.33
16	4.49	3.63	3.24	3.01	2.85	2.74	2.66	2.59	2.54	2.49	2.35	2.28
17	4.45	3.59	3.20	2.96	2.81	2.70	2.61	2.55	2.49	2.45	2.31	2.23
18	4.41	3.55	3.16	2.93	2.77	2.66	2.58	2.51	2.46	2.41	2.27	2.19
19	4.38	3.52	3.13	2.90	2.74	2.63	2.54	2.48	2.42	2.38	2.23	2.16
20	4.35	3.49	3.10	2.87	2.71	2.60	2.51	2.45	2.39	2.35	2.20	2.12
22	4.30	3.44	3.05	2.82	2.66	2.55	2.46	2.40	2.34	2.30	2.15	2.07
24	4.26	3.40	3.01	2.78	2.62	2.51	2.42	2.36	2.30	2.25	2.11	2.03
26	4.23	3.37	2.98	2.74	2.59	2.47	2.39	2.32	2.27	2.22	2.07	1.99
28	4.20	3.34	2.95	2.71	2.56	2.45	2.36	2.29	2.24	2.19	2.04	1.96
30	4.17	3.32	2.92	2.69	2.53	2.42	2.33	2.27	2.21	2.16	2.01	1.93
32	4.15	3.29	2.90	2.67	2.51	2.40	2.31	2.24	2.19	2.14	1.99	1.91
34	4.13	3.28	2.88	2.65	2.49	2.38	2.29	2.23	2.17	2.12	1.97	1.89
36	4.11	3.26	2.87	2.63	2.48	2.36	2.28	2.21	2.15	2.11	1.95	1.87
38	4.10	3.24	2.85	2.62	2.46	2.35	2.26	2.19	2.14	2.09	1.94	1.85
40	4.08	3.23	2.84	2.61	2.45	2.34	2.25	2.18	2.12	2.08	1.92	1.84
42	4.07	3.22	2.83	2.59	2.44	2.32	2.24	2.17	2.11	2.06	1.91	1.83
44	4.06	3.21	2.82	2.58	2.43	2.31	2.23	2.16	2.10	2.05	1.90	1.81
46	4.05	3.20	2.81	2.57	2.42	2.30	2.22	2.15	2.09	2.04	1.89	1.80
48	4.04	3.19	2.80	2.57	2.41	2.29	2.21	2.14	2.08	2.03	1.88	1.79
50	4.03	3.18	2.79	2.56	2.40	2.29	2.20	2.13	2.07	2.03	1.87	1.78
60	4.00	3.15	2.76	2.53	2.37	2.25	2.17	2.10	2.04	1.99	1.84	1.75
70	3.98	3.13	2.74	2.50	2.35	2.23	2.14	2.07	2.02	1.97	1.81	1.72
80	3.96	3.11	2.72	2.49	2.33	2.21	2.13	2.06	2.00	1.95	1.79	1.70
90	3.95	3.10	2.71	2.47	2.32	2.20	2.11	2.04	1.99	1.94	1.78	1.69
100	3.94	3.09	2.70	2.46	2.31	2.19	2.10	2.03	1.97	1.93	1.77	1.68

(저자 작성)

4-2 F 분포표(상측확률 2.5%)

주 : 일반적으로 F값은 분모보다 분자에 큰 값을 가져오게 되어 있다. 이 때문에 등분산검정의 경우도 편(上)측만의 검정이 되지만, 양측 유의수준의 한계값을 이용하면 검정이 까다로워지는 점을 막아준다. 따라서 등분산검정에서 5% 유의수준의 한계값은 이 표에서 얻는다.

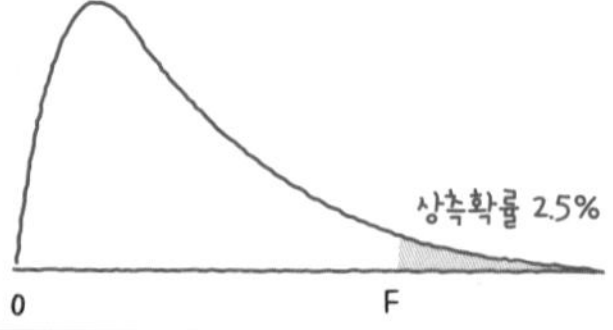

ν_2 (분모의 자유도)	ν_1 (분자의 자유도)											
	1	2	3	4	5	6	7	8	9	10	15	20
2	38.51	39.00	39.17	39.25	39.30	39.33	39.36	39.37	39.39	39.40	39.43	39.45
3	17.44	16.04	15.44	15.10	14.88	14.73	14.62	14.54	14.47	14.42	14.25	14.17
4	12.22	10.65	9.98	9.60	9.36	9.20	9.07	8.98	8.90	8.84	8.66	8.56
5	10.01	8.43	7.76	7.39	7.15	6.98	6.85	6.76	6.68	6.62	6.43	6.33
6	8.81	7.26	6.60	6.23	5.99	5.82	5.70	5.60	5.52	5.46	5.27	5.17
7	8.07	6.54	5.89	5.52	5.29	5.12	4.99	4.90	4.82	4.76	4.57	4.47
8	7.57	6.06	5.42	5.05	4.82	4.65	4.53	4.43	4.36	4.30	4.10	4.00
9	7.21	5.71	5.08	4.72	4.48	4.32	4.20	4.10	4.03	3.96	3.77	3.67
10	6.94	5.46	4.83	4.47	4.24	4.07	3.95	3.85	3.78	3.72	3.52	3.42
11	6.72	5.26	4.63	4.28	4.04	3.88	3.76	3.66	3.59	3.53	3.33	3.23
12	6.55	5.10	4.47	4.12	3.89	3.73	3.61	3.51	3.44	3.37	3.18	3.07
13	6.41	4.97	4.35	4.00	3.77	3.60	3.48	3.39	3.31	3.25	3.05	2.95
14	6.30	4.86	4.24	3.89	3.66	3.50	3.38	3.29	3.21	3.15	2.95	2.84
15	6.20	4.77	4.15	3.80	3.58	3.41	3.29	3.20	3.12	3.06	2.86	2.76
16	6.12	4.69	4.08	3.73	3.50	3.34	3.22	3.12	3.05	2.99	2.79	2.68
17	6.04	4.62	4.01	3.66	3.44	3.28	3.16	3.06	2.98	2.92	2.72	2.62
18	5.98	4.56	3.95	3.61	3.38	3.22	3.10	3.01	2.93	2.87	2.67	2.56
19	5.92	4.51	3.90	3.56	3.33	3.17	3.05	2.96	2.88	2.82	2.62	2.51
20	5.87	4.46	3.86	3.51	3.29	3.13	3.01	2.91	2.84	2.77	2.57	2.46
22	5.79	4.38	3.78	3.44	3.22	3.05	2.93	2.84	2.76	2.70	2.50	2.39
24	5.72	4.32	3.72	3.38	3.15	2.99	2.87	2.78	2.70	2.64	2.44	2.33
26	5.66	4.27	3.67	3.33	3.10	2.94	2.82	2.73	2.65	2.59	2.39	2.28
28	5.61	4.22	3.63	3.29	3.06	2.90	2.78	2.69	2.61	2.55	2.34	2.23
30	5.57	4.18	3.59	3.25	3.03	2.87	2.75	2.65	2.57	2.51	2.31	2.20
32	5.53	4.15	3.56	3.22	3.00	2.84	2.71	2.62	2.54	2.48	2.28	2.16
34	5.50	4.12	3.53	3.19	2.97	2.81	2.69	2.59	2.52	2.45	2.25	2.13
36	5.47	4.09	3.50	3.17	2.94	2.78	2.66	2.57	2.49	2.43	2.22	2.11
38	5.45	4.07	3.48	3.15	2.92	2.76	2.64	2.55	2.47	2.41	2.20	2.09
40	5.42	4.05	3.46	3.13	2.90	2.74	2.62	2.53	2.45	2.39	2.18	2.07
42	5.40	4.03	3.45	3.11	2.89	2.73	2.61	2.51	2.43	2.37	2.16	2.05
44	5.39	4.02	3.43	3.09	2.87	2.71	2.59	2.50	2.42	2.36	2.15	2.03
46	5.37	4.00	3.42	3.08	2.86	2.70	2.58	2.48	2.41	2.34	2.13	2.02
48	5.35	3.99	3.40	3.07	2.84	2.69	2.56	2.47	2.39	2.33	2.12	2.01
50	5.34	3.97	3.39	3.05	2.83	2.67	2.55	2.46	2.38	2.32	2.11	1.99
60	5.29	3.93	3.34	3.01	2.79	2.63	2.51	2.41	2.33	2.27	2.06	1.94
70	5.25	3.89	3.31	2.97	2.75	2.59	2.47	2.38	2.30	2.24	2.03	1.91
80	5.22	3.86	3.28	2.95	2.73	2.57	2.45	2.35	2.28	2.21	2.00	1.88
90	5.20	3.84	3.26	2.93	2.71	2.55	2.43	2.34	2.26	2.19	1.98	1.86
100	5.18	3.83	3.25	2.92	2.70	2.54	2.42	2.32	2.24	2.18	1.97	1.85

(저자 작성)

5 스튜던트화된 범위(q)의 분포표(상측확률 5%)

주 : 표 안의 값은 자유도 ν(전표본 크기 N−집단 수 j), 집단 수 j의 상측 한계값인 q값을 나타낸다. Tukey−Kramer 법에서는 $\sqrt{2}$로 나눈 값을 사용한다. 또한, 통계량은 t값의 일종이므로 대립가설이 편측에만 위치하는 것도 생각할 수 있지만, 한계값을 다른 분포(같은 경우도 있다)에서 가져 오는 것이므로 보통은 양측검정 · 편측검정을 구별하지 않는다(편측확률에서 양측검정을 실시하고 있다고 생각한다).

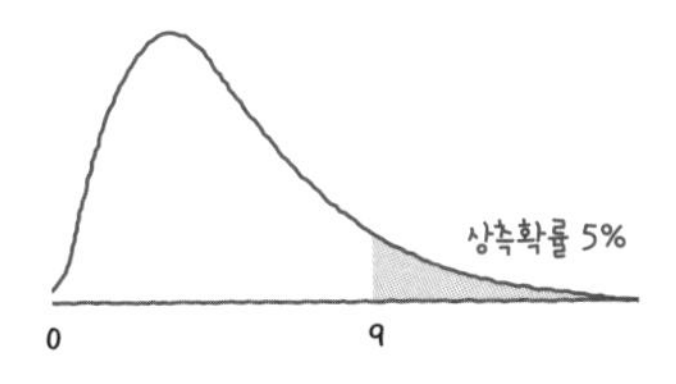

j \ ν	2	3	4	5	6	7	8	9
2	6.085	8.331	9.798	10.881	11.734	12.434	13.027	13.538
3	4.501	5.910	6.825	7.502	8.037	8.478	8.852	9.177
4	3.927	5.040	5.757	6.287	6.706	7.053	7.347	7.602
5	3.635	4.602	5.218	5.673	6.033	6.330	6.582	6.801
6	3.460	4.339	4.896	5.305	5.629	5.895	6.122	6.319
7	3.344	4.165	4.681	5.060	5.359	5.605	5.814	5.995
8	3.261	4.041	4.529	4.886	5.167	5.399	5.596	5.766
9	3.199	3.948	4.415	4.755	5.023	5.244	5.432	5.594
10	3.151	3.877	4.327	4.654	4.912	5.124	5.304	5.460
11	3.113	3.820	4.256	4.574	4.823	5.028	5.202	5.353
12	3.081	3.773	4.199	4.508	4.750	4.949	5.118	5.265
13	3.055	3.734	4.151	4.453	4.690	4.884	5.049	5.192
14	3.033	3.701	4.111	4.407	4.639	4.829	4.990	5.130
15	3.014	3.673	4.076	4.367	4.595	4.782	4.940	5.077
16	2.998	3.649	4.046	4.333	4.557	4.741	4.896	5.031
17	2.984	3.628	4.020	4.303	4.524	4.705	4.858	4.991
18	2.971	3.609	3.997	4.276	4.494	4.673	4.824	4.955
19	2.960	3.593	3.977	4.253	4.468	4.645	4.794	4.924
20	2.950	3.578	3.958	4.232	4.445	4.620	4.768	4.895
22	2.933	3.553	3.927	4.196	4.405	4.577	4.722	4.847
24	2.919	3.532	3.901	4.166	4.373	4.541	4.684	4.807
26	2.907	3.514	3.880	4.141	4.345	4.511	4.652	4.773
28	2.897	3.499	3.861	4.120	4.322	4.486	4.625	4.745
30	2.888	3.487	3.845	4.102	4.301	4.464	4.601	4.720
32	2.881	3.475	3.832	4.086	4.284	4.445	4.581	4.698
34	2.874	3.465	3.820	4.072	4.268	4.428	4.563	4.680
36	2.868	3.457	3.809	4.060	4.255	4.414	4.547	4.663
38	2.863	3.449	3.799	4.049	4.243	4.400	4.533	4.648
40	2.858	3.442	3.791	4.039	4.232	4.388	4.521	4.634
42	2.854	3.436	3.783	4.030	4.222	4.378	4.509	4.622
44	2.850	3.430	3.776	4.022	4.213	4.368	4.499	4.611
46	2.847	3.425	3.770	4.015	4.205	4.359	4.489	4.601
48	2.844	3.420	3.764	4.008	4.197	4.351	4.481	4.592
50	2.841	3.416	3.758	4.002	4.190	4.344	4.473	4.584
60	2.829	3.399	3.737	3.977	4.163	4.314	4.441	4.550
80	2.814	3.377	3.711	3.947	4.129	4.278	4.402	4.509
100	2.806	3.365	3.695	3.929	4.109	4.256	4.379	4.484
120	2.800	3.356	3.685	3.917	4.096	4.241	4.363	4.468
∞	2.772	3.314	3.633	3.858	4.030	4.170	4.286	4.387

(나가다 야스시·요시다 미치히로 (1997)『통계적 다중비교법의 기초』 사이언티스트사)에서 일부 발췌.

6 맨 · 휘트니의 U 검정표(상측확률 5%와 1%)

주 : 표 안의 값은 표본 크기가 $n_B > n_A$인 경우의 하측 한계값이다. 보통은 하측에서 검정이 실시되므로 검정통계량 U값이 표 안의 값보다 작으면 유의수준 5% 혹은 1%(양측)로 귀무가설을 기각할 수 있다. 그리고 "–"는 표본 크기가 너무 작아 검정할 수 없음을 나타낸다.

양측 5% (편측 2.5%)		n_B (큰 집단의 표본 크기)																
		4	5	6	7	8	9	10	11	12	13	14	15	16	17	18	19	20
n_A (작은 집단의 표본 크기)	2	—	—	—	—	0	0	0	0	1	1	1	1	1	2	2	2	2
	3	—	0	1	1	2	2	3	3	4	4	5	5	6	6	7	7	8
	4	0	1	2	3	4	4	5	6	7	8	9	10	11	11	12	13	14
	5		2	3	5	6	7	8	9	11	12	13	14	15	17	18	19	20
	6			5	6	8	10	11	13	14	16	17	19	21	22	24	25	27
	7				8	10	12	14	16	18	20	22	24	26	28	30	32	34
	8					13	15	17	19	22	24	26	29	31	34	36	38	41
	9						17	20	23	26	28	31	34	37	39	42	45	48
	10							23	26	29	33	36	39	42	45	48	52	55
	11								30	33	37	40	44	47	51	55	58	62
	12									37	41	45	49	53	57	61	65	69
	13										45	50	54	59	63	67	72	76
	14											55	59	64	69	74	78	83
	15												64	70	75	80	85	90
	16													75	81	86	92	98
	17														87	93	99	105
	18															99	106	112
	19																113	119
	20																	127

양측 1%		n_B (큰 집단의 표본 크기)																
		4	5	6	7	8	9	10	11	12	13	14	15	16	17	18	19	20
n_A (작은 집단의 표본 크기)	2	—	—	—	—	—	—	—	—	—	—	—	—	—	—	—	0	0
	3	—	—	—	—	—	0	0	0	1	1	1	2	2	2	2	3	3
	4	—	—	0	0	1	1	2	2	3	3	4	5	5	6	6	7	8
	5		0	1	1	2	3	4	5	6	7	7	8	9	10	11	12	13
	6			2	3	4	5	6	7	9	10	11	12	13	15	16	17	18
	7				4	6	7	9	10	12	13	15	16	18	19	21	22	24
	8					7	9	11	13	15	17	18	20	22	24	26	28	30
	9						11	13	16	18	20	22	24	27	29	31	33	36
	10							16	18	21	24	26	29	31	34	37	39	42
	11								21	24	27	30	33	36	39	42	45	48
	12									27	31	34	37	41	44	47	51	54
	13										34	38	42	45	49	53	57	60
	14											42	46	50	54	58	63	67
	15												51	55	60	64	69	73
	16													60	65	70	74	79
	17														70	75	81	86
	18															81	87	92
	19																93	99
	20																	105

(야마우치 지로 편집 (1972) 『통계수치표 JSA-1972』 일본규격협회)에서 양식을 변경한 다음 발췌.

7 부호검정을 위한 확률 1/2의 이항분포표(하측확률)

주 : 표 안의 값은 n쌍의 데이터에서 적은 쪽의 부호가 r 이하가 되는 확률(하측의 누적확률)을 나타낸다. 예를 들면 6쌍의 데이터에서 r이 1인 경우는 p값이 양측에서 22%(하측만으로는 11%)가 되므로 양측 유의수준 5%(10% 조차)로는 귀무가설을 기각할 수 없다.

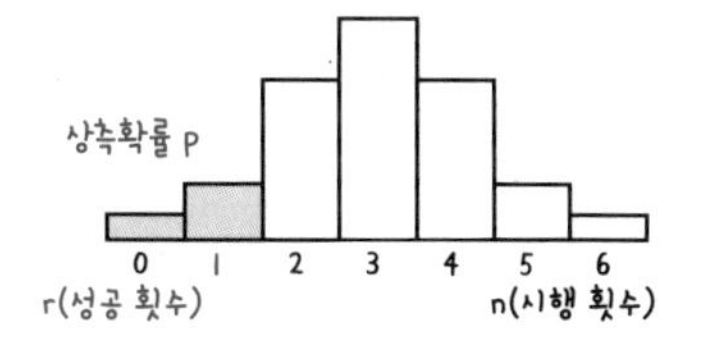

n \ r	0	1	2	3	4	5	6	7	8	9	10	11	12	13
4	0.06	0.31	0.69	0.94	1.00									
5	0.03	0.19	0.50	0.81	0.97	1.00								
6	0.02	0.11	0.34	0.66	0.89	0.98	1.00							
7	0.01	0.06	0.23	0.50	0.77	0.94	0.99	1.00						
8	0.00	0.04	0.14	0.36	0.64	0.86	0.96	1.00	1.00					
9	0.00	0.02	0.09	0.25	0.50	0.75	0.91	0.98	1.00	1.00				
10	0.00	0.01	0.05	0.17	0.38	0.62	0.83	0.95	0.99	1.00	1.00			
11	0.00	0.01	0.03	0.11	0.27	0.50	0.73	0.89	0.97	0.99	1.00	1.00		
12	0.00	0.00	0.02	0.07	0.19	0.39	0.61	0.81	0.93	0.98	1.00	1.00	1.00	
13	0.00	0.00	0.01	0.05	0.13	0.29	0.50	0.71	0.87	0.95	0.99	1.00	1.00	1.00
14	0.00	0.00	0.01	0.03	0.09	0.21	0.40	0.60	0.79	0.91	0.97	0.99	1.00	1.00
15	0.00	0.00	0.00	0.02	0.06	0.15	0.30	0.50	0.70	0.85	0.94	0.98	1.00	1.00
16		0.00	0.00	0.01	0.04	0.11	0.23	0.40	0.60	0.77	0.89	0.96	0.99	1.00
17		0.00	0.00	0.01	0.02	0.07	0.17	0.31	0.50	0.69	0.83	0.93	0.98	0.99
18		0.00	0.00	0.00	0.02	0.05	0.12	0.24	0.41	0.59	0.76	0.88	0.95	0.98
19			0.00	0.00	0.01	0.03	0.08	0.18	0.32	0.50	0.68	0.82	0.92	0.97
20			0.00	0.00	0.01	0.02	0.06	0.13	0.25	0.41	0.59	0.75	0.87	0.94
21			0.00	0.00	0.00	0.01	0.04	0.09	0.19	0.33	0.50	0.67	0.81	0.91
22				0.00	0.00	0.01	0.03	0.07	0.14	0.26	0.42	0.58	0.74	0.86
23				0.00	0.00	0.01	0.02	0.05	0.11	0.20	0.34	0.50	0.66	0.80
24				0.00	0.00	0.00	0.01	0.03	0.08	0.15	0.27	0.42	0.58	0.73
25					0.00	0.00	0.01	0.02	0.05	0.11	0.21	0.35	0.50	0.65

(저자 작성)

8 윌콕슨의 부호순위검정표

주 : 표 안의 값은 통계량 T가 유의한 하측 한계값을 나타낸다. 즉, T가 표 안의 값보다 작으면 귀무가설을 기각할 수 있다. 그리고 유의수준을 양측 5％로 하려면 p＝0.025 열의 값을 사용한다(회색 배경).

n \ p	0.050	0.025	0.010	0.005
5	0	—	—	—
6	2	0	—	—
7	3	2	0	—
8	5	3	1	0
9	8	5	3	1
10	10	8	5	3
11	13	10	7	5
12	17	13	9	7
13	21	17	12	9
14	25	21	15	12
15	30	25	19	15
16	35	29	23	19
17	41	34	27	23
18	47	40	32	27
19	53	46	37	32
20	60	52	43	37
21	67	58	49	42
22	75	65	55	48
23	83	73	62	54
24	91	81	69	61
25	100	89	76	68

(야마우치 지로 편집 (1972)『통계수치표 JSA-1972』 일본규격협회)에서 발췌

9 크러스컬 · 월리스 검정표(세 집단과 네 집단)

주 : 표 안의 값은 검정통계량 H가 유의한 상측 한계값을 나타낸다. 즉, H가 표 안의 값보다 크면 귀무가설을 기각할 수 있다. n은 데이터 총수, n_1~n_4는 각 집단의 데이터 수를 나타낸다. 가장 많이 이용되는 5%(세 집단 이상의 x^2 검정이므로 편측확률)의 열을 회색 배경으로 했다.

세 집단

n	n_1	n_2	n_3	p=0.05	p=0.01
7	2	2	3	4.714	—
8	2	2	4	5.333	—
	2	3	3	5.361	—
9	2	2	5	5.160	6.533
	2	3	4	5.444	6.444
	3	3	3	5.600	7.200
10	2	2	6	5.346	6.655
	2	3	5	5.251	6.909
	2	4	4	5.455	7.036
	3	3	4	5.791	6.746
11	2	2	7	5.143	7.000
	2	3	6	5.349	6.970
	2	4	5	5.273	7.205
	3	3	5	5.649	7.079
	3	4	4	5.599	7.144
12	2	2	8	5.356	6.664
	2	3	7	5.357	6.839
	2	4	6	5.340	7.340
	2	5	5	5.339	7.339
	3	3	6	5.615	7.410
	3	4	5	5.656	7.445
	4	4	4	5.692	7.654
13	2	2	9	5.260	6.897
	2	3	8	5.316	7.022
	2	4	7	5.376	7.321
	2	5	6	5.339	7.376
	3	3	7	5.620	7.228
	3	4	6	5.610	7.500
	3	5	5	5.706	7.578
	4	4	5	5.657	7.760
14	2	2	10	5.120	6.537
	2	3	9	5.340	7.006
	2	4	8	5.393	7.350
	2	5	7	5.393	7.450
	2	6	6	5.410	7.467
	3	3	8	5.617	7.350
	3	4	7	5.623	7.550
	3	5	6	5.602	7.591
	4	4	6	5.681	7.795
	4	5	5	5.657	7.823

(야마우치 지로 편집 (1977)『간략 통계수치표』 일본규격협회)에서 발췌.

세 집단 계속

n	n_1	n_2	n_3	p=0.05	p=0.01
15	2	2	11	5.164	6.766
	2	3	10	5.362	7.042
	2	4	9	5.400	7.364
	2	5	8	5.415	7.440
	2	6	7	5.357	7.491
	3	3	9	5.589	7.422
	3	4	8	5.623	7.585
	3	5	7	5.607	7.697
	3	6	6	5.625	7.725
	4	4	7	5.650	7.814
	4	5	6	5.661	7.936
	5	5	5	5.780	8.000

네 집단

n	n_1	n_2	n_3	n_4	p=0.05	p=0.01
8	2	2	2	2	6.167	6.667
9	2	2	2	3	6.333	7.133
10	2	2	2	4	6.546	7.391
	2	2	3	3	6.527	7.636
11	2	2	2	5	6.564	7.773
	2	2	3	4	6.621	7.871
	2	3	3	3	6.727	8.015
12	2	2	2	6	6.539	7.923
	2	2	3	5	6.664	8.203
	2	2	4	4	6.731	8.346
	2	3	3	4	6.795	8.333
	3	3	3	3	7.000	8.539
13	2	2	2	7	6.565	8.053
	2	2	3	6	6.703	8.363
	2	2	4	5	6.725	8.473
	2	3	3	5	6.822	8.607
	2	3	4	4	6.874	8.621
	3	3	3	4	6.984	8.659
14	2	2	2	8	6.571	8.207
	2	2	3	7	6.718	8.407
	2	2	4	6	6.743	8.610
	2	2	5	5	6.777	8.634
	2	3	3	6	6.876	8.695
	2	3	4	5	6.926	8.802
	2	4	4	4	6.957	8.871
	3	3	3	5	7.019	8.848
	3	3	4	4	7.038	8.876

10 프리드먼 검정표(세 집단과 네 집단)

주 : 표 안의 값은 검정통계량 Q가 유의한 상측 한계값을 나타낸다. 즉, Q가 표 안의 값보다도 크면 귀무가설을 기각할 수 있다. n은 쌍의 수를 나타낸다. 가장 많이 이용되는 5%(세 집단 이상의 x^2 검정이므로 편측확률)의 열을 회색 배경으로 했다.

세 집단

n \ p	0.050	0.010
3	6.00	—
4	6.50	8.00
5	6.40	8.40
6	7.00	9.00
7	7.14	8.86
8	6.25	9.00
9	6.22	9.56
∞	5.99	9.21

네 집단

n \ p	0.050	0.010
2	6.00	—
3	7.40	9.00
4	8.70	9.60
5	7.80	9.96
∞	7.81	11.34

(야마우치 지로 편집 (1977)『간략 통계수치표』 일본규격협회)에서 발췌.

11-1 직교표(2 수준계)

주 : 표 안의 값은 수준을 나타낸다. 또한, 각 열 아래의 알파벳은 각 열의 성분을 나타내는 기호로, 요인의 할당을 생각할 때 교호작용이 나타나는 열을 찾는 데 이용한다.

$L_4(2^3)$

No. \ 열 번호	1	2	3
1	1	1	1
2	1	2	2
3	2	1	2
4	2	2	1
성분	a	b	a b

← 3 열째에 1 열과 2 열의 교호작용이 나타난다.

$L_8(2^7)$

No. \ 열번호	1	2	3	4	5	6	7
1	1	1	1	1	1	1	1
2	1	1	1	2	2	2	2
3	1	2	2	1	1	2	2
4	1	2	2	2	2	1	1
5	2	1	2	1	2	1	2
6	2	1	2	2	1	2	1
7	2	2	1	1	2	2	1
8	2	2	1	2	1	1	2
성분	a	b	a b	c	a c	b c	a b c

$L_{16}(2^{15})$

No. \ 열 번호	1	2	3	4	5	6	7	8	9	10	11	12	13	14	15
1	1	1	1	1	1	1	1	1	1	1	1	1	1	1	1
2	1	1	1	1	1	1	1	2	2	2	2	2	2	2	2
3	1	1	1	2	2	2	2	1	1	1	1	2	2	2	2
4	1	1	1	2	2	2	2	2	2	2	2	1	1	1	1
5	1	2	2	1	1	2	2	1	1	2	2	1	1	2	2
6	1	2	2	1	1	2	2	2	2	1	1	2	2	1	1
7	1	2	2	2	2	1	1	1	1	2	2	2	2	1	1
8	1	2	2	2	2	1	1	2	2	1	1	1	1	2	2
9	2	1	2	1	2	1	2	1	2	1	2	1	2	1	2
10	2	1	2	1	2	1	2	2	1	2	1	2	1	2	1
11	2	1	2	2	1	2	1	1	2	1	2	2	1	2	1
12	2	1	2	2	1	2	1	2	1	2	1	1	2	1	2
13	2	2	1	1	2	2	1	1	2	2	1	1	2	2	1
14	2	2	1	1	2	2	1	2	1	1	2	2	1	1	2
15	2	2	1	2	1	1	2	1	2	2	1	2	1	1	2
16	2	2	1	2	1	1	2	2	1	1	2	1	2	2	1
성분	a	b	a b	c	a c	b c	a b c	d	a d	b d	a b d	c d	a c d	b c d	a b c d

(다구치 겐이치(1977) 『실험계획법 하』 마루젠주식회사)에서 발췌, 편집.

11-2 직교표(3수준계)

$L_9(3^4)$

No. \ 열 번호	1	2	3	4
1	1	1	1	1
2	1	2	2	2
3	1	3	3	3
4	2	1	2	3
5	2	2	3	1
6	2	3	1	2
7	3	1	3	2
8	3	2	1	3
9	3	3	2	1
성분	a	b	ab	a^2 b

$L_{27}(3^{13})$

No. \ 열 번호	1	2	3	4	5	6	7	8	9	10	11	12	13
1	1	1	1	1	1	1	1	1	1	1	1	1	1
2	1	1	1	1	2	2	2	2	2	2	2	2	2
3	1	1	1	1	3	3	3	3	3	3	3	3	3
4	1	2	2	2	1	1	1	2	2	2	3	3	3
5	1	2	2	2	2	2	2	3	3	3	1	1	1
6	1	2	2	2	3	3	3	1	1	1	2	2	2
7	1	3	3	3	1	1	1	3	3	3	2	2	2
8	1	3	3	3	2	2	2	1	1	1	3	3	3
9	1	3	3	3	3	3	3	2	2	2	1	1	1
10	2	1	2	3	1	2	3	1	2	3	1	2	3
11	2	1	2	3	2	3	1	2	3	1	2	3	1
12	2	1	2	3	3	1	2	3	1	2	3	1	2
13	2	2	3	1	1	2	3	2	3	1	3	1	2
14	2	2	3	1	2	3	1	3	1	2	1	2	3
15	2	2	3	1	3	1	2	1	2	3	2	3	1
16	2	3	1	2	1	2	3	3	1	2	2	3	1
17	2	3	1	2	2	3	1	1	2	3	3	1	2
18	2	3	1	2	3	1	2	2	3	1	1	2	3
19	3	1	3	2	1	3	2	1	3	2	1	3	2
20	3	1	3	2	2	1	3	2	1	3	2	1	3
21	3	1	3	2	3	2	1	3	2	1	3	2	1
22	3	2	1	3	1	3	2	2	1	3	3	2	1
23	3	2	1	3	2	1	3	3	2	1	1	3	2
24	3	2	1	3	3	2	1	1	3	2	2	1	3
25	3	3	2	1	1	3	2	3	2	1	2	1	3
26	3	3	2	1	2	1	3	1	3	2	3	2	1
27	3	3	2	1	3	2	1	2	1	3	1	3	2
성분	a	b	a b	a^2 b	c	a c	a c^2	b c	a b c	a b^2 c^2	b c^2	a b^2 c	a b c^2

(다구치 겐이치(1977)『실험계획법 하』마루젠주식회사)에서 발췌, 편집.

11-3 직교표(혼합계)

주 : 교호작용이 각 열에 균등하게 할당되어 있기 때문에(교호작용을 상정하지 않는다) 품질공학의 파라미터 설계 등에서 이용한다.

$L_{18}(2^1 \times 3^7)$

No. \ 열 번호	1	2	3	4	5	6	7	8
1	1	1	1	1	1	1	1	1
2	1	1	2	2	2	2	2	2
3	1	1	3	3	3	3	3	3
4	1	2	1	1	2	2	3	3
5	1	2	2	2	3	3	1	1
6	1	2	3	3	1	1	2	2
7	1	3	1	2	1	3	2	3
8	1	3	2	3	2	1	3	1
9	1	3	3	1	3	2	1	2
10	2	1	1	3	3	2	2	1
11	2	1	2	1	1	3	3	2
12	2	1	3	2	2	1	1	3
13	2	2	1	2	3	1	3	2
14	2	2	2	3	1	2	1	3
15	2	2	3	1	2	3	2	1
16	2	3	1	3	2	3	1	2
17	2	3	2	1	3	1	2	3
18	2	3	3	2	1	2	3	1

$L_{36}(2^{11} \times 3^{12})$

No. \ 열 번호	1	2	3	4	5	6	7	8	9	10	11	12	13	14	15	16	17	18	19	20	21	22	23
1	1	1	1	1	1	1	1	1	1	1	1	1	1	1	1	1	1	1	1	1	1	1	1
2	1	1	1	1	1	1	1	1	1	1	1	2	2	2	2	2	2	2	2	2	2	2	2
3	1	1	1	1	1	1	1	1	1	1	1	3	3	3	3	3	3	3	3	3	3	3	3
4	1	1	1	1	1	2	2	2	2	2	2	1	1	1	1	2	2	2	2	3	3	3	3
5	1	1	1	1	1	2	2	2	2	2	2	2	2	2	2	3	3	3	3	1	1	1	1
6	1	1	1	1	1	2	2	2	2	2	2	3	3	3	3	1	1	1	1	2	2	2	2
7	1	1	2	2	2	1	1	1	2	2	2	1	1	2	3	1	2	3	3	1	2	2	3
8	1	1	2	2	2	1	1	1	2	2	2	2	2	3	1	2	3	1	1	2	3	3	1
9	1	1	2	2	2	1	1	1	2	2	2	3	3	1	2	3	1	2	2	3	1	1	2
10	1	2	1	2	2	1	2	2	1	1	2	1	1	3	2	1	3	2	3	2	1	3	2
11	1	2	1	2	2	1	2	2	1	1	2	2	2	1	3	2	1	3	1	3	2	1	3
12	1	2	1	2	2	1	2	2	1	1	2	3	3	2	1	3	2	1	2	1	3	2	1
13	1	2	2	1	2	2	1	2	1	2	1	1	2	3	1	3	2	1	3	3	2	1	2
14	1	2	2	1	2	2	1	2	1	2	1	2	3	1	2	1	3	2	1	1	3	2	3
15	1	2	2	1	2	2	1	2	1	2	1	3	1	2	3	2	1	3	2	2	1	3	1
16	1	2	2	2	1	2	2	1	2	1	1	1	2	3	2	1	1	3	2	3	3	2	1
17	1	2	2	2	1	2	2	1	2	1	1	2	3	1	3	2	2	1	3	1	1	3	2
18	1	2	2	2	1	2	2	1	2	1	1	3	1	2	1	3	3	2	1	2	2	1	3
19	2	1	2	2	1	1	2	2	1	2	1	1	2	1	3	3	3	1	2	2	1	2	3
20	2	1	2	2	1	1	2	2	1	2	1	2	3	2	1	1	1	2	3	3	2	3	1
21	2	1	2	2	1	1	2	2	1	2	1	3	1	3	2	2	2	3	1	1	3	1	2
22	2	1	2	1	2	2	2	1	1	1	2	1	2	2	3	3	1	2	1	1	3	3	2
23	2	1	2	1	2	2	2	1	1	1	2	2	3	3	1	1	2	3	2	2	1	1	3
24	2	1	2	1	2	2	2	1	1	1	2	3	1	1	2	2	3	1	3	3	2	2	1
25	2	1	1	2	2	2	1	2	2	1	1	1	3	2	1	2	3	3	1	3	1	2	2
26	2	1	1	2	2	2	1	2	2	1	1	2	1	3	2	3	1	1	2	1	2	3	3
27	2	1	1	2	2	2	1	2	2	1	1	3	2	1	3	1	2	2	3	2	3	1	1
28	2	2	2	1	1	1	1	2	2	1	2	1	3	2	2	2	1	1	3	2	3	1	3
29	2	2	2	1	1	1	1	2	2	1	2	2	1	3	3	3	2	2	1	3	1	2	1
30	2	2	2	1	1	1	1	2	2	1	2	3	2	1	1	1	3	3	2	1	2	3	2
31	2	2	1	2	1	2	1	1	1	2	2	1	3	3	3	2	3	2	2	1	2	1	1
32	2	2	1	2	1	2	1	1	1	2	2	2	1	1	1	3	1	3	3	2	3	2	2
33	2	2	1	2	1	2	1	1	1	2	2	3	2	2	2	1	2	1	1	3	1	3	3
34	2	2	1	1	2	1	2	1	2	2	1	1	3	1	2	3	2	3	1	2	2	3	1
35	2	2	1	1	2	1	2	1	2	2	1	2	1	2	3	1	3	1	2	3	3	1	2
36	2	2	1	1	2	1	2	1	2	2	1	3	2	3	1	2	1	2	3	1	1	2	3

(다구치 겐이치(1977) 『실험계획법 하』 마루젠주식회사)에서 발췌, 편집.

12 그리스 문자

대문자	소문자	읽는 법	대응하는 알파벳	통계학에서 사용하는 법
Α	α	알파	a	제1종의 과오확률(유의확률), 회귀 모델의 절편(상수항)
Β	β	베타	b	제2종의 과오확률, 회귀 모델의 편회귀계수
Γ	γ	감마	g	감마 함수(대문자)
Δ	δ	델타	d	차(변화량)
Ε	ε	입실론, 엡실론	e	회귀 모델의 오차항
Ζ	ζ	제타	z	
Η	η	에타	e (장음)	상관비
Θ	θ	세타	th	모수, 상수, 추정값
Ι	ι	이오타	i	
Κ	κ	카파	k	
Λ	λ	람다	l	포아송 분포의 모수, 고유값, 상수
Μ	μ	미, 뮤	m	모평균
Ν	ν	니, 뉴	n	자유도
Ξ	ξ	크시, 크사이	x	변수
Ο	ο	오미크론	o	
Π	π	피, 파이	p	총제곱(대문자), 원주율(소문자)
Ρ	ρ	로	r	상관계수
Σ	σ	시그마	s	총합(대문자), 모표준편차(소문자), 모분산(σ^2)
Τ	τ	타우	t	
Υ	υ	입실론	y	
Φ	φ	피, 파이	ph	자유도(소문자)
Χ	χ	카이	ch	카이제곱분포의 총계량(소문자)
Ψ	ψ	프시, 프사이	ps	
Ω	ω	오메가	o (장음)	

색인

D

E

F

G

O

P

S

T

U

V

W

Y

Z

그리스 문자

ㄹ

ㅁ

ㅂ

ㅅ

ㅇ

ㅊ

ㅋ

ㅌ

ㅍ

ㅎ

저자약력

쿠리하라 신이치 [栗原伸一]

『서장, 제3장, 제4장, 제5장, 제6장, 제7장, 제8장, 제11장(베이즈 통계학), 부록 B, 위인전』

1966년 이바라키 현 미토 시 출생.
1996년 도쿄농공대학 대학원 박사 과정 수료(농학박사).
1997년 치바대학 원예학부 조교를 거쳐,
2015년부터 동 대학 대학원 원예학연구과 교수로 재직 중이다. 전문은 농촌 계획과 정책 평가이지만, 최근에는 식품 안전성에 대한 소비자 의식을 연구하고 있다. 수업은 통계학 외에도 계량경제학과 소비자 행동론을 담당하고 있다

마루야마 아츠시 [丸山敦史]

『제1장, 제2장, 제9장, 제10장, 제11장(빅데이터), 부록 A』

1972년 나가노 현 나가노 시에서 태어났다. 1996년 치바대학 대학원 원예학 연구과 석사 과정 수료. 2001년 치바대학에서 박사 학위를 취득했고, 2007년부터 동 대학 대학원 원예학연구과 준교수로 재직 중이다. 전문 농업경제. 계량경제학 기법을 이용하여 농업 생산과 환경 평가 등 폭넓은 주제에 대해 연구하고 있다. 수업은 통계 외에도 경제수학과 소비자 행동론을 담당하고 있다.

· 제작　　지그레이프 주식회사
· 일러스트　　UNSUI WORKS

통계학도감

2018. 8. 10. 초 판 1쇄 발행
2022. 7. 29. 초 판 6쇄 발행

지은이 | 쿠리하라 신이치, 마루야마 아츠시
감 역 | 정석오
옮긴이 | 김선숙
펴낸이 | 이종춘
펴낸곳 | BM ㈜도서출판 성안당
주소 | 04032 서울시 마포구 양화로 127 첨단빌딩 3층(출판기획 R&D 센터)
10881 경기도 파주시 문발로 112 파주 출판 문화도시(제작 및 물류)
전화 | 02) 3142-0036
031) 950-6300
팩스 | 031) 955-0510
등록 | 1973. 2. 1. 제406-2005-000046호
출판사 홈페이지 | **www.cyber.co.kr**
ISBN | 978-89-315-8259-8 (03310)
정가 | 18,000원

이 책을 만든 사람들
책임 | 최옥현
진행 | 김해영
교정 · 교열 | 이강순, 김혜숙
본문 디자인 | 앤미디어
표지 디자인 | 임진영
홍보 | 김계향, 이보람, 유미나, 이준영
국제부 | 이선민, 조혜란, 권수경
마케팅 | 구본철, 차정욱, 오영일, 나진호, 강호묵
마케팅 지원 | 장상범, 박지연
제작 | 김유석

■ **도서 A/S 안내**

성안당에서 발행하는 모든 도서는 저자와 출판사, 그리고 독자가 함께 만들어 나갑니다.
좋은 책을 펴내기 위해 많은 노력을 기울이고 있습니다. 혹시라도 내용상의 오류나 오탈자 등이 발견되면 "좋은 책은 나라의 보배"로서 우리 모두가 함께 만들어 간다는 마음으로 연락주시기 바랍니다. 수정 보완하여 더 나은 책이 되도록 최선을 다하겠습니다.
성안당은 늘 독자 여러분들의 소중한 의견을 기다리고 있습니다. 좋은 의견을 보내주시는 분께는 성안당 쇼핑몰의 포인트(3,000포인트)를 적립해 드립니다.

잘못 만들어진 책이나 부록 등이 파손된 경우에는 교환해 드립니다.